U0227937

青海省森林生态系统结构与功能

王长庭　宋小艳　吴鹏飞　等　著

科学出版社

北京

内 容 简 介

本书介绍了青海省森林生态系统中植被、土壤、土壤微生物的分布特征及其相互作用和关系,旨在揭示青海省森林生态系统结构和功能特点,内容涉及不同植被层生物量、乔木层不同器官养分、土壤养分情况、森林碳库、土壤微生物群落结构和组成。本书对青海省森林生态系统现状进行了评估,同时探讨了青海省森林生态系统中各环境因子的相互作用,并且对青海省森林的可持续发展提出建议。

本书可供生态学、林学、森林管理、微生物学等相关研究领域的科研人员、高校教师、研究生阅读,也可以作为森林可持续管理和政策制定等相关部门从业人员的参考书。

图书在版编目(CIP)数据

青海省森林生态系统结构与功能 / 王长庭等著. — 北京:科学出版社,2024.3

ISBN 978-7-03-070049-0

Ⅰ.①青… Ⅱ.①王… Ⅲ.①森林生态系统–研究–青海 Ⅳ.①S718.55

中国版本图书馆 CIP数据核字 (2021) 第 206542 号

责任编辑:韩卫军 / 责任校对:彭 映
责任印制:罗 科 / 封面设计:墨创文化

科 学 出 版 社 出版

北京东黄城根北街16号
邮政编码:100717
http://www.sciencep.com

四川煤田地质制图印务有限责任公司 印刷
科学出版社发行 各地新华书店经销

*

2024 年 3 月第 一 版 开本:787×1092 1/16
2024 年 3 月第一次印刷 印张:14 3/4
字数:350 000

定价:180.00 元
(如有印装质量问题,我社负责调换)

本书编写人员

王长庭　　宋小艳　　吴鹏飞　　胡　雷　　刘　丹

杨文高　　唐立涛　　陈科宇　　王　鑫　　李　洁

毛　睿　　潘　攀　　刘斯莉　　毛　军　　唐　国

杨德春　　游郭虹　　马文明

序

　　青海省位于世界屋脊青藏高原的东北部，接近欧亚大陆的中心地带。青海省北部和东部与甘肃省相接，东南部毗连四川省，南部和西南部与西藏自治区为邻，西北部紧靠新疆维吾尔自治区。青海省东西长约 1200 km，南北宽约 800 km，面积为 72.23×10^4 km^2，约占全国总面积的十三分之一，面积排在新疆、西藏、内蒙古之后，位列全国各省、自治区、直辖市的第四位。同时，青海省是我国主要河流长江、黄河、澜沧江的发源地，被誉为"三江源"，素有"中华水塔"之美誉，生态区位十分重要。

　　如以西宁为中心，青海省东距太平洋(青岛)约 1600 km，南距印度洋(孟加拉湾)约 1800 km，北距北冰洋约 4300 km，西距大西洋更远，面积近 84%的地区在海拔 3000 m 以上高寒气候区。尽管东经 96°以西的广大地区基本上没有乔木林分布，但是在青海省的东半部，由于高原被河流切割，地势陡降，孟加拉湾暖湿气流和东南季风沿江河而上，给河谷两岸的迎风面带来一定的水分和热量，为森林的生长发育创造了适宜的环境条件。根据 2018 年青海省森林资源清查结果，青海省的森林面积为 419.75×10^4 hm^2，森林覆盖率为 5.8%，拥有森林蓄积量 4864.15×10^4 m^3。森林分布呈现明显的垂直地带性，以寒温性常绿针叶林为主，其次为温性针叶林以及少量寒温性落叶针叶林，还有部分落叶阔叶林。由于青海省位于长江、黄河、澜沧江等我国重要江河的上游，所以森林的涵养水源、调节气候、防风固沙等功能对维护和改善区域生态环境发挥着极为重要的作用。

　　该书基于大量的实地调查和森林生态系统观测，点明了青海自然地理环境特征，系统分析了青海省森林生态系统的结构与功能，重点阐述青海省主要森林植被类型、生物量分布、植被生态化学计量特征、土壤养分、土壤微生物群落组成和生物多样性以及碳库功能，在此基础上，提出了青海省森林可持续发展建议。该书是王长庭教授研究团队最新研究成果，具有重要的科研价值，特别是对青海省农林管理部门、相关研究机构具有重要的参考价值，衷心祝愿该书对推动青海省的生态环境建设发挥出积极作用。

中国林业科学研究院院长

2023 年 1 月

前　言

　　森林生态系统是森林生物群落与环境、森林生物之间相互影响、相互作用形成的具有一定结构、功能和自我调控的自然综合体。作为陆地生态系统中最重要的自然生态系统，森林生态系统具有特殊的环境、经济和文化价值。相比其他陆地生态系统，森林生态系统具有物种丰富，层次结构较多，食物链较复杂，光合生产率较高，生物生产能力也较高等特征；其功能主要体现为碳循环、氮循环、水源涵养、土壤保持、生物多样性保持、物质生产等。在森林生态系统的经营与管理过程中，生态学家着重强调维持其结构和功能的稳定性、整体性和持续性，及时掌握森林资源的结构和功能变化是管理和永续利用森林的前提。青海地处青藏高原，森林多分布在海拔 2000～4000 m 的地区，其中以寒温性常绿针叶林为主，其次为温性针叶林以及少量寒温性落叶针叶林，还有部分落叶阔叶林。根据 2018 年第九次青海省森林资源清查结果，青海省森林面积为 $419.75 \times 10^4 \, \mathrm{hm}^2$，森林覆盖率为 5.8%；具有森林蓄积量 $4864.15 \times 10^4 \, \mathrm{m}^3$，青海又是长江、黄河、澜沧江等我国重要江河的发源地，森林所特有的涵养水源、调节气候、防风固沙等功能对维护和改善青海省的生态状况发挥着极为重要的作用。因此，在全球气候变化背景下探讨经营和管理方式对森林生态系统结构和功能的影响，对森林生态系统的适应性管理和可持续利用具有十分重要的理论和现实意义。

　　全球气候变化与森林生态系统的响应一直是国内外全球气候变化研究的热点领域，内容主要涉及气候变化对森林群落和树种空间分布的影响、组成结构的变化、生物生产力的变化、森林的碳汇作用和碳平衡等。近几十年来，全球变暖问题在青藏高原地区表现愈加突出，青藏高原正经历快速的气候变化，高原生态系统结构和功能因此发生了改变。

　　森林生物量是研究和评估森林生态系统结构和功能过程的最基本的参考指标，不但可以揭示森林生态系统能量流动平衡、养分循环机制以及生产力等功能过程的变异特征，而且还能表征森林生态系统功能，对研究森林生态系统碳循环机制以及全球气候变化过程意义重大。森林生态系统养分的数量并非固定不变的，生态系统在不断地获得养分，同时也在不断地输出养分。森林生态系统的养分在系统内部和系统之间不断地进行交换，地球化学物质的输出与输入平衡在维持生态系统稳定方面起到很重要的作用。微生物在土壤生物地化循环过程中扮演着重要的角色，然而微生物生长及其一系列活动往往受养分含量及其有效性的限制。了解生态系统土壤微生物驱动的过程及微生物群落组成、多样性和生物量变化主要受何种资源限制，有助于理解高原森林生态系统生物地化循环特征，有助于提高预测生态系统过程对全球气候变化响应的能力。

　　本书的研究依托中国科学院"应对气候变化的碳收支认证及相关问题"科技先导专

项"生态系统固碳现状、速率、机制和潜力"项目子课题"青藏高原高寒植被区域森林固碳现状、速率和潜力研究"(XDA05050207)。相关研究按照"生态系统固碳现状、速率、机制和潜力"项目制定的统一要求,并结合 2008 年青海省森林资源连续清查成果,充分考虑全省各森林类型(优势种)分布面积、蓄积比例、起源等情况。项目组于 2011 年在青海省 21 个地区布设主要森林类型的标准样地 80 个,不仅得到了树种、年龄等林分结构信息,还对青海省森林的生物量、植被生态化学计量特征、土壤养分、土壤微生物群落组成和生物多样性以及碳库功能进行了分析研究,这些研究有助于更好地全面理解和掌握青海省森林生态系统的结构和功能动态。

在本书即将出版之际,特别感谢青海省林业和草原局,中国科学院、水利部成都山地灾害与环境研究所,中国科学院西北高原生物研究所,森林课题组办公室等相关单位和相关领域专家的鼎力相助和精心指导,向所有参与课题的老师、学生及工作人员致以衷心的感谢!

由于著者水平有限,书中不足之处在所难免,敬请读者予以指正并提出宝贵意见。

目　录

第1章　青海省自然地理环境

1.1　青海省位置

青海省位于中国西部，雄踞世界屋脊青藏高原的东北部，接近欧亚大陆的中心地带。青海省北部和东部与甘肃省相接，东南部毗连四川省，南部和西南部与西藏自治区为邻，西北部紧靠新疆维吾尔自治区。青海省东西长约 1200 km，南北宽约 800 km，面积为 $72.23×10^4$ km^2，约占全国陆地面积的 7.5%，面积排在新疆维吾尔自治区、西藏自治区和内蒙古自治区之后，为我国第四大省(区)。青海省因境内有我国最大的内陆高原咸水湖——青海湖得名，简称"青"。如以西宁为中心，青海省东距太平洋(青岛)约 1600 km，南距印度洋(孟加拉湾)约 1800 km，北距北冰洋约 4300 km，西距大西洋更远。青海省是我国主要河流长江、黄河、澜沧江的发源地，被称为"三江源"，素有"中华水塔"之美誉。

1.2　青海省地貌

青海省地处青藏高原东北部，其地质基础由燕山运动奠定，在白垩纪全部上升为陆地，经过古近纪的剥蚀与夷平而为后来的喜马拉雅运动所加强，特别是喜马拉雅运动的第三幕，即晚侏罗世—第四纪的大面积抬升运动，使青藏高原大幅隆起，高原面上升到 4500～5500 m，青海省境内的盆地和各条大山也进一步抬升到现在的高度，这是青海省构造地貌的最本质方面(魏明建等，1998)。

青海省沙漠面积为 $2.3×10^4$ km^2，占全省面积的 3.2%；戈壁面积为 $5×10^4$ km^2，占全省面积的 6.9%；风蚀残丘面积为 $0.9×10^4$ km^2，占全省面积的 1.2%；湖泊面积为 $1.3×10^4$ km^2，占全省面积的 1.8%；冰川面积为 $0.52×10^4$ km^2，占全省面积的 0.7%。以海拔来分，海拔 3000 m 以下地区占全省面积的 15.3%，3000～4000 m 地区占全省面积的 23.9%，4000～5000 m 地区占全省面积的 53.9%，5000 m 以上地区占全省面积的 6.9%(《青海森林》编辑委员会，1993)。

全省地势高耸，西高东低，气势雄伟，从南到北，依次由著名的唐古拉山、阿尔金山和祁连山三大山脉构成地形骨干，将省域大体分为南北两大部分。北部夹于东昆仑山和阿尔金—祁连山之间的为一系列平地和山地，盆地分为两个系列：一是柴达木—茶卡—共和—贵德；另一系列是哈拉湖—青海湖—西宁。南部夹于东昆仑山和唐古拉山之间的是青藏高原面的一部分，呈山原地貌。各山脉基本上为东西走向，在南部和东北部的诸山略呈西北—南东走向。山体高拔，纵深宽广，山形常为多条或羽状、树枝状、掌状展开，峰峦叠嶂，蜿蜒曲折，起伏强烈，地形十分复杂(刘峰贵等，2007)。

青海省地貌类型复杂，存在多种过渡地段，从地貌组合上大体可分为祁连山地、茶卡-共和盆地、柴达木盆地、西倾山地和青南高原等五个地形区域。

1.2.1　祁连山地

祁连山地位于青藏高原东北部，为古生代褶皱和中生代断裂隆起的一系列西北—东南走向的平行山脉和宽谷组成的孤岛状高寒山区。祁连山地东西长约 800 km，南北宽 200～400 km，总面积为 $20.62×10^4$ km²，跨有内外流两种水系，由西北向东南倾斜。陵谷平行相间，从北向南有走廊南山—冷龙岭、托勒山、疏勒南山、大通山—达坂山、宗务隆山—青海南山—拉脊山等。祁连山地主体部分的现代冰川发育完整，有近 3000 条，面积为 1300 km²，寒冻风化强烈，为剥蚀构造高山，地貌格局严格受区域构造线控制。地质上属秦祁昆褶皱系，经加里东运动后，在志留纪、泥盆纪又发展地貌，呈盐质荒漠景观。

祁连山地有许多湖盆和谷地，如青海湖盆地、西宁盆地、哈拉湖盆地、木里-红仑盆地和门源盆地等盆地，黑河、大通河和黄河等谷地。谷地海拔由 1650 m 抬升到 3000 m以上。东部处于青藏高原与黄土高原的过渡带，海拔 2800 m 以下的山前地带多被第四系黄土覆盖，土质疏松，植被稀少，水土流失严重。大通河流域以及拉脊山南北坡为次生林的密集分布地。黄河两岸地势平坦，气候温和，灌溉方便，是人工林和经济林的主要分布区(褚永彬，2015)。

1.2.2　茶卡-共和盆地

茶卡-共和盆地为青海省中部一个极为重要的区域，盆地北界为青海南山，联系着祁连山地、柴达木盆地、西倾山地和青南高原四个地貌单元。茶卡-共和盆地总面积为 $1.5×10^4$ km²，东西长约 280 km，南北宽 30～60 km，是一个呈北西西走向的长条状构造盆地。盆地接受了巨厚的海相沉积，在海西运动中褶皱成山，之后在山间盆地中沉积了陆相地层，燕山运动中山地又上升，堆积了新近系红层，最后在喜马拉雅运动中发生整体上升，形成了现在的地貌。上部岩性以片麻岩、安山岩、石英岩、片岩、大理岩、玄武岩、砾岩、页岩和灰岩等为主。盆地海拔 3000 m 左右，周围山高 4000 m 左右，东部海拔仅 2500～2600 m。在大地构造上属于祁连、昆仑和秦岭间的新生代断陷盆地(袁道阳等，2004；陈新海，2011)。

1.2.3　柴达木盆地

柴达木盆地位于青海省西北部，为我国海拔最高的大型内陆断陷盆地，周围被昆仑山、阿尔金山和祁连山环绕，中间为一陷落地块，是一个封闭的新近纪湖积盆地。盆地东西长约 850 km，南北宽约 250 km，面积如按周围一级分水岭计为 $25.3×10^4$ km²，通常习惯上

指的盆地范围约为 $22×10^4 km^2$。柴达木盆地西高东低，最低处在察尔汗地区，是地表水和地下水汇集处，底部海拔 2600～3200 m。在地质史上，海西期已开始形成山间盆地，燕山运动隆起，受到古近纪的剥蚀，到渐新世后又大面积下沉，而周围山地则上升。盆地绝大部分为新近系和第四系堆积物所覆盖，山地地表岩性以花岗岩、片麻岩、灰岩、砂岩和板岩为主。南部和东南部是一条带状的盐渍湖沼地带，有多条河流注入，周围系湖积平原，地势低平，地下水位接近地表或呈潜水流出，土壤含盐重，地表呈耕翻状的盐土和碱化盐土 (党玉琪等，2004)。西南部昆仑山麓为一条东西向的戈壁带，宽 1～10 km，其北部边缘常有沙丘分布，沙丘边缘为农垦区，已初步形成绿洲。盆地东南一隅黄土覆盖较厚，盐渍化较轻，灌溉条件也较好，因此农业开发较早。盆地东北部为一系列山间小盆地，土层深厚，水源较丰富，为农业重点区。盆地东、东北和东南三面的边缘山地均有小片天然林分布，西部和西北部气候极度干旱，风强水缺，多形成沙丘、沙岗和雅丹等地貌。北面为祁连山最南支的青海南山，南部为东昆仑山—布尔汗达山的支脉鄂拉山，西部以北西走向的山地与柴达木盆地隔开，东接西倾山地。

1.2.4　西倾山地

西倾山地是玛曲黄河干流以北的近东西向山地，包括黄南藏族自治州全部和海南藏族自治州的一部分，系一半圆形独立地貌单元，在青海省境内呈放射状。西倾山地北以黄河为界与祁连山地相望，西北部紧靠茶卡-共和盆地，东临甘肃省，南部和西南部均以黄河为界与青南高原的积石山地为邻 (刘战庆等，2013)。西倾山地东西长约 240 km，南北宽约 200 km，总面积为 $27×10^4 km^2$，主峰扎马日根大致位于中央，海拔 4960 m，周围山地海拔 3000～4000 m，黄河急剧下切，河谷海拔 1800～2900 m (《青海森林》编辑委员会，1993)。地质上的经纬向构造均有，西段属秦岭褶皱，系南秦岭褶皱带的西延部分。纬向构造由三叠系岩层褶皱群、挤压带和压性断裂组成，并有少量中生代中酸性侵入岩，将布尔汗布达山古生代岩层与侵入岩压在下面。经向构造主要见于河南—泽库一带，新近系展布，与褶皱轴走向均为南北方向，似为北边河西系的延伸部分。本区主要出露三叠纪具复理石建造的浅变质岩系及二叠纪的碳酸盐岩，花岗岩类呈岩株或小基岩状产出，火山岩不甚发育。本区地貌以山地为主，河谷发育，多高山峡谷，亦有少数山间台地和河谷小盆地，黄河河谷在本区一段多为台地峡谷或山地峡谷，在尖扎、循化一带有谷间小盆地 (魏明建等，1998)。

1.2.5　青南高原

青南高原包括昆仑山—布尔汗布达山以南至省境的广大地区，东靠西倾山地，西连羌塘地区，为青海省内最大的地貌单元，东西长约 1100 km，南北宽约 330 km，总面积为 $37.85×10^4 km^2$。青南高原地势高耸，由东西向的三大地槽构成，由南向北依次为唐古拉、可可西里—巴颜喀拉和东昆仑构造区，中间夹有深断裂带。地层以中生界为主，西部唐古拉山北坡以中侏罗系海陆交互相为主，为二叠系的碎屑岩和碳酸盐岩组，并有新近系、第四系粗碎屑岩、砾岩和砂质泥岩等。中部巴颜喀拉山几乎全为三叠系类复理石的海相沉积岩，地表岩层为长石砂岩夹板岩和灰岩，东部除三叠系外，尚有部分新近系地层(魏明建等，1998)。

本区主要由昆仑、积石和唐古拉3个山地，黄河、长江和澜沧江源头3个高平原，以及巴颜喀拉山原等7个地貌小区组成。西部可可西里山一带多为内陆湖盆和浑圆丘陵状低山宽谷，湖泊众多，地势高平，各江河源头一带地势平缓开阔，高原面形态完整，起伏相对较小，切割较弱，冻期长，排水不良，形成大面积高寒沼泽，东部和东南部发育高山峡谷，成为季风的通道，气候湿润，是本区原始针叶林的主要分布区(王占林，2014)。各大山脉海拔5000 m以上地段多为永久积雪带，冰川和现代冰川非常发育。黄河上段高原台地相当发育，河谷两侧海拔较低，气候较温和，土壤肥沃，水草较好，是青海省重要的牧场，沿河山地还分布着原始森林和灌溉林(王绍令等，1994)。

1.2.6　地貌的林学意义

青海省地貌和地貌组合具有特定的地理位置和空间分异，在生态诸因子中占有主导地位，常对其他环境条件起决定作用，影响水热条件的再分配，从而制约森林的分布和生长。

青藏高原高耸的地势改变了大气环流的格局，打乱了纬向水平带谱，使青海省出现了特有的高原地带性规律，气候、土壤和植被都服从这个规律，森林当然也不例外。特别是高原环境严酷，造成大部分土地上没有乔木林分布，有些地方代之以独特的高寒灌丛和荒漠灌丛，林相与结构都非常简单，彰显出独特的高寒特征。地质史上曾经存在的森林多已消失，少数"后退"到东部边缘的寒温带一线。同时，高大山体形成的大幅度高差对森林分布的垂直地带性起着主导作用。

东部山地的峡谷多为东南走向，是季风通道，是孕育森林的主要地区。由于高山阻隔，广大的高原和西部盆地受季风影响微弱，很少有乔木生长，这使青海森林具有浓郁的"峡谷森林"特色。复杂的地貌环境造成森林分布的复杂性，主要是不连续性，加上社会原因，林区也常呈断续状，显得十分零碎，全省森林多达60余片。由于环境条件差，加之林木对地貌的选择十分严格，即使是阴阳坡，常因水热条件差异悬殊而树种迥异，有时阳坡无林，半阳半阴坡向上的变化更为复杂。

地貌不仅限制了天然林的分布，也极大地限制了人工林的发展，特别是北部柴达木盆地、茶卡-共和盆地至东部黄土丘陵一线，造林难度远大于我国东部同纬度的其他省份，恢复与扩大森林资源的任务异常艰巨(张珍，2008)。

1.3　青海省气候

青海省深居内陆中纬度地带，同我国西北其他省区一样，均受西风带和蒙古高气压的控制和影响，海洋水汽距离较远。省域基本上处于我国经向气候带的第三带——干旱草原和荒漠气候带上，仅东部跨有半湿润森林草原气候带。同时青海省也是青藏高原的一部分，地理位置在很大程度上决定了全省的气候状况。青海省属于高原大陆性气候，总的特点是长冬无夏，四季难分，但干湿两季分明。干季受西风环流和高原冷高压控制，气候寒冷、干燥、多大风。湿季西风带北撤，高原受西南暖流和东南季风影响，气候温和、降水较多。青藏高原以其高海拔的地形和热力、动力作用，制约着省内气候，而且因子间作用机制异常复杂，使青海省气候出现了许多异于其他省份的气候特点。

1.3.1　热量水平低，相对热量较高，年较差小，日较差大

(1)极端热量低，地域差异悬殊。青海省省域所跨纬度基本上属于暖温带，南部还跨有亚热带的一部分，但受海拔的影响，全省总的表现为热量水平低，年均气温为 2.4～3.1℃，积温达 1000～1100℃。其中，年平均气温在 0℃ 以下的地区占全省总面积的 60%，这其中大部分地区还在-2℃ 以下，年平均气温最高地区仅 8.6℃(循化)，其等值线范围仅限制在黄河谷地东段，约占全省总面积的 0.02%。月平均气温≤0℃ 的月份多达 5～8 个月，2/3 以上地区≥10℃ 的积温在 500℃ 以下，最高的地方(循化)也不超过 3000℃，有 1/4 面积甚至不出现≥10℃ 的持续天数，大部分地区的持续天数在 50 天以下，远低于我国同纬度地区。同时，由于地形的影响，气温分布非常复杂，地域差异悬殊，年平均气温高低差达 14℃(马占良，2008)。

青藏高原高耸的地势打乱了气温的纬向分布规律，出现了南北低、中间高的格局。根据纬向地带性规律，青海省南北纵跨纬度达 7°36′，气温应是南高北低，但是北部的阿尔金—祁连山和南部的青南高原海拔很高，在温度随高度升高而递减的规律支配下，出现了南北两个低温区；中部的柴达木盆地至湟水、黄河谷地一带因海拔较低成为相对的高温区。前者的年平均气温大都低于-2℃，仅有少数地区高于 2℃；后者的年平均气温大都高于 2～4℃，河谷地带大都高于 7℃。现在的格局是高度削减了纬度的影响，即地形作用打乱了纬向热量带的分布。

(2)"热岛"效应明显，相对热量较高。青藏高原地表与同高度的自由大气具有不同的物理性质，热效应也不同，二者的温度差异相似于海洋与大陆间的差异。据研究，2～10 月高原面上为一热源，尤其是夏季，高原的加热作用最强，其温度比同纬度相应高度的自由大气要高得多。例如，陕西省汉中市与青海省杂多县纬度相近(差 10′)，两地海拔相差 3559.2 m，如果将汉中市的年平均气温 14.3℃ 按高度递减率(每升高 100 m 减少 0.6℃)

归算至杂多县的高度(4067.5 m)时,气温将降至-7.3℃,实际上杂多县的年平均气温为0.2℃,相比汉中市上空同高度自由大气温度高出7.5℃,充分反映了高原的"热岛"效应(祁得兰等,2010)。

(3)冬冷夏凉,气温年较差小。虽然阿尔金—祁连山和东昆仑山、巴颜喀拉山等东西走向的山脉有效阻挡了部分寒潮的南侵,但青海省在冬季还是比较寒冷的,大部分地区1月平均气温低于-12℃。极端最低气温多数地区在-30℃左右,祁连山地和青南高原在-40~-30℃,而且寒冷持续的时间也较长。在夏季,同样由于高度的影响,各月的平均气温依然偏低,最暖月(7月)平均气温多数地区在15℃以下,许多地方甚至不足10℃,极端最高气温多数地区在30℃以下,超过30℃的地方仅在湟水、黄河谷地和柴达木盆地的部分地区,说明夏季气候凉爽。正因冬冷夏凉,所以气温的年较差小,除了柴达木盆地在28~30℃外,其他大部分地区在24℃以下,远低于同纬度的低海拔地区。

(4)气温日较差大,白天温度相对较高。由于地势高,空气稀薄而洁净,透明度大,日间太阳辐射强烈,增温幅度大而迅速,近地层气温高。夜间降温迅速,日夜气温变化剧烈,日较差普遍较大,多数地区气温日较差多年平均值在14℃以上。日较差大对植物的生长非常有利,白天同化作用增强,光合作用强烈,生成有机物质多;夜间呼吸作用减弱,消耗少,有利于有机物质积累。

综上所述,从年均气温和积温来看,青海省热量水平较低。许多林木和农作物难以生存,但事实上却在省境内有分布或已稳定栽培,有些产量还很高,分析其原因正是气温日较差大,白天温度高。如果将青海省各地白天(9~17时)的平均气温和日平均气温做比较,则大部分地区前者比后者高2~8℃。由于植物的同化作用是在白天进行,白天气温高等于增加了积温,延长了生长季。例如,通常认为生长季内必须有四个月平均气温在10℃以上时才能有乔木林分布,青海省的许多地区月平均气温在10℃以上的月份仅2~3个月,但仍然有乔木林分布,这从另一方面说明了白天气温高的作用。

1.3.2 降水少而集中且两季明显,水、热条件配合不协调

(1)降水高度集中,水热同期,地域差异大。由于冬季的冷高压干燥少雨,夏季西风带北移,西南季风吹上高原,加上东南季风的影响,因而降水高度集中于5~9月,此期间降水量约占全年的80%~90%,水热同期,有利于林木生长。

全省约有一半面积的地区年降水量在300 mm以下,年降水量在400 mm以上的地区面积约占全省总面积的1/3。由于水汽主要来自孟加拉湾,在上述地形与地貌配合影响下,降水量总体由东南向西北递减,等值线大致呈东北—西南走向,每100 m的间隔大致相等。最低处是柴达木盆地,其基本范围(盆底)的年降水量在50 mm以下。祁连山地地势高,降水也较多,是省内另一个降水中心,年降水量大都在400 mm以上。这样,在省域东部由南到北形成了一个半湿润带,形成了全省降水"东润西干"的格局。

(2)降水日数多，强度小，且多夜雨。青南高原、祁连山地中段、东段及拉脊山地年降水日数超过 100 d；果洛州东南部年降水日数在 150 d 以上，久治县多达 173 d，是降水日数最多的地方(汪青春等，2007)，但降水强度小，所以总的降水量不高。日降水量>6 mm 的日数大都在 30 d 以下，日降水量>10 mm 的日数大都在 15 d 以下，日降水量>25 mm 的日数大都在 2 d 以下。降水强度小有利于植物吸收和雨水在土壤中渗透。

高原和山地夜间辐射冷却剧烈，密度较大的冷空气沿山坡下沉，将低处的暖湿空气抬升，因此易于致雨，且夜雨较多，大部分地区夜雨率都在 55%以上，东部和南部一些地方甚至达 60%以上。夜雨多减弱了地面的有效辐射，相应地提高了近地层的地温，也不影响植物在白天的同化作用，有利于林木生长。

(3)两季性明显，转换迅速。冬季的冷高压(西风环流)水汽较少，夏季的热低压(西南季风)湿润，二者对青藏高原的周期性交替控制使得省内气候干湿季分明，干与冷、湿与暖均为同期发生，干冷季长(10 月至翌年 4 月)，暖湿季短(5~9 月)。两种气流在 5 月和 10 月的进退转换急速，两季的过渡也表现突然，因此春季升温快，秋季降温也比较剧烈。

(4)地域性水热组合矛盾突出，对发展森林的限制性很强。在北部，尤其是柴达木盆地，热量条件较好，最暖月平均气温都在 10℃以上，而且每年有 4 个月平均气温≥1℃，适于林木生长，但降水量极少，年降水量在 50 mm 以下，致使广大面积的土地无乔木林分布，仅有稀疏的荒漠灌丛；在青南高原，很大一部分地区年降水量在 400 mm 以上，但热量不足，使得乔木林绝迹，仅在条件好的地方生长着高寒灌丛，如此尖锐的水热矛盾是造成青海省内广大地区无林的主要原因。在黄土丘陵地带，也存在着雨热搭配在时间上不协调的问题，影响了林木生长。

1.3.3 太阳辐射强，光照充足，光质好

(1)日照时数多，百分率高。青海省是全国日照时数最多的地区之一，全年日照时数在 2300~3600 h，分布趋势是由东南向西北递增，柴达木盆地最多，大部分地方在 3000 h 以上；祁连山地、青南高原多为 2600~3000 h。全省各地日照百分率为 50%~80%，比同纬度的我国东部地区要高得多，分布趋势与日照时数相同。

(2)辐射强烈，短波光比值大。青海省海拔高，暴露面大，空气稀薄，因而辐射强烈，总辐射量高于我国东部同纬度地区，年总辐射量为 590~740 kJ/cm²，仅次于西藏中部，居全国第二。地域分布是由西北向东南递减，柴达木盆地多在 690 kJ/cm² 以上，东南部的班玛县、久治县一带减少至 600 kJ/cm² 左右，各地 4~8 月份的辐射量约占年总量的一半。光合有效辐射约占总辐射量的 40%，在光质上，短波光比值大，格尔木的短波光为总辐射量的 20%左右，而长波光辐射量仅为 7%。辐射强，光质好，部分地弥补了热量的不足，给森林的形成和发展带来了有利的条件。

1.3.4 灾害性气候频繁

(1)风大,沙多。在高原动力作用下,西风带被强化,春季升温快,地面剧烈增温,气流稳定度降低,引起动力下传,从而于 2~4 月在高原面上造成偏西大风(风速>17.2 m/s);冬季冷空气入侵时也造成大风,夏季还有阵风性质的积雨云大风。因此,青海省大风日数远多于同纬度的我国东部地区,大部分地方大风日数在 50 d 以上,西南部多于 100 d,总的分布规律是高原多、盆地少、山地多、谷地少、西部多,东部少。青海湖盆地和青南高原的风季在 12 月至翌年 5 月,完全与干季相吻合;其他地区多在 3~7 月。自第四纪以来,风力成为青海省北半部剥蚀与堆积的主要因子,风季干季共同作用,加剧了蒸发、风蚀和沙化,大风常伴着沙尘暴(空气混浊,水平能见度<1000 m)的发生,全年日数多在 10 d 以上,严重危害环境和生产生活。

(2)旱灾频发,春旱尤甚。除了茶卡-共和盆地之外,旱灾严重的地区是湟水、黄河谷地和省境西南一隅,尤以东部黄土丘陵地带的旱灾影响最大。由于春季第一场雨来得较晚,所以发生春旱的频率很高,东部地区春旱的发生频率多在 55%以上,对林木特别是苗木生长影响很大。

(3)冰雹成灾,雷暴较多。冰雹不仅危害农作物,也常打落树叶,剥落树皮,折断幼枝,给林木生长带来威胁,甚至危及人畜。青藏高原是我国雹日最多的地区之一,年雹日多数地区在 10 d 以上,降水量多的地区雹日也多,其中以海北、玉树和果洛三州最多,通常在 15~25 d。降雹多在 4~10 月,雹粒直径多为 0.5~3 cm。与此同时,雷暴也时有发生,全省多数地区雷暴日数在 40 d 以上,青南高原和祁连山地北半部最多,多在 60 d 以上。

(4)霜冻时有发生,雪灾周期出现。两种灾害对天然林危害不大,主要是危害人工林和苗圃(崔鹏等,2017)。霜冻的危害程度因地而异,一般山地大于谷地,高海拔区大于低海拔区,4 月最严重,9 月次之,4 月份全省多数地区出现-6~0℃气温的频率在 30%以上,霜冻常使苗木或新造幼林的嫩梢冻死。雪灾周期一般为 3~5 年,发生时期多在初冬或春季,当降雪量大于 15 mm、月平均气温小于-15℃、连续积雪日数大于 30 d、连续降雪及气温骤升骤降时,即形成雪灾。

影响青海省气候的因素不仅是地理位置和大地形,还有中小地形。在高原边缘山地,山谷与山体相间,沟汊交错,起伏强烈,影响气流运动的热力和动力因素的空间分布十分复杂,多为自成系统的局部环流,从而形成了山地气候类型。尤其是东部和南部的大范围山地,江河深切,高山峡谷相对高度通常达 800~2000 m,是三江地带干热峡谷的延续部分,具有"峡谷气候"类型的特点(董政博,2016)。

1.4　青海省土壤

1.4.1　土壤发育环境

1. 水文与水文地质

水文与水文地质因素与土壤的形成关系密切。青海大地构造复杂独特,使得与其相关的水文、水文地质也具有鲜明的特点,在其影响下,青海发育了诸多与其相应的土壤类型。

外流河多发源于青南高原和祁连山地。源区地形开阔,谷地宽坦,支流、湖泊众多,在其影响下发育着水成土壤。在其中游地段,径流多穿行于高山峡谷之中,水流湍急,下切侵蚀强烈,使这里的土壤母质具有洪积、冲积、坡积、残积的性质和粗骨性强的特点。

内陆水系主要分布在柴达木地区,河流多发源于四周山区。由于河流多来自干旱与冷冻剥蚀山地,源短流急,洪峰集中且短暂,挟带物以粗物质为主。在柴达木盆地,广泛发育着洪流堆积地貌,塑造了长达数百公里的洪积扇倾斜平原,在峡谷中形成小型洪积堆,使成土物质得到了有序的分选。在黄河、湟水及其支流的滩地与低阶地,经流水的搬运堆积形成了大量的新积土与潮土。

地表径流是地球外营力的主要种类之一,它塑造流水地貌,搬运地表物质,使土壤失去精髓,向相反方向发展。河湟地区的黄土丘陵水土流失相当严重,形成大面积的光山秃岭,沟壑纵横,多数地区第四纪沉积物已流失殆尽。裸露的大面积新近纪红色沉积物使土地干旱贫瘠,轻者使土壤退化,重者已成为荒漠化的土戈壁。

松散岩类孔隙水对成土有显著影响,其主要分布在柴达木盆地、青海湖盆地和共和盆地,均具有自流盆地或自流斜地特征。地下水从盆地边缘到盆地中心运行的过程中,经历戈壁潜水带、潜水泄出带、自流水带及盐湖晶间卤水带四个水文地质带,富水程度向盆地中心逐渐减弱,水质渐差,矿化度逐渐升高。当埋深小于 7～10 m 时,地下水即开始挟带盐分沿毛管上升,蒸发积盐。当接近扇缘时,地下水位迅速抬升,积盐程度也随之增强,形成盐结皮和盐壳。这种由水盐运动呈现的现代积盐过程是盆地各类盐土和盐化土壤形成的主要条件。

冰川的消长、进退调节着河川的径流量,也对其覆盖的成土物质施加和产生挤压、冻融、剥蚀等物理风化作用,并在其冰缘地带发育着原始形态的土壤。

2. 地形地貌

在土壤形成过程中,地形的不同影响着水热条件的重新分配,从而导致土壤中的物质与能量迁移和转化,由此产生土壤不同类型的垂直分布和区域性的变化。青海省地形大概分为祁连高山及山间盆地区、昆仑积石高山区、唐古拉高山区以及青海湖南中高山区,这些区域由现代冰川冰冻风化、剥蚀侵蚀作用而形成,发育着高山寒漠土、高山草甸土等土类;长江源高平原区、巴颜喀拉山原区、黄河源高平原区由冰水、河流、湖沼沉积作用而形成,发育着高山草原土、高山荒漠草原土等;柴达木盆地及河湟谷地山间盆地区由黄土、风沙、盐类沉积而形成,发育着栗钙土、灰钙土、棕钙土、灰棕漠土、盐土等。在各地形区的低洼地、湖畔均可见大片或零星的沼泽和泥炭土。由于纬度不同,其土壤垂直带谱的各类土壤海拔也呈明显差异,如高山草甸土在祁连山高山区的海拔上限为 4150 m,在唐古拉高山区的海拔上限则为 5000 m。其他土壤类型上下限衔接海拔、南北纬度均有明显规律性的差别。

海拔高低表现为成土母质、水热条件、植被的差异,土壤中的物质转化及元素迁移也发生相应的变化,由此产生不同土壤类型的垂直带谱,一般从低到高为:祁连山东段,灰钙土—栗钙土—山地草甸土(或灰褐土)—亚高山草甸土—高山草甸土—高山寒漠土;柴达木盆地东,湖畔沼泽土—盐土—棕钙土—石灰性灰褐土(或山地草原草甸土)—高山草原土—高山草原草甸土—高山寒漠土;柴达木盆地西部阿尔金山(丁字口以西),石膏灰棕漠土—粗骨土—高山寒漠土;青南高原西部,沼泽土(或泥炭土)—高山草原土—高山草甸土—高山寒漠土;青南高原东部,山地草甸土(或灰褐土)—高山草甸土—高山寒漠土。

1.4.2　土壤分布概况

在特定的地理位置、地貌、气候和水文特征影响下,青海省土壤种类和分布十分复杂。总的来看,青海省土壤可以分为栗钙土、荒漠土和高山土 3 个土壤带。在地域上,可进一步将此 3 个土壤带分为 3 个土壤区,即:河湟流域黄土丘陵栗钙土区、柴达木盆地荒漠土区和青南高原高山土区。

1. 河湟流域黄土丘陵栗钙土区

河湟流域黄土丘陵栗钙土区主要分布于湟水流域和黄河下段,大致含海东地区各县和西宁以及黄南、海北、海西、海南 4 个藏族自治州所辖的循化、尖扎、门源、海晏、天峻、贵德、共和、贵南等县的一部分。土壤类型以栗钙土、灰钙土为主,各支沟上部有黑钙土和小面积的山地森林土壤,高大山脉主体的两侧还有高山土壤,如高山草甸土和高山灌丛草甸土等,在河谷台地上还有灌淤土等。栗钙土是青海省分布面积比较广泛的土壤类型,也是环湖地区和海东地区的主要耕作土壤和高产土壤。土壤母质多样,主要是黄土、红土及各种岩石分化物、冲积物、洪积物和风沙淀积物质,是青海省的主要农业土壤,也是人工林的主要土壤之一。灰钙土主要分布在西宁市郊、海东地区、黄南和海南藏族自治州位于黄河主干流的山前阶谷地及低山丘陵区,是青海省东部农业区地带性土壤,成土母质以黄土或黄土状物质为主,也有洪积物和冲积物(高维森和王佑民,1991)。由于生物气候条件影响，灰钙土有机质积累少，表层有机质含量少。

2. 柴达木盆地荒漠土区

柴达木盆地荒漠土区位于全部盆地和东部边缘到茶卡-共和盆地一带，属温带极度干旱气候条件下产生的土壤。地貌类型有平原、小盆地、山地、沙漠、雅丹等，成土母质多为风积或冲积，土壤类型以灰棕漠土为主，与棕钙土、盐土、碱土、盐渍沼泽土、风沙土等共同组成盆地土壤。灰棕漠土是温带荒漠地区的地带性土壤，青海省柴达木盆地为我国唯一的分布地区。柴达木盆地成土母质主要为沙砾质洪积物或坡积物，质地以粗骨性为主，细土物质少，地表多为黑色砾石。极端干旱的气候、粗骨性含盐母质、稀疏的植被、微弱的有机质积累、普遍的风蚀和石灰质的表聚、石膏无机盐积累等是灰棕漠土的主要成土特征。剖面发育原始，土壤物质组成近似母质，养分贫瘠，有机质含量低。棕钙土主要分布在柴达木盆地脱土山到怀头他拉一线以东，以及海南藏族自治州的共和县、兴海县西部地区的山间盆地、洪积扇、河流两岸阶地和茶卡-共和盆地，属柴达木盆地东部温带半荒漠条件下形成的一种地带性土壤。

3. 青南高原高山土区

青南高原高山土区位于东昆仑山—西倾山以南的广大区域，也包括祁连山地的一部分，高山土壤的主要类型有高山草甸土、高山石质寒漠土、高山草原土、沼泽土等，其中高山灌丛草甸土与森林关系较密切，是高寒灌丛下的主要土类。另外，本区东部和南部的山地中还发育着一部分森林土壤。高山草甸土土壤发育比较年轻，腐殖质含量较高，富里酸含量高于胡敏酸，胡敏酸结构缩合度低，富含有机质和氮，全氮含量高于青海省农业区的一般土粪，潜在肥力很高，但由于地处高寒，速效养分供应能力较低(刘期学和张增艺，2004)。

1.4.3　主要森林土壤类型

1. 高山灌丛草甸土

高山灌丛草甸土是在高原寒带气候条件下形成的土壤，主要分布在乔木林线以上的阴坡、半阴坡，直达高原主体内部，常与高山草甸土呈复域式分布，海拔在 2900～4800 m。高山灌丛草甸土分为高山淋溶灌丛草甸土、高山碳酸盐草甸土和圆柏疏林草甸土三个亚类。典型高山灌丛草甸土分布海拔低，土壤较湿润，腐殖质分解较快，有机质含量亦较低，一般在 7%左右，向下粗骨性显著，剖面下部或底层有石灰反应，表层微酸至酸性。高山淋溶灌丛草甸土处的降水量较高，腐殖质层较厚，有机质含量可达 15%，通体无石灰反应，仅下部有锈纹或锈斑；高山碳酸盐草甸土是在半湿润条件下形成的土壤，植被盖度较低，淋溶减弱，草皮层多不连续，通体具有石灰反应；圆柏疏林草甸土位于本类土壤带上部，是在稀疏的圆柏林冠下发育的土壤。

2. 山地灰褐色森林土

山地灰褐色森林土是在干旱和半干旱的森林草原或草原气候条件下发育的土类，主要分布在柴达木盆地东部各林区和祁连山地的中段。山地灰褐色森林土的主要植被类型为青海云杉（*Picea crassifolia*）、祁连圆柏（*Sabina przewalskii*）、针茅（*Stipa capillata*）和芨芨草（*Achnatherum splendens*）组成的森林草原。受盆地极端干旱荒漠气候的影响，山地灰褐色森林土的成土过程具有旱化特征，剖面通体具有石灰反应，钙积层出现部位浅，一般在50 cm 或者 60 cm，无灰化现象，但富有钙化腐殖质积累过程，表层有机质含量高达 23%。

3. 山地暗褐土

山地暗褐土是在高原温带或暖温带气候条件下发育的土壤，主要分布在祁连山（南坡）东段、大通河林区、湟水各林区的青海云杉、油松（*Pinus tabuliformis*）林下或针阔混交林下。山地暗褐土的主要植被以中生型为优势，旱生植物很少。山地暗褐土是青海省分布比较广泛的主要森林土壤，海拔通常在 2000～3200 m，位于山地垂直带谱褐色针叶林土之下的阴坡及半阴坡。山地暗褐土剖面特征为在林褥层中的亚层无明显的粗腐殖质层，土体以暗褐或褐色为主，层次过渡比较明显，淋溶作用较强，全剖面无石灰反应，表层腐殖质含量为 5%～10%。

4. 山地褐色针叶林土

山地褐色针叶林土是在高原寒温带和温带气候条件下形成的土壤，主要分布在青海省西倾山地两侧各林区。该类土壤分布于高寒地带，冻期长，腐殖质分解缓慢，全剖面呈暗褐色，层次过渡不明显，腐殖质层厚度多在 30 cm 以上，有机质含量达 15%。

5. 山地棕色针叶林土

山地棕色针叶林土分布在该林区海拔 3700～4100 m 的寒温性针叶林下。由于长期受冷湿气候和酸性淋溶作用的影响，土壤剖面发育比较完整，层次分化比较明显，呈棕色或棕褐色，土壤表层有机质含量高达 15%～20%。

1.4.4　森林土壤的主要特征

青海省森林土壤主要分布在东半部山地，从北向南呈弧形展开，北起祁连山中段和东段南坡，向南依次为达坂山、拉脊山、西倾山、果洛山和唐古拉山东延余脉的南山两坡，包括黄河、长江、澜沧江和黑河等四大流域，服从整个青藏高原综合自然规律的支配，是高原地带性土壤的组成部分，位于我国森林土壤分布的上限，森林土壤类型较多，发育不够完全，大多是高原隆起后遗留或随季风侵入，或在特殊自然生境中发育起来的。

从分布状况来看，青海省森林多分布于水热条件较好的地区，森林土壤分布由东向西逐渐减少，东经 96°以西基本上无森林土壤分布，东经 96°以东，森林土壤主要分布在高山峡谷的中下部。从全省来看，分布在祁连山系的森林土壤资源最多，西倾山和巴颜喀拉山次之，唐古拉山和柴达木盆地最低。

1. 具有高原土壤特征

由于高原气候自成系统，在本身的热力作用和暖湿气流随地势抬升的作用下，森林土壤的分布海拔可达 4300 m 左右，一般分布在海拔 2000～4000 m，多深入高原主体的内部，接近高原面；一些高山灌丛草甸土可分布至高原面上的山地，海拔达 4500 m。土壤冻层深度通常在 80 cm 以上，有些甚至有永冻层，季节性冻层的溶解时间多不超过 4 个月，有机质分解慢，消耗也少，腐殖化过程不快，具有粗腐殖质层。此外，森林土壤处于较为年轻的阶段，土壤性质多依赖成土母质的性质，土层薄，厚度一般为 30～50 cm，且许多土体含有大量块石或砾石。

2. 具有山地土壤特征

1) 垂直地带性规律显著

森林土壤基本上随山地气候的垂直变化而变化，与其他林区土壤形成明显的垂直带谱。通常是森林土壤在下，高山草甸土在上。在森林土壤内部，一般厚层的典型亚类在下，而淋溶亚类在上，这也符合降水随海拔增加的规律。同时，森林土壤的垂直分布海拔从北向南逐渐增高，其分布宽度（垂直）也逐渐变窄。在祁连山地，森林土壤多分布在海拔 2000～3500 m，其中乔木林下土壤分布在海拔 2000～3000 m；麦秀林区森林土壤分布在海拔 300～3600 m；玉树的森林土壤则分布在海拔 3500～4400 m，其中乔木林下土壤主要分布在海拔 3500～4150 m。

2) 多埋藏土或掩盖层

由于山高坡陡，一般坡度在 30°以上，不仅土壤母质多由坡积构成，即使是上层土壤，也常随着地震、林火和毁林活动而发生土壤下滑，掩盖在原有土壤上，经过重新发育，形成双重剖面或多重剖面。

3) 具有特殊的淋溶过程

青海省虽然处于青藏高原北部的寒冷气候土壤带上，降水量多在中等以下，即在

500 mm 以内，但因水热同期，降雨集中，特别是山的中上部，降水一般大于河谷，其有效淋溶程度较高，且在阵性降水的条件下，降水强度小，土壤易于吸收。加上众多的草木根系，淋溶通道畅通，所以各主要森林土壤都存在着程度不同的淋溶过程，形成一个亚类组。

4) 阴阳坡土壤差异大

阴阳坡土壤差异体现在亚类或土层的变化上，而且形成了不同的土类。例如，祁连山阳坡为栗钙土，而阴坡为灰褐土，很多林区的阳坡为高山草甸土，而阴坡为森林土或高山灌丛草甸土。

5) 生草化强烈，有机质含量高

除祁连山林区外，其他各林区的森林土壤生草化程度都很高。林冠下地被物层以草类为主，苔藓发育一般较弱，有些地方的草类相当繁茂，阳坡圆柏林冠下的草类有时还形成不连续的草皮层，特别当森林被火烧或采伐后，草类大量侵入，严密覆盖土壤。同时，由于林内植被条件好，枯落物多，气候温凉，所以腐殖质积累过程明显，土壤有机质含量高，结构好，土体疏松肥沃。

3. 具有草原土壤特征

柴达木盆地东部各林区和祁连山地的山前地带等部分地区，森林土壤处于钙质草原土壤带内，具有草原土壤的某些特征。由于雨量稀少，气候比较干旱，土体中石灰淀积明显，盐基高度饱和，腐殖质层较薄，有机质含量低。在这里，森林土壤与栗钙土、棕钙土、灰钙土以及部分漠土呈复域式分布，形成了与其他林区完全不同的区域土壤组合，表现为森林草原景观，森林土壤的分布多呈孤岛状，四周为草原土所包围。

4. 过渡类型多

森林土壤复杂多变，过渡类型多，分布区小而破碎，复域式和镶嵌式分布表现强烈，规律性不甚显著。①青海省地域辽阔，气候差异大，使得森林土壤类型多样化，变异强烈，存在多种过渡类型。例如，在北部，森林土壤不仅与草原土壤、栗钙土和部分高山土壤之间有过渡类型，而且内部也有亚类之间的过渡；在南部，森林土壤主要是与高山土壤之间存在过渡类型。②青海省山地不同时代的地层都有出露，岩性异常复杂，加上冰川的影响，形成的土壤母质极为不同，而且在一个小范围内变化多端，使得森林土壤的性质也发生较大变异。③山地地形复杂，起伏强烈，水热条件在小范围内形成的差异也影响森林土壤的变化。往往在山的上、中、下部，沟口和上部，阴阳坡甚至迎风面与背风面也均有差异。

1.5　青海省植被

青海植被总体具有高寒和旱生的特点。地域上跨有青藏高原高寒植被、温带荒漠和温带草原 3 个植被区域,并以前两者为主,形成了差异悬殊的南北两大部分,温带草原仅占有东北部一隅(《青海森林》编辑委员会,1993)。

青藏高原高寒植被是在独特的高原气候条件下产生的,形成了特殊的水平带谱与垂直带谱以及独立的植被体系,如高寒草甸、高寒草原、高寒荒漠等,这与同纬度的亚热带高山植物有较大差别(魏振铎,1992)。但是高原边缘的山地寒温性针叶林与高寒灌丛、草甸植被主要由中国喜马拉雅成分组成,显示了高原植被与东亚,尤其是川西、滇北山地植被的亲缘关系;高原面上的高寒草原与荒漠植被,则主要由中亚草原与荒漠成分以及与其联系密切的青藏特有成分组成,又表明了高原的古地中海区系性质及其与中亚温带荒漠、草原植被的亲密关系。

温带荒漠区域主要指柴达木盆地。自新近纪以来,特别是第四纪冰期以来,由于南部青藏高原的隆升,蒙古高压形成,季风不易到达,决定了本区域植被向着强度旱生的荒漠类型发展,成为戈壁植物地理区的中亚东部区域的一部分。区系成分也以中亚成分为主,伴有温带亚洲、旧世界温带以及北温带等成分,这些成分共同组成了盆地半灌木、灌木荒漠和盐沼植被(陈安东和郑绵平,2017)。禾本科(Gramineae)、藜科(Chenopodiaceae)和柽柳科(Tamaricaceae)在植被组成中占有重要地位。

温带草原区域主要在黄土分布区,气候具有明显的大陆性特点,因此植物类群也以旱生植物为主。温带草原区域在植物地理上属古地中海区,以中亚东部成分和蒙古草原成分为主,同时在本区周围的山地还出现了亚热带、温带和寒温带森林成分,显示了植被的庞杂性和汇集性。

由于人烟稠密,在长期的社会历史条件影响下,自然植被多已破坏,水土流失严重。根据《中国植被》的区划,青海省跨一级植被区域有 8 个,跨二级和三级区各 5 个,四级区 11 个,占有植被区的数量仅次于新疆、西藏和内蒙古,反映了青海省植被的复杂程度。

全省种子植物有 2600 余种,隶属于 97 科 620 属,约占全国种子植物种总数的 11%,其中禾本科植物有 550 余种,隶属于 54 科 128 属。

在种子植物中,含 200 种以上的最重要的大科仅有菊科(Compositae)和禾本科,分别含 68 属和 69 属;含 100～200 种的有毛茛科(Ranunculaceae)25 属、蔷薇科(Rosaceae)22 属和豆科(Leguminosae)21 属 8 科;含 5～100 种的科有莎草科(Cyperaceae)8 属、龙胆科(Gentianaceae)10 属、杨柳科(Salicaceae)2 属、伞形科(Umbelliferae)20 属、虎耳草科(Saxifragaceae)8 属、玄参科(Scrophulariaceae)12 属、十字花科(Cruciferae)36 属、百合科(Liliaceae)16 属、报春花科(Primulaceae)7 属、石竹科(Caryophyllaceae)4 属以及藜科(Chenopodiaceae)22 属等;其他比较重要的科还有唇形科(Labiatae)24 属、杜鹃花科

(Ericaceae)2 属、蓼科(Polygonaceae)8 属等。

　　从属来看，含 100 种以上的属几乎没有；含 50～100 种的属主要有柳属(*Salix*)、马先蒿属(*Pedicularis*)、风毛菊属(*Saussurea*)等；含 20～50 种的属有报春花属(*Primula*)、杜鹃属(*Rhododendron*)、早熟禾属(*Poa*)、鹅观草属(*Roegneria*)、薹草属(*Carex*)、嵩草属(*Kobresia*)、黄耆属(*Astragalus*)、虎耳草属(*Saxifraga*)、毛茛属(*Ranunculus*)、龙胆属(*Gentiana*)和绿绒蒿属(*Meconopsis*)等，其中龙胆属、绿绒蒿属和报春花属被称为"高原三大花卉"属；单种寡型的属有辐花属(*Lomatogoniopsis*)、华福花属(*Sinadoxa*)、星叶草属(*Circaeaster*)、舟瓣芹属(*Sinolimprichtia*)、马尿泡属(*Przewalskia*)等十余属(魏振铎，1996)。

　　从地区来看，各大山区的山地植物种类最丰富。估计祁连山地共有种子植物 1400 余种，西倾山地有 1600 余种，唐古拉山余脉(玉树)有 1500 余种，植物种最少的地区是柴达木盆地，其主体部分总计不超过 300 种。青海省植被以自然植被为主，人工植被面积只有 1×10^4 km^2 左右，占总面积的 1.3%。自然植被以原生植被为主，在严酷的生境条件下，植被显得十分脆弱，一旦被破坏，很难恢复。

1.5.1　植被的地带规律性

　　由于青海省地域辽阔，地貌、气候和土壤类型差异较大，植被的分布也较复杂。总的来看，纬向分布不完全服从于全国的带谱，具有"高原地带性"，即既不同于我国东部的水平地带性，又与一般的山地植被带有区别，带有二者相结合的特色。特别是柴达木盆地，有其独特的分布规律。祁连山地虽然处在北半部，与高原隔绝，按其基带应当归入温带草原区域，但其大范围内的植被类型又和青藏高原类似，成为一个孤立的高寒草甸区。在东部山地，垂直分布规律起支配作用，掩盖了水平带谱，即常有沿河谷或山脉的小范围内的水平差异。此外，由于高原的热力作用，同类型植被的分布高度远较同纬度的其他山地高；山地植被带幅度窄，植被带具有间断性和组合性强等特点(陈桂琛和彭敏，1993)。

1. 水平地带性

　　从纬向分布来看，热量是北半部大于南半部，青海省的几个暖区都在北半部，水分则相反，有异于其他省(区、市)，形成了极为不同的南北二带，北半部是以温带草原和温带荒漠为主，南半部则以高寒草甸和高寒草原为主。

　　从东西向变化来看，由于距离海洋远近不同，受季风影响程度不同，因而总的也服从由东向西的更替规律。在北半部，更替的大致顺序是山地森林—森林(灌丛)草原—草原(草甸)荒漠草原—荒漠；在南半部，更替的顺序则是山地森林—高寒灌丛草甸—高寒草甸—高寒草原。

　　柴达木盆地的水平带谱具有离心式的倾向，即以盆地中央为中心向四周呈不连续的带状弧形展开，但东南与西北又有差异。东部更替顺序大致是盐化沼泽草甸—盐化荒漠灌丛—草原化荒漠—山地草原（疏林、灌丛）；南部更替的顺序为盐化沼泽草甸—荒漠灌丛（沙包）—戈壁荒漠稀疏植被—石质山前极稀半灌木植被；西部和北部边缘则以盐化荒漠灌丛—草原化荒漠的带谱更替。

　　在西倾山地，水平带谱又与柴达木盆地相反，为向心式分布，即由黄河河谷呈弧形向中央山地扩展，更替顺序大致是河谷草原—山地森林—灌丛草甸—草甸—高山流石坡稀疏植被。这个带谱也具有垂直地带性，但在地域上明显易见，带幅较宽，又具有小范围的水平地带性。

　　从全国大范围来看，青海植被的水平带谱由西北向东南总的可划分为荒漠—草原—草甸—森林。荒漠是中亚荒漠的延续但又有差别，高寒荒漠更具有独特性，草原被认为是欧亚大草原的南部分支，森林则是东亚森林的西部分布极限地带。

2. 垂直地带性

　　就全省看，垂直带谱上的植被类型也和水平带谱基本一致，除了部分平原湖沼、盐泽等处的植被仅表现为水平分布之外，多数植被类型都在山地垂直带谱中出现，如山地森林、荒漠和荒漠草原、草原灌丛草甸、高寒草甸等。垂直带谱上特有的植被类型有高山流石坡稀疏植被等。通常温带旱生植被如河谷草原或荒漠草原出现在带谱的最下方，而寒带旱生植被如高山垫状植被和高寒荒漠（草原）出现在高山顶部。

　　东部山地的垂直带谱比较明显，也相对比较完善，在高大山地的主脉两侧更是如此，特别是阴坡和阳坡，同类型植被的分布逐步提高。

　　由于山体低小浑圆，高原面上垂直带谱比较简单，阴坡和阳坡的差异也大大缩小，从下向上依次为高山草甸—高山垫状植被—高山亚冰雪稀疏植被—冰雪带。

1.5.2　森林植物的区系成分

　　青海省的森林植物区系成分总体以温带分布为主，其中又以北温带成分为主，热带和亚热带成分较少。由于历史地理过程复杂，特别是第四纪以来的大动荡，植物物种经历了灭绝、"后退"变异、侵入、融和等过程，区系成分也具有一定程度的复杂性（张永利等，2007）。

　　在木本植物中，属于典型北温带分布及其变型的有冷杉属（*Abies*）、云杉属（*Picea*）、落叶松属（*Larix*）、松属（*Pinus*）、圆柏属（*Sabina*）、刺柏属（*Juniperus*）、槭属（*Acer*）、桦木属（*Betula*）、栎属（*Quercus*）、胡桃属（*Juglans*）、杨属（*Populus*）、柳属（*Salix*）、榆属（*Ulmus*）、桑属（*Morus*）、樱属（*Cerasus*）、苹果属（*Malus*）、花楸属（*Sorbus*）、小檗属（*Berberis*）、忍冬属（*Lonicera*）、荚蒾属（*Viburnum*）、山茱萸属（*Cornus*）、委陵菜属（*Potentilla*）、榛属（*Corylus*）、杜鹃花属（*Rhododendron*）、茶藨子属（*Ribes*）、岩黄耆属（*Hedysarum*）、山梅花

属（*Philadelphus*）、蔷薇属（*Rosa*）、栒子属（*Cotoneaster*）、山楂属（*Crataegus*）、绣线菊属（*Spiraea*）、驼绒藜属（*Ceratoides*）等，以上均系组成青海森林灌丛的主要树种。属于北温带和南温带间断分布变型的木本植物有麻黄属（*Ephedra*）、枸杞属（*Lycium*）等，属于北极高山变型的有北极果属（*Arctous*）等。

在草本森林植物中，属于本区系的主要有青兰属（*Dracocephalum*）、点地梅属（*Androsace*）、鹿蹄草属（*Pyrola*）、楼斗菜属（*Aquilegia*）、升麻属（*Cimicifuga*）、金莲花属（*Trollius*）、龙牙草属（*Agrimonia*）、梅花草属（*Parnassia*）、藁本属（*Ligusticum*）、拂子茅属（*Calamagrostis*）、棘豆属（*Oxytropis*）、针茅属（*Stipa*）、披碱草属（*Elymus*）、野青茅属（*Deyeuxia*）、短柄草属（*Brachypodiun*）、贝母属（*Fritillaria*）、黄精属（*Polygonatum*）、杓兰属（*Cypripedium*）、舞鹤草属（*Maianthemum*）、鸢尾属（*Lris*）、葱属（*Allium*）、雀麦属（*Bromus*）、落草属（*Koeleria*）、三毛草属（*Trisetum*）、驴蹄草属（*Caltha*）、小米草属（*Euphrasia*）、喉毛花属（*Comastoma*）、蝇子草属（*Silene*）、唐松草属（*Thalictrum*）、异燕麦属（*Helictotrichon*）、缬草属（*Valeriana*）、茜草属（*Rubia*）、花锚属（*Halenia*）、野豌豆属（*Vicia*）、柴胡属（*Bupleurum*）、火绒草属（*Leontopodium*）等。

属于东亚和北美洲际间断分布的木本植物主要有刺槐属（*Robinia*）、紫穗槐属（*Amorpha*）、楤木属（*Aralia*）、梓属（*Catalpa*）、胡枝子属（*Lespedeza*）、珍珠梅属（*Sorbaria*）等；草本有山荷叶属（*Diphylleia*）和人参属（*Panax*）等。

旧世界温带分布的乔灌木主要有丁香属（*Syringa*）、柽柳属（*Tamarix*）、沙棘属（*Hippophae*）、百里香属（*Thymus*）、水柏枝属（*Myricaria*）、鲜卑花属（*Sibiraea*）、梨属（*Pyrus*）、瑞香属（*Daphne*）、香薷属（*Elsholtzia*）、木蓼属（*Atraphaxis*）、连翘属（*Forsythia*）等。主要的林下林缘草本植物有筋骨草属（*Ajuga*）、糙苏属（*Phlomis*）、多榔菊属（*Doronicum*）、草木犀属（*Melilotus*）、橐吾属（*Ligularia*）、侧金盏花属（*Adonis*）、刺参属（*Morina*）、美花草属（*Callianthemum*）、芨芨草属（*Achnatherum*）、峨参属（*Anthriscus*）、鹅观草属（*Roegneria*）、毛连菜属（*Picris*）等。

青海森林温带亚洲分布的属很少，木本植物有锦鸡儿属（*Caragana*）等，草本植物有亚菊属（*Ajania*）、细柄茅属（*Ptilagrostis*）等。

在地中海区、西亚至中亚分布的植物主要是荒漠和旱生种类，其中木本植物有假木贼属（*Anabasis*）、梭梭属（*Haloxylon*）、盐爪爪属（*Kalidium*）、裸果木属（*Gymnocarpos*）、沙拐枣属（*Calligonum*）、骆驼刺属（*Alhagi*）、红砂属（*Reaumuria*）、白刺属（*Nitraria*）、霸王属（*Sarcozygium*）等。与荒漠灌丛有关的草本植物主要有锁阳属（*Cynomorium*）、骆驼蓬属（*Peganum*）、甘草属（*Glycyrrhiza*），以及翼首花属（*Pterocephalus*）等。

中亚成分不多见，木本植物只有合头草属（*Sympegma*）和小甘菊属（*Cancrinia*）等。亚灌木有紫菀木属（*Asterothamnus*）、苦马豆属（*Sphaerophysa*）、女蒿属（*Hippolytia*）等。主要草本植物有固沙草属（*Orinus*）、三角草属（*Trikeraia*）、白麻属（*Poacynum*）、冠毛草属（*Stephanachne*）、双果荠属（*Megadenia*）、栉叶蒿属（*Neopallasia*）等。

属于东亚分布的木本植物主要有莸属(*Caryopteris*)、侧柏属(*Platycladus*)、香茶菜属(*Rabdosia*)、五加属(*Acanthopanax*)和猕猴桃属(*Actinidia*)等,林下草本植物有蓝钟花属(*Cyananthus*)、星叶草属(*Circaeaster*)等。

属于中国特有分布的植物有藤山柳属(*Clematoclethra*)、虎榛子属(*Ostryopsis*)、文冠果属(*Xanthoceras*)等。主要草本植物有黄缨菊属(*Xanthopappus*)、三蕊草属(*Sinochasea*)、马尿泡属(*Przewalskia*)和羽叶点地梅属(*Pomatosace*)等,木本植物有铁线莲属(*Clematis*)、鼠李属(*Rhamnus*)、悬钩子属(*Rubus*)、槐属(*Sophora*)等;草本植物主要有龙胆属(*Gentiana*)、黄耆属(*Astragalus*)、蓼属(*Polygonum*)、紫菀属(*Aster*)、千里光属(*Senecio*)、银莲花属(*Anemone*)、毛茛属(*Ranunculus*)、灯心草属(*Juncus*)等。

热带和亚热带成分极少,多为分布到温带的属,其中泛热带分布的木本植物有卫矛属(*Euonymus*)、柿属(*Diospyros*),枣属(*Ziziphus*)、朴属(*Celtis*)、醉鱼草属(*Buddleja*)、花椒属(*Zanthoxylum*)等。草本植物有凤仙花属(*Impatiens*)、鹅绒藤属(*Cynanchum*)、菟丝子属(*Cuscuta*)、三芒草属(*Aristida*)等。属于热带美洲和热带亚洲间断分布的植物有木姜子属(*Litsea*)等。旧世界热带分布的有合欢属(*Albizia*)、槲寄生属(*Viscum*)、吴茱萸属(*Evodia*)等,热带亚洲至热带大洋洲分布的有臭椿属(*Ailanthus*)等。

1.6　青海省自然环境变化

青海省山地面积广阔、地势起伏变化大、生态环境脆弱,以湿地退缩、草地退化和水土流失为特色的生态环境恶化形势越来越严峻,尤其突出的是黑土滩面积不断扩大,极端天气频发,自然灾害频繁,湿地退缩,水土流失严重。

1.6.1　极端天气频发

近年来气候变暖,异常偏暖的气候在青海高原频繁出现,加之夏、秋季降水明显偏少,干旱加剧(徐亮等,2006)。例如,1998 年 9 月～1999 年 5 月,连续出现高温、少雨天气,有 97%的气象台站三季平均气温打破历年最高记录,发生了自 1959 年有气象记录以来的最为严重的旱灾,三季连续无降水日数比有气象记录以来所出现的大旱年都要长得多,严重影响春播和牧草返青。2000 年 7 月中、下旬,青海高原北部出现有气象记录以来未有过的高温酷热天气,最高气温屡屡突破历史极值。2000 年 7 月 24 日,尖扎县出现高达40.3℃的高温记录,首次在青海省气象档案中留下了日最高气温超过 40℃的记录(汪青春,2007)。

由极端降水过程导致的灾害次数亦增加,表现为暴雨洪涝灾害和雪灾频发。1991～2017 年,暴雨洪涝及其引发的次生灾害发生次数总体呈增多趋势,且表现出明显的阶段性变化特征,20 世纪 90 年代灾害发生次数处于低值阶段,自 2003 年开始增加,2005 年、2006 年、2007 年达到最大值后,又逐步回落。每年 7 月、8 月为青海省汛期暴雨洪涝及其引发次生灾害的高发期,占汛期总灾害次数的 77.9%。暴雨洪涝及其引发的次生灾害多,其中贵德县、兴海县、贵南县汛期气象灾害发生次数分别为 141 次、94 次、87 次,为青海省汛期气象灾害发生次数最多的地区;共和县、同德县、化隆县气象灾害发生次数为 50~80 次,是青海省气象灾害发生次数的次多区;大通县、同仁县、民和县、都兰县、德令哈市气象灾害发生次数为 30~50 次,是青海省气象灾害发生次数排名第三的区域;青海西北部地区以及青海南部地区是气象灾害发生次数最少的地区,发生次数为 0~10 次(杨昭明等,2019)。同时,20 世纪 90 年代以来青海省雪灾危害日趋严重,青海省发生大暴雪的次数显著增加,灾情频、范围广(伏洋等,2004)。

1.6.2　湿地退缩

随着全球气候变暖,青海境内冰川雪山退缩,河水断流,湖泊缩小,湿地不同程度地呈现萎缩趋势,加之过度放牧、人为破坏等原因,致使湿地区域的生态环境逐年恶化。近几年,青藏高寒湿地不同程度地出现了退化,突出的表现为:湿地面积萎缩,湿地类型转变;湿地动植物种类减少,数量下降,陆生动物种类增加,数量增多;地表水与地下水位下降。黄河源区 20 世纪 80 年代初有沼泽 3895.2 km^2,90 年代卫星解译结果显示沼泽面积减少为 3247.45 km^2,面积减少了 647.75 km^2,平均每年递减 58.89 km^2。1969~2004 年长江源区与黄河源区沼泽湿地也呈现不断退缩趋势,黄河源区沼泽湿地退缩率为长江源区退缩率的一半。长江源区河流湿地分布面积在 1969~2000 年减少了大约 0.7%,而黄河源区河流湿地在 1969~2000 年呈现持续递减趋势,总减少面积达到 180.6 km^2。青海湖面积在 1959~2004 年呈减少趋势,但 2008 年的卫星资料显示,青海湖面积较 2004 年增大 130 km^2。冰川雪山面积 20 世纪 90 年代中期为 970.6 km^2,至 2007 年,冰川雪山面积已缩减为 845.63 km^2,年均减少 10.42 km^2,(周华坤等,2021)。同时,沼泽地湿生草甸植被向中旱生高原植被演变,草地涵养水源功能降低(张耀生和赵新全,2001)。

1.6.3　黑土滩面积不断扩大

据 2003 年统计,青海省黑土滩面积已达 703 万 hm^2,主要位于青海省的果洛州、黄南州、玉树州、祁连山西部等地区(苟存珑,2016),且黑土滩面积不断地蔓延和扩大的趋势(王宝山等,2007)。黑土滩多出现于高原阳坡和半阳坡的山麓和山前滩地,分布海拔为 3600~4500 m。退化草地生产力和优良牧草产量比例随退化程度的加剧而明显下降,黑土滩具有的草地生产力和优良牧草产量比例均极低,植物种类构成中 60%~80%是毒杂草,失去经济利用价值。同时,黑土滩退化草地也对自然环境造成深刻影响,原生植被逐渐减少甚至消失,植物的覆盖面积逐渐下降,生物的多样性逐渐退化,大量的毒杂草蔓延,且具有鼠害猖獗等特点,使美好的自然景观变成黑色的次生裸地(苟存珑,2016)。

1.6.4　水土流失加剧

据全国第一次水利普查，青海省水土流失面积为 16.87 万 km²，主要水土流失类型有水力侵蚀、风力侵蚀，其中：水力侵蚀 4.28 万 km²，占水土流失总面积的 25.37%，主要分布于东部黄土高原、青海湖流域和三江源地区，侵蚀强度介于轻度和剧烈之间；风力侵蚀 12.59 万 km²，占水土流失总面积的 74.63%，主要分布在柴达木盆地、三江源地区和青海湖流域，侵蚀强度介于轻度和剧烈之间(青海省统计局和国家统计局青海调查总队，2012)。

第 2 章　青海省主要森林植被类型

2.1　青海省森林概况

青海省地处青藏高原东北部，四周远离海洋，近 84%的面积海拔在 3000 m 以上，气候寒旱，多数地方失去了森林生存的条件，东经 96°以西的广大地区基本上没有乔木林分布。但是，在省域的东半部，由于高原被河流切割，地势陡降，孟加拉湾暖湿气流和东南季风可以沿江河而上，给河谷两岸的迎风面带来一定的水分和热量，为森林的生长发育创造了较好的环境条件，断续分布着一些乔木林，大致成为围绕高原东北部的一条弧形森林带（贺梅年，2017）。同时，由于山体高拔，青海省森林分布还表现出明显的垂直地带性。在高原高寒的生境中，虽然乔木难以生存，但却发育着大面积的灌木林，成为这个地带生态系统的组成部分。同样，在柴达木盆地，尽管极度干旱，在荒漠气候的支配下，却发育着大面积的荒漠灌丛。这样，从全省来看，东部的森林、南部的高寒灌丛和西北部的荒漠灌丛形成了青海森林水平分布的总格局。在南部，海拔在很大程度上抵消了纬度的影响，高寒条件突出，热量成为影响森林分布的主导因素；在北部，正好相反，由于高度较低，林区几个暖区均位于此，气候干旱，水分则成为影响森林分布的主导因素（《青海森林》编辑委员会，1993）。

青海森林主要为生态防护类型，按水平分布，主要集中在北纬 31°～39°、东经 96°～103°，总体可分为山地森林和荒漠灌丛两类：山地森林主要分布在祁连山、西倾山、阿尼玛卿山、巴颜喀拉山和唐古拉山等山系，自东北至西南依次分布有祁连山林区、大通河林区、湟水林区、黄河上段林区、隆务河林区、黄河下段林区、玛可河林区、玉树林区、柴达木林区等，这些山地森林占全省森林面积的 90%，活立木蓄积量占全省的 97%，是青海省重要的水源涵养林和水土保持林；荒漠灌丛主要分布在柴达木盆地、青海湖盆地和海南台地的半干旱沙地上，主要为柽柳（*Tamarix chinensis*）、梭梭（*Haloxylon ammodendron*）、沙拐枣（*Calligonum mongolicum*）、木贼麻黄（*Ephedra equisetina*）、枸杞（*Lycium chinense*）、白刺（*Nitraria tangutorum*）、沙棘（*Hippophae rhamnoides*）等荒漠灌丛植被，构成青海省天然的防沙屏障（《青海森林》编辑委员会，1993；郑永宏等，2009）。

根据 2008 年森林资源连续清查结果，青海省具有森林面积 329.56×10^4 hm^2，森林覆盖率为 4.6%，仅高于新疆和上海（唐才富等，2017）。青海省森林资源地带性分布明显，森林类型多，但生产力低；森林林龄结构合理，但异质性差。青海省森林资源还具有公益林多、商品林少、灌木林多、乔木林少、天然林多、人工林少的特点。同时青海又是长江、黄河、澜沧江等我国重要江河的发源地，因而森林所特有的涵养水源、调节气候、防风固沙等功能对于维护和改善青海省的生态状况发挥着极为重要的作用。青海地处青藏高原，森林多分布在 2000～4000 m 的高海拔地区，以寒温性常绿针叶林为主，其次为温性针叶林以及少量寒温性落叶针叶林，还有部分落叶阔叶林。青海森林乔灌木共计 53 科 128 属 504 种，其中天然分布的有 371 种（《青海森林》编辑委员会，1993）。常见的针叶树种有青海云杉（*Picea crassifolia*）、紫果云杉（*Picea purpurea*）、川西云杉（*Picea likiangensis* var. *balfouriana*）、鳞皮冷杉（*Abies squamata*）、油松（*Pinus tabuliformis*）、青杆（*Picea wilsonii*）、祁连圆柏（*Juniperus przewalskii*）、大果圆柏（*Juniperus tibetica*）、方枝柏（*Juniperus saltuaria*）等，其中圆柏类、云杉类树种几乎为我国的特有种属；阔叶树种有白桦（*Betula platyphylla*）、红桦（*Betula albosinensis*）、青杨（*Populus cathayana*）、山杨（*Populus davidiana*）、银白杨（*Populus alba*）、垂柳（*Salix babylonica*）、榆树（*Ulmus pumila*）等；灌木有沙棘、金露梅（*Potentilla fruticosa*）、山生柳（*Salix oritrepha*）、锦鸡儿（*Caragana sinica*）、杜鹃（*Rhododendron simsii*）、忍冬（*Lonicera japonica*）、鲜卑花（*Sibiraea laevigata*）等（《青海森林》编辑委员会，1993）。

从青海省东北部的祁连山林区（北纬 38°02′～38°34′、东经 99°50′～100°54′）到南部的扎扎林区（北纬 31°39′～32°03′、东经 96°19′～96°45′）不连续地排列着下述林区：祁连山林区、大通河林区、湟水林区、黄河下段林区、隆务河林区、黄河上段林区、玛可河林区、多柯河林区、江西林区和扎扎林区等。在柴达木盆地东部，从怀头他拉到诺木洪山区也分布有稀疏的天然林（何友均等，2007）。全省森林按山系来区分则属于祁连山、西倾山、巴颜喀拉山和唐古拉山四条山脉。祁连山森林主要分布在祁连山中段、冷龙岭东段、达坂山东段及拉脊山等地区（《青海森林》编辑委员会，1993）。森林类型以寒温性针叶林为主，如青海云杉林、祁连圆柏林等；在达坂山和拉脊山各林区，还广泛分布有暖温性的针阔叶林，包括油松林、白桦林、红桦林、糙皮桦（*Betula utilis*）林、山杨林、冬瓜杨（*Populus purdomii*）林等。本地区历史悠久，人口稠密，森林开发利用较早，破坏也较严重。目前的森林以次生林为主，原始林仅分布于祁连山中段，这个地区也是全省主要的人工林分布区。西倾山的森林主要分布在隆务河流域、黄河下段的南岸和黄河上段东岸等地区，本区南部多为原始林，北部多为次生林，也有人工林和经济林。森林植被以寒温性针叶林占优势，有青海云杉林、紫果云杉林、祁连圆柏林等。隆务河的下段及黄河下段的南部尚有一定数量的温性阔叶林，如白桦林、红桦林、糙皮桦林、山杨林等，油松林分布不多。本山系东北隅的孟达林区是全省海拔较低、气候较温暖的地方，树种资源丰富，省内仅有的华山松（*Pinus armandii*）林、巴山冷杉（*Abies fargesii*）林和蒙古栎（*Quercus mongolica*）林多分布在这里。巴颜喀拉山的森林分布在大渡河上游主支流的玛可河、多柯河流域以及阿尼玛卿山北坡的中铁、切木曲、羊玉等林区。南部与川西峡谷山地常绿针叶林的云杉林、冷杉（*Abies fabri*）林区相连，以寒温性的常绿针叶林——紫果云杉林、川西云杉林为主，青海云杉、鳞皮云杉（*Picea retroflexa*）、冷杉和红杉（*Larix potaninii*）林也有分布。方枝柏、塔枝圆柏（*Juniperus komarovii*）和祁连圆柏林镶嵌于各林区的山地阳坡，桦木林在森林的下界也不少。唐古拉山的森林分布在澜沧江和通天河两侧山地，与横断山脉北部山原峡谷云杉林区、冷杉林区相连接，主要有江西、乩扎、娘拉、吉曲、觉拉、东中等林区，以寒温性针叶林为主，如川西云杉林、大果圆柏林、密枝圆柏(*Sabina convallium*)林等，也有少量桦木林。另外，在该区域海拔较高地区还有大面积的大果圆柏疏林。柴达木盆地的东缘山地分布着祁连圆柏天然林，个别地区有青海云杉林，由于生境严酷，树干低矮，林木稀疏，林相残败(胥宝苑等，2019)。

2008 年青海省森林资源连续清查结果显示,青海省森林中乔木林平均胸径为17.5 cm，平均郁闭度为0.47，每公顷株数为599 株，每公顷具有积蓄量110.30 m^3。乔木林中针叶林、阔叶林面积比例为7∶3。整体而言,青海省乔木林资源的树种组成以针叶纯林为主，天然云杉林和圆柏林所占比例较大，混交林所占比例较小。

青海省森林的群落结构按乔木层、下木层、地被物层(含草本、苔藓、地衣)三个层次的垂直分布，可划分为三层全有的完整结构、具有乔木层和其他一个植被层的较完整结构和只有乔木层的简单结构。全省具有完整群落结构的乔木林面积为 19.81 万 hm^2，占55.37%；较完整结构的乔木林面积为14.09 万 hm^2，占39.38%；简单结构的乔木林面积为1.88 万公顷，占5.25%。具体乔木林群落结构情况如表 2.1 所示。

表 2.1　乔木林群落结构

	完整结构		较完整结构		简单结构	
	面积/hm^2	比例/%	面积/hm^2	比例/%	面积/hm^2	比例/%
天然林	$18.57×10^4$	59.10	$11.33×10^4$	36.06	$1.52×10^4$	4.84
人工林	$1.24×10^4$	28.44	$2.76×10^4$	63.30	$0.36×10^4$	8.26
合计	$19.81×10^4$	55.37	$14.09×10^4$	39.38	$1.88×10^4$	5.25

从林层结构上来说，青海省乔木林全部为单层林。在树种结构上，全省乔木林主要以纯林为主。其中又以针叶纯林最多，其面积为20.74 万 hm^2，占乔木林总面积的57.97%。阔叶纯林面积为7.55 万 hm^2，占乔木林总面积的21.10%。针叶相对纯林、阔叶相对纯林、针叶混交林、针阔混交林、阔叶混交林所占比例分别为6.34%、5.11%、1.68%、5.37%和2.43%。青海省地处高原地带，寒冷的气候条件使树种构成相对单一。具体乔木林树种结构情况如表 2.2 所示。

表 2.2　乔木林各树种结构统计表

		合计	针叶纯林	阔叶纯林	针叶相对纯林	阔叶相对纯林	针叶混交林	针阔混交林	阔叶混交林
天然林	面积/10^4hm^2	31.42	20.1	4.47	2.19	1.75	0.56	1.72	0.63
	比例/%	100.00	63.97	14.23	6.97	5.57	1.78	5.47	2.01
人工林	面积/10^4hm^2	4.36	0.64	3.08	0.08	0.08	0.04	0.20	0.24
	比例/%	100.00	14.69	70.64	1.83	1.83	0.92	4.59	5.50
总计	面积/10^4hm^2	35.78	20.74	7.55	2.27	1.83	0.60	1.92	0.87
	比例/%	100.00	57.97	21.10	6.34	5.11	1.68	5.37	2.43

青海省森林受人为干扰的程度比较大，原生地带性森林资源绝大部分都受到人为干扰，或者被人工林和过伐后的次生林所代替。若使用自然度来反映森林类型演替过程或阶段，即按照现实森林类型与地带性原始顶极森林类型的差异程度，或次生森林类型位于演替中的阶段，可将森林自然度划分为 5 级。青海省森林面积按不同自然度，从 1 级到 5 级的占比分别为 1.01%、29.01%、37.09%、30.83%、2.06%，说明地带性森林类型总体上处于演替的中期阶段。青海省森林水平分布相对集中完整，破碎化程度不高，连片面积≥100 hm² 的森林面积为 109.98 万 hm²，超过青海省森林面积的 1/3，90%的青海省森林为超过 5 hm² 的连片森林。

青海省森林健康状况良好。根据林木的生长发育情况——枝干、树叶、色泽等外观表象特征，结实和繁殖情况以及林木受灾程度的情况，将森林划分为健康、亚健康、中健康和不健康 4 个等级。青海省森林面积按健康等级统计，健康森林面积为 319.19 万 hm²，占 96.9%，亚健康森林面积为 5.27 万 hm²，占 1.6%，中度健康森林占 1.4%，不健康森林占 0.1%。天然林中，健康等级为健康、亚健康、中健康和不健康的面积分别为 313.75 万 hm²、4.07 万 hm²、4.54 万 hm²、0.40 万 hm²，所占比例分别为 97.2%、1.3%、1.4%、0.1%；人工林中，健康等级为健康、亚健康、中健康和不健康的面积分别为 5.44 万 hm²、1.20 万 hm²、0.12 万 hm²、0.04 万 hm²，所占比例分别为 80.0%、17.6%、1.8%、0.6%。总体来说，天然林健康程度好于人工林。

青海省森林生态功能整体处于中等水平。根据 2008 年青海省森林资源连续清查结果，将森林蓄积量、森林自然度、森林群落结构、树种结构、植被总盖度、郁闭度、平均树高和枯枝落叶厚度等特征因子作为评价因子，森林资源清查中按各评价因子的相对重要性来进行综合评定，将森林生态功能划分为好（生态功能指数为 0.67～1.00）、中（生态功能指数为 0.40～0.67）、差（生态功能指数为 0.33～0.40）三个等级。青海省生态功能等级为好的面积为 1.80 万 hm²，占 0.5%；等级为中的面积为 234.17 万 hm²，占 71.1%；等级为差的面积为 93.59 万 hm²，占 28.4%。森林生态功能指数为 0.4296，生态功能处于中等水平。

2.2　寒温性针叶林

针叶林是青海省最重要的天然林。乔木林中寒温性针叶林所占比例较大，其面积为 $25.01 \times 10^4 \, hm^2$，蓄积量为 $3097.33 \times 10^4 \, m^3$，分别占乔木林面积、蓄积量的 69.9%和 79.1%。全省天然针叶乔木树种有 2 科 7 属 20 种 2 变型，能适应高原气候成为森林建群种的有 14 种，其余的为森林伴生种。针叶林中，寒温性针叶林的比例约占 98%，其中，云杉、冷杉林占 67.0%，圆柏林占 32.8%，红杉林占 0.2%。温性针叶林在针叶林中所占比例较小，约占 2%，主要是温性松林，其建群种是我国华北、西北特有的代表种——油松和华山松。由于青藏高原地势隆起，省内的降水条件由东向西递减，热量由北向南逐步降低，温性针叶林集中分布于青海省海拔较低的东北部。东北部气候温和湿润，为青海省人口稠密区，但几经农垦和森林砍伐，水土流失严重，原有天然林所剩无几，温性松林比例很小。以寒温性针叶林为主的天然林，其组分较为简单，按优势种组成分类主要包括青海云杉林、川西云杉林、紫果云杉林、青杆林、祁连圆柏林、大果圆柏林等（郑永宏等，2009）。

2.2.1　青海云杉(*Picea crassifolia*)林

青海云杉材质良好，生长迅速，适应性较强，是我国特有树种，在祁连山地垂直气候带上为顶级群落。青海云杉林分布面积广而稳定，是青海针叶林的主要类型之一。

1. 分布与生境

青海云杉林天然分布于甘肃、宁夏、内蒙古等省(自治区)。云杉林在青海省水平分布广阔，祁连县和门源回族自治县有大片的分布，大通、湟中、乐都、互助、循化、化隆、同仁、同德、泽库、乌兰、兴海、玛沁、尖扎、贵南等县(区)也有相当分布(黄团冲等，2018)，分布区大致位于北纬34°55′~38°35′；东经98°20′~102°25′，面积约占全省针叶林总面积的44%(《青海森林》编辑委员会，1993；王世雷，2014)。

按山系来区分，以山地森林为主的青海云杉林主要分布在祁连山，其次是西倾山和巴颜喀拉山。祁连山中段、东段的青海云杉林分布面积较广，蓄积量大，是其中心分布区的一部分。如按水系来分，则以外流的黄河水系为主，包括由同德县拉加寺至循化撒拉族自治县积石峡的干流段和主要支流大通河、湟水、隆务河、切木曲等；内陆水系主要是黑河、希里沟、香日德河等。

青海云杉对温度和湿度的要求可以从不同的坡向分布上看出。林分多呈块状，零星分布于高山峡谷的阴坡和半阴坡，垂直分布在海拔2100~3500 m，集中分布带在海拔2700~3000 m，常镶嵌在半阳坡的草地。大通河林区青海云杉林的分布海拔上限是3330 m，祁连山林区为3400 m，黄河上段林区可达3500 m，湟水林区一般的分布上限不超过海拔3100 m。分布地区属于山地森林气候，气温低且日较差大，雨量少而集中，冬春季寒冷，干旱多风，日照时间长而辐射强，年平均气温低于2℃，最热月平均气温为12℃左右，最冷月约为-12℃(杨文娟，2018)。

分布地区虽处寒温带，但海拔和坡向对土壤分布影响同样显著，山地森林和森林草原多为半湿润性的山地灰褐土和褐色针叶林土。分布区总的土壤特征是土层薄、质地粗，pH为7.0左右，有机质含量中等，基岩有千枚岩、绿色硬砂岩、结晶岩、红紫色砂(砾)岩、夹煤岩等，分布最广的是砂(砾)岩。分布区有些地方有永冻层或季节冻层，在祁连山林区还有泥炭层(《青海森林》编辑委员会，1993；杨文娟，2018)。

2. 组成与结构

青海云杉林属于寒温性常绿针叶林，由于在长期演替进程中与生态环境相适应，形成了稳定的、发育完善的天然森林群落。青海云杉林的组成一般都较简单。青海云杉是构成乔木层的主要建群种，有明显的数量优势，多为同龄的单层纯林，伴生树种有祁连圆柏、山杨、白桦、红桦，在大通河、黄河下段的 2700 m 以下还与青杆混交，在隆务河林区还与紫果云杉组成主林层互为优势。但是，具体地段的林分组成是单层纯林还是复层混交林，则随生态条件的不同而异。其林下植物的种类组成大致可分为以耐阴性灌木为主的青海云杉林、以草类为主的青海云杉林和以苔藓为主的青海云杉林三大类(陈艳，2015)。

在海拔 2700 m 以上的青海云杉林分布区，由于气候比较寒冷，乔木层稀疏，灌木得到较好的发育。灌木优势种有鬼箭锦鸡儿(*Caragana jubata*)、金露梅、窄叶鲜卑花(*Sibiraea angustata*)，其他常见种有刚毛忍冬(*Lonicera hispida*)、冰川茶藨子(*Ribes glaciale*)、山生柳等。在海拔 2700 m 以下的林带下部，由于气候比较干燥，林分比较稀疏，灌木也发育较好，优势种有青甘锦鸡儿(*Caragana tangutica*)、毛叶水栒子(*Cotoneaster submultiflorus*)、灰栒子(*Cotoneaster acutifolius*)等，其他常见种有银露梅(*Potentilla glabra*)、红脉忍冬(*Lonicera nervosa*)、唐古特忍冬(*Lonicera tangutica*)、库页悬钩子(*Rubus sachalinensis*)等(王波等，2015)。

草本优势植物有珠芽蓼(*Polygonum viviparum*)、金翼黄耆(*Astragalus chrysopterus*)、高山野决明(*Thermopsis alpina*)、藓生马先蒿(*Pedicularis muscicola*)、密生薹草(*Carex crebra*)等。其他常见的伴生种有紫花碎米荠(*Cardamine tangutorum*)、欧洲唐松草(*Thalictrum aquilegiifolium*)、小缬草(*Valeriana tangutica*)、塔氏马先蒿(*Pedicularis tatarinowii*)等。

苔藓通常发育较好，主要优势种有假丛灰藓(*Pseudostereodon procerrimum*)、山羽藓(*Abietinella abietina*)、美姿藓(*Timmia megapolitana*)、丛生真藓(*Bryum caespiticium*)、大帽藓(*Encalypta ciliata*)等。层外植物有松萝(*Usnea diffracta*)、铁线莲(*Clematis florida*)等(陈艳，2015；王波等，2015)。

2.2.2　川西云杉(*Picea likiangensis* var. *balfouriana*)林

川西云杉是青藏高原地区的特有种类，属典型北温带区系成分，分布面积广而稳定，极耐高寒气候，在青藏高原东部山地的高海拔区域广泛分布，是云杉属内分布海拔较高的树种，也是我国针叶林主要建群种之一。川西云杉干形挺拔通直，材质良好，针叶富含油脂，经济价值很高(郭子良，2016)。川西云杉林是我国寒温带针叶林带的重要组成部分，也是青海森林的重要组成部分，林分稳定，单位蓄积量高，不仅是当前木材生产的重要资源，而且在水源涵养、水土保持等方面具有关键的作用(郑祥霖，2012)。

1. 分布与生境

川西云杉林在青藏高原东南的川西、藏东有大面积分布，在青海省集中分布于玉树藏族自治州的江西、乩扎、东中、娘拉、吉曲和果洛藏族自治州的玛可河、多柯河等原始林区。川西云杉林地处金沙江、澜沧江和大渡河上游的高山峡谷地带，属横断山脉北部山原峡谷云、冷杉林区，大致位于东经 95°40′～101°15′、北纬 31°35′～32°50′。根据 2008 年青海省森林资源连续清查结果，川西云杉林面积约为 $3.51×10^4$ hm^2，总蓄积量为 $826×10^4$ m^3，多系中龄林和过熟林。

分布区气候特点是热量低，辐射强，风大，气温年较差小而日较差大，属典型的青藏高原山地气候，干湿季节变化显著。夏(湿)季为沿大江河谷北上的东南季风和西南季风所控制，温湿多雨，但年降水量不大；冬(干)季则被青藏冷高压所支配，寒冷干旱。分布区气候垂直差异明显，大部分地区无绝对无霜期(杨琰瑛，2007)。

川西云杉林分布区的土壤类型多是从坡积、残积母质上发育起来的棕色暗针叶林土和少量的高寒灌丛草甸土。土壤母质疏松，透水性强，质地较粗，多为中壤或砂壤，含石砾较多。表层发育明显，腐殖质含量为 8%～15%。土层深度一般不超过 50 cm，林冠下基本无多年冻土层(王坤凯，2009)。

川西云杉林多呈片状断续分布在山的阴坡，海拔 3300～4300 m，较集中分布于海拔 3500～4150 m，是云杉属中分布最高的类型，4300 m 以上为高寒灌丛，下界多为河谷阶地草原或草甸，阳坡为密枝圆柏、大果圆柏、方枝柏、塔枝圆柏林等。在玛可河和多柯河林区，川西云杉多处于山下部，有时与鳞皮云杉、鳞皮冷杉、岷江冷杉(*Abies fargesii* var. *faxoniana*)等混交，在山上部则为紫果云杉林，少数地方有红杉(《青海森林》编辑委员会，1993；王坤凯，2009)。

2. 组成与结构

川西云杉林属于寒温性常绿针叶林，分布至青海省已达最北边缘，处于森林向高寒灌丛草甸带的过渡地段，林分组成和层次结构都比较简单。乔木层一般仅川西云杉一种，组成同龄单层纯林；在大渡河上游各林区，可以见到鳞皮云杉、紫果云杉、鳞皮冷杉等部分川西云杉林的共建种；在分布区的半阴坡和半阳坡可以见到川西云杉与方枝大果圆柏、密枝圆柏等组成的小片混交林；在海拔 3800 m 以下地段有川西云杉与白桦和红桦的混交林(《青海森林》编辑委员会，1993；莫晓勇，1986)。

川西云杉林的层次结构简单，其代表林型薹草-川西云杉林只有两个层次，即乔木层和草本层，下木层不发育，苔藓层也不连续。其他林型一般只有 3 个层次，下木层发育。无论何种林型，一般无明显的嵩草层。层外植物有甘青铁线莲(*Clematis tangutica*)、油杉寄生(*Arceuthobium chinense*)和松萝等(《青海森林》编辑委员会，1993；马应龙和马金萍，2014；莫晓勇，1986)。

2.2.3 祁连圆柏(*Sabina przewalskii*)林

祁连圆柏是我国圆柏属中的一个特有种，以它为建群种所形成的天然林集中分布于青藏高原的东北部和黄土高原的西部边缘,其中以青海、甘肃两省最多,向南分布至四川省松潘地区。青海省的祁连圆柏林主要分布于祁连山、西倾山和柴达木盆地东部,南至玛可河林区,常和青海云杉、紫果云杉平行分布或高居其上,成为山地森林阳坡最常见的森林景观。祁连圆柏生态适应能力强,分布范围广,能耐高寒气候和贫瘠干旱的土质,是优良的水土保持林和关键的水源涵养林,木材也有很好的生产和生活利用价值(《青海森林》编辑委员会,1993;苏海龙,2011;郑永宏等,2009)。

1. 分布与生境

祁连圆柏林在青海省分布的地理位置大致为东经 96°26′~102°27′、北纬 33°03′~38°37′,垂直分布幅度大,南高北低,最下界为海拔 2600 m,见于大通河流域;最上界为4300 m,见于玛可河林区。水平分布北自祁连山地,南到玛可河岸,东起大通河流域,西至柴达木盆地,除玉树外,全省各大天然林区都有大面积祁连圆柏林生长。据统计,在全省有林地的森林资源中,祁连圆柏林的面积为 $2.98×10^4$ hm^2,占 17.3%;蓄积量为 $368.48×10^4 m^3$,占 16.0%,低于云杉和桦木,面积和蓄积量分别居第二位和第三位。在高原环境条件下,由于地域分异的作用,祁连圆柏在省内各地的分布状况差别很大,总的趋势是由东向西逐渐减少。根据不同特点,祁连圆柏分布大致可划分为 5 个较大的范围和地区(胥宝苑等,2019)。

1) 祁连山南坡、大通河、湟水流域和黄河下段

包括省境东部的冷龙岭、达坂山、拉脊山三条较大的山脉和大通河、湟水、黄河下段(指青海省境内)3 个谷地。这里社会经济条件较好,树种多,开发历史久,次生林占91.2%,青海云杉为主要优势林分,杨树、桦木林在多数林区都超过半数。祁连圆柏很少,面积为 7522 hm^2,蓄积量为 $53.90×10^4 m^3$,仅分别占 8.2%和 7.4%,且破坏严重,面临日渐减少的趋势(《青海森林》编辑委员会,1993)。

2) 隆务河流域

紫果云杉是该区最主要的森林树种,祁连圆柏所占比例也较大,平均占 34.4%。其中,麦秀林场有 2150 hm^2,占总面积的 48.6%,超过紫果云杉居于首位,而且能连片分布达数十至数百公顷,是构成这一地区森林资源的最主要成分之一(王波等,2015)。

3) 黄河中段(青海省境内)分布区

包括贵南县的莫渠沟至玛沁县德可河段黄河沿岸及其支流各林区,大小共 11 片,祁连圆柏在这里占绝对优势,面积为 $1.33×10^4$ hm^2,占 52.5%;蓄积量为 $224.00×10^4 m^3$,占59.8%(《青海森林》编辑委员会,1993)。

4) 柴达木盆地东部山区

该区分别以乌兰林场和都兰林场为中心，该区树种单纯，除少量青海云杉外，祁连圆柏林的面积为 2771 hm², 占 73.3%，蓄积量为 24.94×10⁴ m³，占 72.4%(郑永宏等，2009)。

5) 玛可河林区

玛可河林区位于青海省祁连圆柏向南分布的边缘地带。川西云杉和紫果云杉是该林区最主要的森林类型(马应龙和马金萍，2014)。

上述分布区的自然环境和水热条件变动很大。年平均气温为-3～2.25℃，年降水量为200～600 mm。从分布区域可以看出祁连圆柏能忍耐寒冷而不适宜高温，能抵抗干旱而不耐过于潮湿的环境，是典型的寒温性旱生树种。祁连圆柏林下土壤为山地褐色针叶林土，无明显地带性特征，受局部地形条件或植被组成的影响，土壤性状差别很大。在半阴坡、半阳坡或较缓坡地(30°以下)的中密度(郁闭度为 0.5～0.7)林分内，土壤发育一般良好(王波等，2015；胥宝苑等，2019)。

2. 组成与结构

祁连圆柏林多呈单层纯林，可分为两种较大的林型，即薹草-祁连圆柏林和灌木-祁连圆柏林。薹草-祁连圆柏林是生产力最高的一种林型，林相整齐，立木密度大，径级小，每公顷在 800 株以上，平均胸径为 18～22 cm，郁闭度为 0.6 以上，每公顷蓄积量可达 250～350 m³。此林型只具乔木和草本两个层次，林下几乎没有灌木或只有极少数耐阴性灌木，呈单株散生状。祁连圆柏林主要有银露梅、蒙古绣线菊(*Spiraea mongolica*)、刺果茶藨子(*Ribes burejense*)、秦岭小檗(*Berberis circumserrata*)、短叶锦鸡儿(*Caragana brevifolia*)和少数柳属灌木，不构成明显的层次。此类圆柏林多见于黄河中段的中铁林场及切木曲、羊玉、德可河等林区(杨文高等，2019)。

灌木-祁连圆柏林是较常见的一种林型，各林区都有，它和青海云杉、紫果云杉及杨桦林交错分布，同处一个垂直带内，林分中也常见它们的植株混生，分布高度为 2700～3400 m，多见于阳坡和半阳坡。林下有较明显的灌木、草本两个层次。灌木层发育良好，覆盖度为 10%～30%，层高 1～3 m，优势种为金露梅、银露梅、柳类、鲜黄小檗(*Berberis diaphana*)、小叶忍冬(*Lonicera microphylla*)等。草本覆盖度为 30%～60%，种类组成比较复杂，除嵩草属外，以禾本科杂草为主，如太白细柄茅(*Ptilagrostis concinna*)、短柄草(*Brachypodium sylvaticum*)和珠芽蓼等(吕东等，2014；马应龙和马金萍，2014)。

2.2.4　大果圆柏(*Sabina tibetica*)林

大果圆柏也称藏桧，是青藏高原东部山地森林的重要组成树种之一，广泛分布于川西北、藏东南、甘南和青海省南部，是大果圆柏林组成的林分，处于高寒灌丛草甸上(《青海森林》编辑委员会，1993)。

1. 分布与生境

大果圆柏林主要分布在玉树藏族自治州各林区，包括东中、江西、娘拉、吉曲和觉拉等地区，属通天河和澜沧江流域上游的高山峡谷地带。另外，在大渡河上游各林区也有少量分布。在垂直分布上，大果圆柏林是青海省分布最高的森林群落，一般海拔在 3650～4220 m，疏林可达 4500 m，向上再无乔木林分布，而为高寒灌丛和高寒草甸所替代(王坤凯，2009)。

分布区的地貌与川西云杉林相同，均属于高山峡谷地带，处于横断山脉北段向青藏高原的转折部分，切割强烈，落差较大，地势复杂，坡度较大。地表岩层以石灰岩为主，杂有少量板岩、砂岩和砾岩。分布区气候属山地气候类型，兼有高原高寒气候特点，主要为两季性突出，干湿季变化明显，热量低，气温年较差小而日较差大，太阳辐射强烈，风大(何友均，2005)。由于夏季西南季风带来的暖湿气流可以到达本区，降水量可达 400 mm 以上，夏季降水量占全年的 70%左右，有利于植被的生长和发育；而在冬季，青藏高压控制本区，寒冷干旱，降水量只有全年的 30%左右，且长达 6～7 个月(《青海森林》编辑委员会，1993)。大果圆柏林几乎分布于山的阳坡，多位于山的中部以上，所处环境日照强烈，蒸发量大，冬季降雪不易积累，林分水分条件较差。因此大果圆柏不仅耐高寒，而且也具有一定的抗辐射和抗风的特性。大果圆柏林下土壤属山地棕色暗针叶林土，土层较薄，一般厚度为 50～80 cm，过渡层次不明显。总体而言，由于气温较低，有机质分解缓慢，土壤有效释放能力弱，因而肥力较差，说明大果圆柏具有极强的耐贫瘠的特点(何友均，2005;《青海森林》编辑委员会，1993；王坤凯，2009)。

2. 组成与结构

大果圆柏林多为纯林，主林层多为单层，由于自然整枝较差，林分郁闭度不大，树冠形状各异，因而林冠层很不整齐。在许多地方，大果圆柏常与密枝圆柏形成共建种，并互为优势，外貌上常被看成是由同一个树种组成的林分。在半阳坡或半阴坡，大果圆柏还与川西云杉组成混交林。大果圆柏林的层次结构简单，通常只有 2～3 层，即具有主林层、下木层、草本层，层外植物主要有甘青铁线莲、长花铁线莲(*Clematis rehderiana*)等。大果圆柏林主要有两种林型，即灌木-大果圆柏林和草类-大果圆柏林(《青海森林》编辑委员会，1993)。

灌木-大果圆柏林总的面积不大，主要见于林缘一带，呈小片状，海拔 3800～4100 m，半阳坡，主林层大果圆柏高度为 6～8 m，郁闭度为 0.3～0.5，树冠侧枝开展。下木盖度通常在 40%～60%，高度为 1～1.5 m，常见优势种有窄叶鲜卑花、置疑小檗(*Berberis dubia*)、细枝绣线菊(*Spiraea myrtilloides*)、鸡骨柴(*Elsholtzia fruticosa*)、长刺茶藨子(*Ribes alpestre*)、昌都锦鸡儿(*Caragana changduensis*)、短叶锦鸡儿等。草本层盖度为50%~70%，高度为0.2~0.8 m，优势种以密生薹草(*Carex crebra*)、红嘴薹草(*Carex haematostoma*)、线叶嵩草(*Kobresia capillifolia*)等为主(杨文高等，2019；郑祥霖，2012)。

草类-大果圆柏林分布面积较大，范围较广，海拔3700~4200 m，主林层大果圆柏有两种干形和冠形，在肥沃地段上的多呈圆形树冠，郁闭度较大，通常在0.4以上，有些林分可达0.8以上(何友均等，2007)。林下灌木层稀疏，盖度不超过20%，高度为0.8~1.5 m，种类基本上与鲜卑木、大果圆柏林相同，但有时有银露梅、匍匐栒子(*Cotoneaster adpressus*)、变色锦鸡儿(*Caragana versicolor*)、刚毛忍冬、岩生忍冬(*Lonicera rupicola*)、高山绣线菊(*Spiraea alpina*)、腺花香茶菜(*Isodon adenanthus*)、山生柳等；草本层盖度在75%以上，以草类为主，多数以短柄草(*Brachypodium sylvaticum*)占优势。同时还有糙野青茅(*Deyeuxia scabrescens*)、草地早熟禾(*Poa pratensis*)、垂穗披碱草(*Elymus nutans*)、华雀麦(*Bromus sinensis*)、矮生嵩草(*Carex alatauensis*)等(王坤凯，2009)。

2.2.5 油松(*Pinus tabuliformis*)林

油松是我国特有树种，属典型华北区系成分，为针叶林主要建群种之一(张霖，2015)。油松林是温性针叶林中分布最广的类型，以陕西和山西为分布中心，青海省是其分布区的西部边界。该树种根系发达，枝叶繁茂，具有良好的水土保持和环境保护的功能(赵顺邦等，2006)。

1. 分布与生境

青海省的油松林主要分布于大通河、湟水、黄河、隆务河的河谷地带，多呈断续线状，北至门源仙米林区的朱固、南到同仁的双朋西林区、西至贵德东山林区，大致位于北纬35°32′~37°09′、东经101°37′~103°34′，包括大通河流域的门源仙米林区、互助北山林区，湟水流域东部的下北山林区，黄河流域的东山、坎布拉、冬果、洛注、雄先、塔白江、文都、孟达林区以及隆务河流域的兰米、双朋西林区(于爱灵，2019)。

根据2008年青海省森林资源连续清查结果，青海省油松林面积为5600 hm^2，多属中龄林，占全省天然林面积的1.8%，总蓄积量为60.4×10^{4}m^3，占全省天然林蓄积量的1.7%，多已划分为特用林。青海省油松林分布于黄河下段(65%)和大通河流域(35%)，集中分布于坎布拉林区和互助北山林区。

分布区虽处内陆气候带上的黄土高原地区，寒暑变化强烈，日较差大，辐射强，但生长地段的小气候环境却是夏暖多雨，而无明显干旱。从东至西，年平均温度逐渐降低，黄河下段孟达年平均气温为5℃，总的年平均温为2~8℃；夏季温暖，最热月平均气温为12~19℃；冬季寒冷且长，冰冻期达5~6个月，最冷月平均气温为-7~12℃，年降水量为450~623 mm，降雨集中在5~10月，约占年降水总量的90%；相对湿度在50%~70%，

0℃以上的积温在 1400～3083℃；年总辐射量为 410～6445 J/cm² (陈贵林，2018；徐化成等，1981)。

土壤类型主要是在黄土、次生黄土、新近纪红层、花岗闪长岩、砂岩、石灰岩和石英岩等基质上发育的山地褐色针叶林土，土层薄厚不一，一般可达 70～80 cm，呈弱碱性，富含氮、钾而缺磷 (袁春光，2006)。

2. 组成与结构

构成油松林植被区系除世界广布种外，主要以北温带成分为主，兼有华北、西北和青藏高寒植被区系成分。由于油松林分布在温性针叶林和寒温性针叶林相互交错的地段，表现在垂直变化上，形成了上接青海云杉、下接山杨和桦木或者和青海云杉成群状团状混交的状况，界线明显。乔木层树种组成比较简单，一般为纯林，有时也与其他树种混交，层次分明，可分为乔木层、灌木层和不甚发育的草本苔藓层 (沈彪等，2015)。

组成乔木层的树种除油松外，还有青海云杉、刺柏、华山松、白桦、红桦、山杨。林下灌木一般有栒子属、忍冬属、榛属、花楸属、小檗属、金露梅属、蔷薇属、茶藨子属、丁香属、卫矛属、帚菊属、荚蒾属、锦鸡儿属、樱属等。草本植物有薹草属、赖草属、蓼属、蒿属、唐松草属、黄精属、柴胡属、铁线莲属、沙参属、香青属、风毛菊属、肉果草属、野决明属、黄耆属等，盖度为 30%左右。苔藓主要有羽藓属、大湿原藓属、山羽藓属等，盖度小，一般只有 15% (陈超，2014)。

2.3　落叶阔叶林

青海省的阔叶林全为落叶阔叶林，是我国暖温带的地带性森林类型，其建群种主要是桦木科、杨柳科、榆科和壳斗科等一些典型的北温带分布的树种。落叶阔叶林面积为 10.77×10⁴ hm²，蓄积量为 818.31×10⁴ m³，分别占乔木林面积和蓄积量的 30.1%和 20.9% (2008 年青海省森林资源连续清查结果)。由于青海省高原气候南寒北暖，东润西旱，加之高山横亘，较为温暖而湿润的地方较小，只在东北部的河谷一带分布有典型的落叶阔叶林。天然林以桦属和杨属分布最为普遍，常以山地次生林和河岸林出现在各林区。由榆科的榆属、朴属和壳斗科的栎属等组成的典型落叶阔叶林在青海省仅有小面积分布。落叶阔叶林中桦木类比例最大，其面积为 6.06×10⁴ hm²，蓄积量为 436.19×10⁴ m³，分别占阔叶林面积和蓄积量的一半以上 (王莉雯和卫亚星，2011)。

2.3.1　山杨(*Populus davidiana*)林

山杨又名山白杨，属杨柳科白杨组。山杨系阳性树种，能耐高寒和干旱，生境范围广。作为青海次生林主要优势树种之一，山杨具有易更新、生长周期短、根蘖力强等特点，多与桦木混交或成纯林，是荒山绿化的先锋树种(洪梓明等，2020)，同时，山杨干形通直，材质轻软，纹理细致，外形美观，是深受群众欢迎的材种之一。

1. 分布与生境

山杨属东亚地理成分，是温带和暖温带地区的适生树种，在我国分布于东北、内蒙古、华北、西北和西南高山地区。青海省内主要分布于祁连山东段南坡的大通河、湟水，西倾山北坡的隆务河和黄河中、下段各林区山地的半阴坡和半阳坡(杨文高等, 2019)。除此种之外，还有该种的变型——楔叶山杨(*Populus davidiana* var. *davidiana* f. *laticuneata*)散生其间，其地理分布为：东起民和县的古鄯(约东经 102°46′)，西至兴海县的切木曲(约东经 100°00′)，南达河南蒙古族自治县的宁木特，再折向西南到玛可河林区的格日则及玉树东中林区边缘(东经 97°45′，北纬约 32°32′)，北界是祁连县的黄藏寺(约北纬 38°25′)，东西宽约 250 km，南北长约 650 km。据 2008 年青海省森林资源清查资料：山杨林面积为 $1.08×10^4$ hm^2，蓄积量为 $79.51×10^4$ m^3，分别占全省天然林面积和蓄积量的 3.4%和 2.2%。在山杨林面积中，大通河林区占 30%；湟水林区占 14.5%；隆务河和黄河下段林区占 42.8%；果洛、海南各林区占 6.5%；祁连山林区占 0.2%。在分布区内，山杨垂直分布的高度随纬度升高而下降，如隆务河林区(北纬 35°02′~35°50′)，山杨分布可达 3200 m 左右，而在北纬 36°30′以北的大通河和祁连山林区，其分布的海拔一般不超过 2900 m，上限常与红桦、祁连圆柏林相接，下限多与油松、青杆、白桦林镶嵌或混生(《青海森林》编辑委员会，1993)。

山杨喜温暖湿润气候，耐寒冷。分布区具有明显的山地气候特点：四季不分明，冬季漫长而寒冷，夏季短暂而气温稍高，气温年较差小而日较差大，年平均气温为 0.6~7.8℃，最冷月(1 月)平均气温为-13.8~6.3℃，最暖月(7 月)平均气温为 12.8~21.9℃，≥10℃的积温为 768.0~2657.5℃。年降水量为 394.5~597.9 mm，降水集中于 5~10 月，7~9 月降水量占全年的 50%以上(《青海森林》编辑委员会，1993)。

分布区的土壤主要为山地褐色针叶林土，层次过渡明显，发育完整，表土为褐色，腐殖质含量为 2.4%~15.0%，稍具不稳定的块状结构，全剖面均有碳酸盐反应，表层稍弱，钙积层较厚。

2. 组成与结构

山杨林大多数是纯林，有时与白桦、红桦、油松、青海云杉或祁连圆柏混交或者互为伴生树种，但面积都不大(王庆锁等，2000)。

山杨林下的植物组成比较复杂，维管束植物达 100~200 种，其中以禾本科、菊科、蔷薇科、毛茛科、豆科等种类较多，区系成分以北温带分布和世界广布种最多，如柳属、樱属(*Cerasus*)、小檗属(*Berberis*)、忍冬属、金露梅、茶藨子、蔷薇、梅(*Prunus mume*)、绣线菊、青兰(*Dracocephalum ruyschiana*)、点地梅(*Androsace umbellata*)、针茅(*Stipa capillata*)、拂子茅(*Calamagrostis epigeios*)、短柄草、龙牙草(*Agrimonia pilosa*)、茜草(*Rubia cordifolia*)、唐松草、铁线莲、鼠李(*Rhamnus davurica*)、悬钩子、银莲花(*Anemone cathayensis*)和紫菀(*Aster tataricus*)等(《青海森林》编辑委员会,1993)。

山杨林的层次结构一般具有三个层次,除了主林层外,通常还有下木层和草本层,有时下木层不明显,苔藓层不发育。

2.3.2 白桦(*Betula platyphylla*)林

白桦是喜光、喜湿的阔叶植物,对生境适应能力强,分布广,幼期生长迅速,能在较短时间内郁闭成林成为先锋树种,是青海省分布较广的森林类型。白桦根系发达,林下枯枝落叶较多,土壤疏松,持水性良好,多生于山地中下部和河谷沿岸,因此在保持水土和水源涵养等方面也具有重要的作用(刘凯等,2018)。白桦材质细腻、坚韧,是当地重要的生产和生活用材,尤其是在硬杂木短缺的情况下,白桦木材的使用价值更显可贵。

1. 分布与生境

白桦林是山地森林的重要组成成分,在青海省主要分布于东经 96°10′以东,北纬31°45′~39°10′,北起祁连县的芒扎林区,东至民和县各林区,南、西至囊谦县的吉曲林区。从地貌上看,白桦林主要分布在祁连山的东段和中段的西部、阿尼玛卿山和巴颜喀拉山的东端、西倾山和横断山脉的西北部,分属于黄河、长江和澜沧江三大流域。白桦林为青海省分布最广的森林类型之一。

分布区内气候属山地森林气候型,夏季受东南和西南季风影响,气候温凉湿润;冬季则受西风环流和青藏高压控制,天气寒冷,干燥多风。由于区内山脉纵横,山体高大,夏季暖湿气流由南向北逐渐减弱,加之受纬度影响,森林的垂直分布由南向北依次降低。

分布区内,山高坡陡,水热条件再行分配使得森林的分布表现出强烈的坡向性。在阳坡,阳光照射强烈,蒸发量大,造成土壤缺水、肥力不足等干旱环境,致使喜湿润环境的白桦不易在此生存,所以白桦林多见于半阴坡(孙福林等,2008)。

省域北部其林下土壤多为石灰性砂岩、板岩坡积和堆积物上或黄土母质上发育的山地褐色针叶林土,碳酸盐反应由上至下逐渐加强。而在玛可河及澜沧江流域,因气温较高,降水充沛,多形成山地棕色暗针叶林土,在 50 cm 以下出现弱度碳酸盐反应或无反应。土壤厚度多为 30~80 cm,表层有 2~3 cm 的枯枝落叶,腐殖质层常达 30 cm 左右,壤土质地,粒状结构,土体湿润,疏松,含石砾较多,中性反应,pH 为 7.5~8.0,有机质含量高达 10%~18%,是比较肥沃的土壤(《青海森林》编辑委员会,1993)。

2. 组成与结构

白桦林是在针叶林迹地上发展起来的次生林,由于人为活动频繁,林分结构很不稳定,即使在相似的立地条件下的同龄林分,树种、下木和草本层的种类也相同,林分组成结构却表现出多样性。林分以混交林为主,单层纯林和异龄林也广有分布。通常有乔木层—下木层—草本层,在阴坡还有苔藓层。

以白桦为优势的林分,在阿尼玛卿山以北,乔木层常伴生山杨、油松、青海云杉、青杆和祁连圆柏等。在玛可河和澜沧江各林区多与鳞皮冷杉、川西云杉、紫果云杉等形成混交林,当白桦与山杨、红桦共同组成单层同龄混交林时,在林学特性上无显著差异;而与油松、云杉、冷杉的共生林则存在着演替关系。

林下灌木比较发育,盖度中等,其种类在阴坡林分密度较大(郁闭度为 0.5 以上)的情况下,以忍冬属、柳属为优势;在林分透光度较大的半阴坡上,则以小檗属、锦鸡儿属、金露梅属和绣线菊属为主,但是在祁连山地海拔 2700 m 以上的白桦林中,常以杜鹃属为优势(黄团冲等,2018)。林下草本层发育良好,种类繁多,以蓼属、草莓属、苔藓属为优势。

2.3.3 红桦(*Betula albosinensis*)林

红桦属典型的北温带区系成分,是我国特有种和北方山地森林的重要组成树种之一。红桦林在青海次生林中占有重要的地位,面积较大,分布广泛。红桦根系发达,林冠下植被繁茂,枯枝落叶较多,土壤疏松,具有较强的保水能力,因此对涵养水源和提供生产和生活木材等方面也具有重要的作用(刘广全和杨茂生,2013)。

1. 分布与生境

红桦林在山西、陕西、甘肃、四川西部山区都有广泛分布。青海省主要在东经 98°40′~102°50′、北纬 32°40′~39°10′的大通河、湟水、隆务河、黄河干流两侧山地的各林区有分布,长江流域的玛可河林区东部和澜沧江上游的娘拉林区也有零星分布,尤以大通河林区最多,约占全省红桦林的半数以上。区内属高山峡谷地貌,山体高大,山势陡峻,坡度角多在 30°左右,红桦林呈块状断续分布于海拔 2200~3700 m 的半阴坡或阴坡上,多居于山地的中下部(林玥等,2008)。

分布地区的气候为温凉或暖温半湿润类型,主要特点是干湿季分明,冬半年受西风环流控制,气候干燥、寒冷、多风,夏半年受西南暖流和东南季风的影响,气候温暖、湿润,全年 80%的降水集中在 6~9 月,雨热同季,有利于植物生长。

红桦林下土壤多系在砂岩、板岩、花岗岩等风化物或黄土母质上发育起来的山地褐色针叶林土,在澜沧江和长江流域为山地棕色暗针叶林土。土层一般为 40~70 cm,腐殖质层厚，常达 30 cm 左右，壤土质地，粒状或块状结构，多含石砾，土质疏松，棕褐色，湿润、中性或碱性，有机质含量一般高达 8%～15%，甚至更高，有白色假菌丝体和蚯蚓侵入，土壤相当肥沃(《青海森林》编辑委员会，1993)。

2. 组成与结构

红桦林属于寒温性常绿针叶林带中的常见类型，林分结构和组成不甚稳定，也比较复杂。代表林型为薹草红桦林，同龄单层纯林居多，异龄林与混交林也有相当的分布。林分一般可分为乔木层、下木层、草被层、苔藓层等四个层次。

以红桦为优势的林分，乔木层中常伴生有白桦、山杨、油松和云杉。红桦与白桦、山杨在生物学特性上相近，常常组成同龄单层结构，仅因生境不同而组成的比例不同。与红桦具有更替关系的树种，在祁连山地区有油松、青杆、青海云杉；在长江和澜沧江流域主要有鳞皮冷杉、川西云杉等(刘广全和杨茂生，2013)。

由于林下较为阴湿，红桦林下木层主要由中生或较耐湿的种类组成，通常以忍冬属、柳属为优势，但在半阴坡中等密度以下的林分中，小檗属、锦鸡儿属、委陵菜属和绣线菊属也常稍占优势。草木层以薹草属为优势，主要伴生草类以蓼属、草莓属、碎米荠属、委陵菜属、毛茛属、乌头属、银莲花属、野决明属等的分布较广。苔藓层发育良好，以藓类为绝对优势，由 3 或 4 种组成，常与草被相间分布，在高密度的林冠下，盖度可达 40% 左右，厚度为 3～10 cm(《青海森林》编辑委员会，1993)。

第 3 章　青海省森林生物量分布

森林生物量是指一定面积内森林群落现存活有机体的干物质量总和,是研究和评估森林生态系统结构和功能过程的最基本的参考指标。森林生物量不但可以揭示森林生态系统能量流动平衡、养分循环机制以及生产力等功能过程的变异特征,还能表征森林生态系统功能,对研究森林生态系统碳循环机制以及全球气候变化过程意义重大(Houghton,2005)。森林生物量主要研究目的集中在三个方面,一是在全球或者区域尺度上对森林生物量和生产力的空间分布模式,及其与气候因子、植被群落分布之间的相互关系进行研究,来评估地球生物圈的承载能力(项文化等,2003),森林对于减缓温室效应意义重大,将森林生物量和生产力的研究与森林碳汇功能紧密结合,使得森林生物量以及生产力成为新的研究热点;二是在生态系统的尺度上,利用森林生态系统生物量的分布格局以及机理来阐明生态系统生产力和环境因子的关系,探究维持林地长久生产力、良好的森林生态系统结构和功能的内在生理要素以及外在生态指标,为森林的可持续经营与发展提供数据支撑;三是森林生物量作为重要的可再生生物能源,利用生物技术手段来提升短轮伐期能源林的生物量与生产力水平、能源林收获、加工贮存以及能源转换利用。

森林生态系统生物量的构成主要包括乔木层、灌木层、草本层、凋落物层、土壤层等不同层次的生物量,其中乔木层生物量所占比例最大,一般将其分为枝、干、叶、根四部分进行测定。树干是森林生物量的主要构成部分,其生物量与光合器官生物量呈正相关。灌木层、草本层受乔木层影响,不同林龄、郁闭度下其生物量均不同(季蕾等,2016)。凋落物现存量也称为凋落物积累量,是凋落物生成量与分解量动态关系的结果。

森林生物量的研究最早始于 1876 年,Ebermayer(1876)在德国对几种主要森林类型树叶凋落物量和木材重量进行测定,这项研究成果引领了生物圈内化学元素计算的潮流,并且被沿用长达半个世纪。1932 年赫胥黎(Huxley)提出了相对生长法则,奠定了生物量模型研究的基础,Kittredge(1944)将该法则应用到乔木林的研究中,通过对白松林的研究调查,分析其叶重量与胸径大小的关系,归纳出白松等树种叶生物量的对数回归方程。在此之后,森林生物量的研究得以快速发展,尤其是从 20 世纪 50 年代开始,苏联、英国和日本等国家的科研工作者开展了大量的森林生物量方面的研究,为陆地生态系统的研究提供了大量的基础资料。随着森林生态系统生物量的研究发展,加之 70 年代后期国际生物学计划和人与生物圈计划的推动,全球森林生物量的研究飞速发展,科学家们尝试了各种不同的方法进行生物量的调查研究,与之对应的精确度也逐渐提高。这些研究成果的建立给陆地森林生态系统的演替尤其是全球森林生态系统生物量的分布格局研究奠定了坚实的基础。现如今,随着工业的发展、经济的进步,全球气候变化愈演愈烈,人类对全球碳循环的重视程度致使和碳循环紧密相关的生物量再一次成为研究的热点内容。1997 年,《京都议定书》使得生物量的研究热潮提升到了新的阶段。尤其是 3S 技术与森林生态系统生物量调查相结合,大大推动了不同空间时间尺度森林生态系统生物量的研究进程。

青海省作为青藏高原的重要组成部分,气候类型多样、地形地貌复杂,同时还是长江、黄河、澜沧江的发源地,被誉为"中华水塔"。省内的森林生态系统承担着维持气候、生态环境稳定和保水固碳的重要功能,但其因地形环境等因素相对复杂,省内森林生态系统各类基础信息数据相对不全面,且森林都不同程度受人为扰动影响。已有对省内森林生态系统的研究多集中于祁连山区(陈文年等,2003;张鹏等,2010),也有研究通过青海省森林资源清查资料结合蓄积量-生物量方程的方法估算了青海省碳储量情况(胡雷等,2015b;卢航等,2013)。采用青海省森林资源清查资料与实地调查数据相结合的方法来估算青海省内森林生物量的数据资料相对匮乏,导致对青海省森林结构认识不充分,严重影响了对其生态功能的全面了解,进而限制了森林资源的合理利用。实地调查虽易受地形等因素的影响,限制调查区域,但通过实地调查测量不但能够得出更精确的数据结果(Tang et al., 2018),还可以对多年前提出的生物量与蓄积量回归方程,特别是对青海省内森林生物量的估算进行实地验证。利用青海省森林资源连续清查资料数据和标准样地实测数据相结合的方法评估青海省森林生态系统生物量及其分布格局,可以为我国区域尺度上的森林碳汇估算研究提供基础数据和科学参考。

3.1　青海森林乔木层生物量

森林乔木层生物量不仅是森林生态系统最基本的特征参数,也是判断森林生态系统碳汇能力的标志。对森林乔木层生物量及其动态变化的准确评估不但能为核算森林生态系统碳储量提供数据基础,而且能为评价林业建设成效提供依据,有利于科学指导森林经营和管理,因此大尺度上较为准确地测算乔木层生物量是评估区域森林生物量的前提。鉴于森林乔木层生物量的重要性,近年来国内外的专家学者相继从不同角度对乔木层生物量进行了报道。Houghton 等(2001)对巴西亚马孙森林乔木层生物量的空间分布格局分析表明,人为干扰较多的森林生物量显著低于亚马孙森林平均生物量;刘之洲等(2017)以贵州喀斯特地区 3 种针叶林为研究对象,发现贵州省马尾松天然林、马尾松人工林和湿地松人工林生态系统乔木层生物量分别为 103.46 t/hm^2、140.55 t/hm^2、164.15 t/hm^2;侯芳等(2018)研究发现滇中亚高山 5 种典型森林类型生物量的均值为 191.26 t/hm^2。然而,由于研究对象的地域、采用的数据来源以及估算方法存在差异,森林生物量的估算结果具有较大的不确定性,更加精确的估算应该是通过实测数据与模型相结合,从而使估算结果更加准确。因此,开展更多区域尺度的基于样地调查和植物器官生物量的研究来获得更加精确的参数,可以降低乔木层生物量估算结果的不确定性。同时,区域尺度不同类型的森林生态系统的生物量研究仍需要不断开展,以丰富森林生态系统生物量模型数据库。

　　本书遵循"生态系统固碳现状、速率、机制和潜力"项目制定的统一要求，并参考 2008 年青海省森林资源连续清查结果，在青海省 21 个地区分别选取环境条件(如坡度、坡向、郁闭度等)相似且具有代表性的落叶阔叶林和寒温性针叶林，充分考虑全省各森林类型(优势种)分布面积、蓄积比例、起源等情况，并以此为标准，兼顾调查的全面性、均匀性和可行性，采用普遍调查与典型调查相结合的方法设置 80 个主要林分类型标准样点。每个样点设置 3 个 50 m×20 m 的样地，样地之间距离大于 100 m，样地总计 240 个。其中，云杉林样方 140 个，桦木林样方 40 个，圆柏林样方 33 个，杨树林样方 24 个，松树林样方 3 个。调查指标包括地理位置、海拔、坡度、坡向、树种组成、投影面积、郁闭度、人为活动事件描述、人为活动影响程度等，并对样地内胸径大于 5 cm 的乔木全部进行每木检尺，测定树高和胸径。

　　根据实地样方测量得到的乔木胸径(D)和树高(H)，结合表 3.1 中的异速生长方程，计算样方中每株乔木的器官生物量(W)，对乔木各器官生物量加和得到乔木层生物量。采用 SPSS 10.0 统计软件进行单因素方差分析(One-factor analysis of variance)，检验不同海拔和林型间乔木层生物量的差异性，如果方差为齐性，采用最小显著差异(least-significant difference，LSD)法进行多重比较；若方差为非齐性，则用 Tamhane's T2 法进行多重比较。使用 Origin 8.5 软件进行数据计算和图表绘制。

表 3.1　青海省优势树种不同器官生物量异速生长方程

森林类型	器官	生物量方程	R^2	胸径/cm
云杉林	干	$W_S = 0.0447(D^2H)^{0.8564}$	0.99	1.0~88.0
	枝	$W_B = 0.0184(D^2H)^{0.8539}$	0.99	
	叶	$W_L = 0.0120(D^2H)^{0.8654}$	0.99	
	根	$W_R = 0.0084(D^2H)^{0.9405}$	0.99	
杨树林	干	$W_S = 0.0417(D^2H)^{0.8660}$	0.99	7.2~21.0
	枝	$W_B = 0.0095(D^2H)^{0.8951}$	0.99	
	叶	$W_L = 0.0035(D^2H)^{0.8774}$	0.99	
	根	$W_R = 0.0289(D^2H)^{0.7860}$	0.89	
圆柏林	干	$W_S = 0.0373(D^2H)^{0.9758}$	0.78	3.0~178.5
	枝	$W_B = 0.0082(D^2H)^{1.0842}$	0.66	
	叶	$W_L = 0.0207(D^2H)^{0.8481}$	0.62	
	根	$W_R = 0.0379(D^2H)^{0.7321}$	0.54	
桦木林	干	$W_S = 0.0401(D^2H)^{0.8514}$	0.93	1.4~67.5
	枝	$W_B = 0.0079(D^2H)^{1.0070}$	0.90	
	叶	$W_L = 0.0075(D^2H)^{0.8592}$	0.85	
	根	$W_R = 0.0176(D^2H)^{0.8841}$	0.92	
松树林	干	$W_S = 0.0242(D^2H)^{0.9445}$	0.95	1.4~178.5
	枝	$W_B = 0.0040(D^2H)^{0.9272}$	0.95	
	叶	$W_L = 0.0091(D^2H)^{0.7482}$	0.95	
	根	$W_R = 0.0110(D^2H)^{0.8466}$	0.95	

注：引自生态系统固碳项目技术规范编写组(2015)。D. 胸径(cm)；H. 树高(m)；W_S. 树干生物量(kg)；W_B. 树枝生物量(kg)；W_L. 树叶生物量(kg)；W_R. 根生物量(kg)。

3.1.1　乔木层总生物量概况

青海省森林面积为 329.56×10^4 hm^2。森林面积中，乔木林总面积为 35.78×10^4 hm^2，占森林面积的 10.86%。由表 3.2 可知，青海省 5 种主要优势树种乔木林总面积为 35.15×10^4 hm^2，约占青海省乔木林总面积的 98.24%。从乔木林各优势树种结构上来说，云杉、圆柏和松树是最主要的针叶林类型，总面积为 24.93×10^4 hm^2，约占乔木林面积 69.68%，其乔木层总生物量为 7.28×10^7 Mg，远高于阔叶林乔木层总生物量。针叶林中以圆柏林所占面积最大，其乔木层总生物量也最高，为 5.18×10^7 Mg，其次是云杉林，其乔木层总生物量为 1.91×10^7 Mg。阔叶林(桦木和杨树)面积为 10.22×10^4 hm^2，约占乔木林面积的 28.56%，其乔木层总生物量为 1.17×10^7 Mg。阔叶林中以桦木占比最大，其面积为 6.06×10^4 hm^2，乔木层总生物量为 6.10×10^6 Mg。

表 3.2　青海省乔木林主要优势树种(组)面积与乔木层总生物量

林型	优势树种(组)	面积/10^4 hm^2	乔木层总生物量/Mg
针叶林	圆柏	13.83	5.18×10^7
	云杉	10.38	1.91×10^7
	松树	0.72	1.93×10^6
阔叶林	桦木	6.06	6.10×10^6
	杨树	4.16	5.57×10^6
总计		35.15	8.45×10^7

注：表中面积数据来源于 2008 年青海省森林资源连续清查结果，乔木层总生物量为实测数据。

3.1.2　不同海拔梯度乔木层生物量

森林生物量主要受林分的密度、胸径和树高 3 个因素的影响，这 3 个因素是反映森林资源对环境因子变化响应能力的总和指标。随着海拔梯度的增加，乔木层生物量总体上呈现出先升高再降低的变化趋势(图 3.1)。不同海拔梯度乔木层生物量大小排列顺序为：(3100～3400 m)>(3400～3700 m)>(<2500 m)>(>3700 m)>(2800～3100 m)>(2500～2800 m)，其中在海拔 3100～3400 m 处乔木层生物量最大，为 252.41 t/hm^2，并且显著大于其他海拔梯度区域的乔木层生物量($P<0.05$)，海拔 3400～3700 m 区域的乔木层生物量仅低于海拔 3100～3400 m 处生物量，海拔 2500～2800 m 区域乔木层生物量最小，为 156.49 t/hm^2，并且显著小于海拔 3100～3700 m 及海拔 2500 m 以下区域乔木层生物量。由表 3.3 可以发现，所有海拔梯度乔木林中幼龄林、中龄林和过熟林所占比例较大，近熟林和成熟林所占比例偏小。

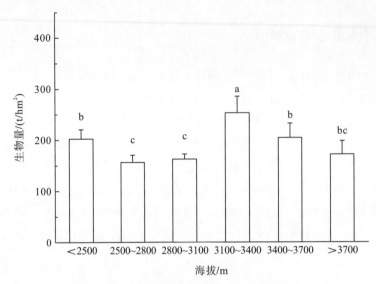

图 3.1   不同海拔梯度乔木层生物量

表 3.3   不同海拔梯度乔木林龄样地数

海拔/m	幼龄林/处	中龄林/处	近熟林/处	成熟林/处	过熟林/处
<2500	5	6	1	2	10
2500~2800	30	11	7	6	12
2800~3100	29	20	5	3	11
3100~3400	—	3	—	1	15
3400~3700	23	6	—	—	14
>3700	8	5	—	—	7

海拔作为影响森林生物量的重要环境因子,其梯度的变化不仅使森林植被类型发生变化,而且使森林植被的结构及生物量都随之变化(杨远盛等,2015)。与此同时,在一定范围内,随着海拔梯度的增加温度降低,降水量增加,并在中间海拔区域形成了一个较好的水热组合。当生存环境条件适宜的时候,乔木往往会分配更多的营养用于树高的生长(Wang et al.,2006)。低海拔区域温度较高,降水量较少,致使土壤水分蒸发变强,土壤水分明显降低,干扰乔木的生长(勾晓华等,2004),所以低海拔处的乔木层生物量较小。虽然高海拔地区降水增加,但是有效积温降低,乔木的生长受到限制。同时,研究区的高海拔区域多发育有多年冻土层,这导致乔木根系可吸收利用的水分变少。然而,高海拔地区的强紫外线辐射和低温使得树木往往会支配更多的营养用于胸径的生长(Fajardo et al.,2012),所以在最高海拔区域森林生物量稍大一些。

3.1.3   林分密度随海拔的变化

林分密度是指单位面积林木的株数,是反映林木空间占有程度的直接指标,影响林分的空间生存环境，决定着林分内部的结构变化，在林木的生长过程中扮演着重要的角色。青海省乔木林分密度平均值为 909 株/hm²，随着海拔梯度的增加，林分密度逐渐降低（图 3.2）。林分密度的最大值（1049 株/hm²）出现在海拔 2500 m 以下区域，并且显著大于海拔 3400 m 以上区域的林分密度（$P<0.05$）。林分密度的最小值（707 株/hm²）出现在海拔 3700 m 以上区域，并且显著小于海拔 3100 m 以下区域林分密度（$P<0.05$）。

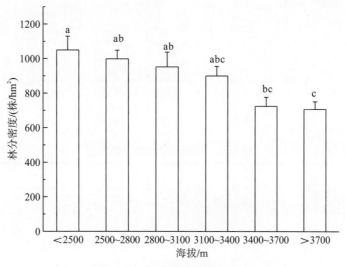

图 3.2　不同海拔梯度林分密度

森林生物量和林分密度在海拔梯度上表现出的变化趋势差异较大，乔木层生物量随着海拔的升高总体上先升高再降低，而林分密度随着海拔升高逐渐降低。二者的变化速率也不相同，尤其是海拔从 2800～3100 m 上升到 3100～3400 m，乔木层生物量迅速上升，而林分密度随着海拔的上升降低得比较缓慢。这种差异可能和乔木林的径级结构在海拔梯度上的变化趋势密切相关。

3.1.4　乔木层生物量随林分的变化

青海省森林植被以寒温带针叶林为主，其次为落叶阔叶林，主要分布在东经 96°～102°的江河及其支流的河谷两岸，其海拔分布在 2000～4000 m。其中，针叶林的分布范围较广，数量较多，大部分为原始树种，还有一部分是次林。虽然同属于青海省林区，但是因为所处的地理位置、环境以及海拔不同，典型林型的分布模式也有所不同。除此之外，不同林分类型由于样地选择存在人为误差，加之林龄、林分密度、树种、坡向、水热条件等众多因素的综合影响，最终不同林分的生物量出现明显差别。

由图 3.3 可知青海省 5 种林分乔木层生物量差异较大，其大小顺序为：圆柏林>松树林>云杉林>杨树林>桦木林。圆柏林和松树林乔木层生物量显著大于其他林分（$P<0.05$）。其中，乔木层生物量最大的是圆柏林，达到 374.87 t/hm²；乔木层生物量最小的是桦木林，为100.64 t/hm²。从表 3.4 中可以看出各个林分林龄组成中幼龄林、成熟林和过熟林居多。

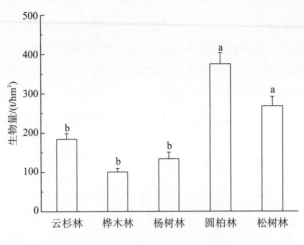

图 3.3　不同林分乔木层生物量

表 3.4　不同林分乔木林龄样地数　　　　　　　　（单位：处）

林分	幼龄林	中龄林	近熟林	成熟林	过熟林
云杉林	53	42	7	9	29
桦木林	22	7	4	2	5
杨树林	6	—	2	1	15
圆柏林	14	1	—	18	—
松树林	—	—	—	1	2

青海省主要乔木树种乔木层生物量彼此间差异显著，主要原因是各林分的结构差别非常大，林龄构成复杂。比如桦木林的乔木层生物量最小，这是因为桦木林幼龄林和中林龄的比例高达 73%，幼龄林和中龄林乔木层生物量尚处于积累时期。圆柏林的乔木层生物量最大，这是因为圆柏林中成熟林的比例为 55%，乔木成熟林生物量累积较大。青海省圆柏林中的先锋树种是祁连圆柏，祁连圆柏生态适应幅度大，能够在高寒气候和贫瘠、干旱的土壤中生存，其林相整齐，立木密度较大，径级小，林分密度较大，生产力相对较高。一般祁连圆柏林下土壤为山地褐色针叶林土，土壤发育良好，腐殖质含量较为丰富，持水性能较强，土壤内部通气状况适中，利于柏树生长，所以圆柏林乔木层生物量较大。

3.1.5　乔木层生物量与环境因子的关系

皮尔逊相关分析结果表明(表 3.5)，乔木层生物量与郁闭度、年均温度、年均降水量、土壤含水量、林龄以及土壤养分均呈显著正相关，而与林分密度、土壤容重呈显著负相关。

年均降水量和温度是森林生存环境条件的主要体现，同时也是乔木生长过程中主要的环境因子(杨远盛等，2015)。乔木层生物量与温度和年均降水量均呈显著正相关，说明温度与年均降水量以及其分布格局都对乔木层生物量有较大影响。温度和年均降水量的改变影响植物的生长、发育以及生理代谢等生命活动，进而影响植被干物质和生物量的积累。随着年均温度、年均降水量的逐渐升高，阳光、水分充足，林木的生长发育状况良好，生物量的积累就越高。林分密度与乔木层生物量呈显著负相关，与黄聚聪等（2007）对乔木层生物量影响因子研究结论一致。这可能是因为林分密度越大，乔木为了获取光照，将更多的营养用于树高的生长，从而弱化了胸径的生长，所以林分密度越大，乔木层生物量越小。林龄与乔木层生物量呈显著正相关，与付威波等（2014）的研究结论一致，这是因为林龄越大，乔木层生物量积累时间越久，所以生物量随之增大。土壤养分是乔木生长发育的营养来源，所以与乔木层生物量呈显著正相关。乔木层生物量与土壤容重呈显著负相关，这可能是因为乔木层生物量越大，其根系越发达，根系对土壤的穿插作用使得土壤孔隙度增加，因此容重变小。

表 3.5　乔木层生物量与环境因子的相关性

	年均温度	年均降水量	林分密度	郁闭度	林龄	土壤含水量	土壤容重	土壤养分
乔木层生物量	0.351**	0.153*	-0.272**	0.178**	0.609**	0.252**	-0.23**	0.503***

注：*$P<0.05$，**$P<0.01$，***$P<0.001$。

3.2　青海森林灌木层生物量

灌木是一种具有木质化的茎干而没有发展成明显主干的丛生植被，具有茎干分枝多、树冠矮小、根系分布广而深等特点。在森林生态系统过程中，林下灌木层通常与乔木层和草本层共同维持着森林生态系统结构与功能的稳定，在参与养分循环、改善土壤肥力、为林下生物提供栖息环境和提高生态系统多样性等方面起到重要作用，是森林生态系统不可或缺的组成部分。森林生物量的研究包含着一些灌木层生物量的研究，但是相比对乔木层生物量的重视程度，有关灌木层生物量的研究偏少。Grigal 和 Ohmann（1977）在美国明尼苏达州东北部对 23 种灌木进行了调查并且比对了这些灌木层生物量的预测模型。Connolly-McCarthy 和 Grigal（1985）再次对美国明尼苏达州的灌木层生物量进行了调查。由此可发现，早期针对灌木层生物量的研究多集中于美国，并且在别的国家比较少见。此后，有关灌木层生物量的研究报道逐渐增多，例如 Moore 等（2002）在加拿大渥太华周边的泥炭地上对人工灌木进行了研究；Shoshany（2012）则运用遥感技术对以色列半干旱区域的灌木层生物量进行了调查。从这些研究可以发现，有关灌木层生物量的研究已然引起了各国科学家的兴趣，并逐渐将一些新的技术手段应用到灌木层生物量的研究中。

国内针对森林林下灌木层的研究主要聚焦于灌木层生物量生长模型的建立（万五星等，2014）、物种多样性和种间联结性（崔宁洁等，2014）、生态位以及物种分布特征的分析（康永祥等，2008），然而对高寒地区不同植被类型林下灌木层的相关报道十分少见。本书选取青海省 5 种林分(云杉林、桦木林、杨树林、圆柏林和松树林)林下灌木层植被为研究对象,通过分析不同海拔和林分林下灌木层生物量的变化规律,揭示高寒地区森林林下灌木植被生态适应策略,为研究高寒环境对林下灌木植被的影响机制提供基础数据,为指导青海高寒区森林生态系统的保护、恢复与重建提供科学依据。

本书充分考虑青海省森林生态系统分布状况,并结合全省各森林类型分布面积与蓄积比例、林龄、起源等情况,在全省 21 个地区选择 80 个标准样地,同时记录该样地坡度、海拔、坡向、郁闭度等环境因子,在每个标准样地中随机设置 3 块 50 m×20 m 的乔木样方,各样地间距大于 100 m,总计 240 块乔木样方。在上述调查的乔木样方内采用对角线设置 3 个 2 m×2 m 的灌木样方,记录灌木名称、株(丛)数、盖度、平均高度和平均基径(表 3.6)。将样方内的灌木植被全部收获,同时所有灌木按叶、枝干、根进行分类并混合带回实验室,烘干至恒重,用于生物量的测定。

表 3.6　不同林分林下灌木植被基本信息

林分	样方数	灌木种类	海拔/m	坡度角/(°)	平均高度/cm	平均基径/cm	盖度/%
白桦林	84	杜鹃、金露梅、高山柳、野蔷薇、小檗、忍冬、银露梅、沙棘、鲜卑木	2224~2939	2~5	57.26±5.19	0.68±0.07	23.88±1.91
白杨林	32	高山柳、银露梅、夹竹桃、小檗、沙棘、刺梅	2452~2883	9~21	138.75±6.86	0.99±0.12	59.84±3.81
红桦林	8	高山柳、银露梅、鲜卑木、刺梅	2569~2986	21~40	40.00±1.73	0.31±0.03	13.87±3.32
青杆林	17	枸子、忍冬、银露梅	2437~3136	17~25	31.00±6.85	0.64±0.07	7.56±0.46
山杨林	16	金露梅、高山柳、银露梅、沙柳	2394~2954	4~15	93.51±15.18	0.81±0.17	5.90±0.87
圆柏林	62	金露梅、小檗、忍冬、高山柳、银露梅	3031~3691	12~70	87.53±5.12	0.68±0.04	16.03±1.34
云杉林	262	杜鹃、金露梅、高山柳、野蔷薇、小檗、忍冬、银露梅、枸子、鲜卑木、刺梅、茶藨子	2199~3852	2~68	74.70±2.91	0.99±0.22	24.86±0.99

采用单因素方差分析检验不同林分、海拔梯度之间林下灌木层生物量的差异,若方差为齐性,用 LSD 法进行显著性多重比较;若方差为非齐性,则用 Tamhane's T2 法进行多重比较,显著性水平为 $\alpha=0.05$。运用皮尔逊相关分析方法对林下灌木层生物量与环境因子进行相关性分析,显著性水平设为 $\alpha=0.05$。

3.2.1　灌木层生物量随海拔的变化

灌木层生物量分为地上和地下两部分，两者之和为单株生物量，地上部分包括树枝、树叶和果的干重量等，地下部分指根的干重量。不同海拔梯度林下灌木层生物量呈现"单峰"变化趋势 (图 3.4)，其在海拔梯度上大小排列顺序为: (3100~3400 m) > (3400~3700 m) > (2800~3100 m) > (2500~2800 m) > (>3700 m) > (<2500 m)。其中，海拔 3100~3400 m 区域灌木层生物量最大，为 6.40 t/hm²，并且显著大于最高海拔梯度 (>3700 m) 和最低海拔梯度 (<2500 m) ($P<0.05$)。灌木层生物量在海拔 2500 m 以下区域最小，为 1.12 t/hm²，并且显著小于海拔 3400~3700 m 的灌木层生物量。

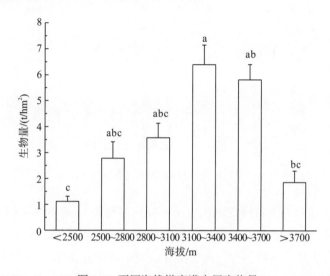

图 3.4　不同海拔梯度灌木层生物量

对于灌木而言，海拔梯度的变化引发温度、水分、光照以及土壤养分等多种环境因子的复杂变化，这为生态系统对环境因子干扰的响应提供了比较理想的实验条件。从前文叙述的灌木层生物量的变异特征可以发现，海拔、气候对于研究区域内灌木层生物量的生长发育至关重要。不同海拔梯度、坡度的变化对灌木层生物量也至关重要，不同的坡向或者坡度变化导致灌木的生长发育产生差异。

不同海拔梯度的土壤因子变化复杂，与灌木层生物量有着密切的联系，土壤含水量以及土壤容重均会显著影响灌木层生物量。研究区域灌木层生物量随海拔梯度呈"单峰"变化，可能是因为中间海拔梯度土壤容重以及含水量适宜，加之该海拔梯度气候温和，灌木层生物量相对偏高。低海拔区域气候干热，土壤含水量较低，植物生长发育缓慢，导致灌木层生物量较低。随着海拔梯度的递增，气候干热的现象逐渐缓解，土壤水分条件变优，对植物生长发育有利，生物量也随之升高。随着海拔梯度的进一步增加，气候环境变得恶劣，不适宜植物的生长，所以灌木层生物量降低。

3.2.2 灌木层生物量随林分的变化

不同林分下灌木层生物量差异较大(图 3.5)。灌木层生物量在林分间大小排列顺序为:桦木林>云杉林>杨树林>圆柏林>松树林,其中桦木林下灌木层生物量最大(6.27 t/hm²),并且显著大于松树林。松树林下灌木生物量最小,为 0.62 t/hm²。

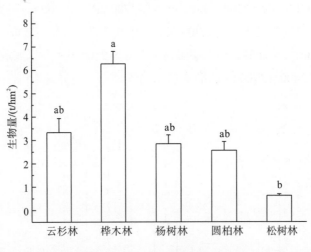

图 3.5 不同林分灌木层生物量

林下灌木层生物量的分布模式以及大小不仅和森林类型有关,还和不同林分的发育阶段密切联系。不同森林类型在生长发育过程中会出现一定的差异,这种差异会使林分内部环境发生变化,从而导致光照条件、水文条件以及土壤的理化性质产生差异,最终使林下灌木层生物量产生差异。植被群落类型不同,灌木对光合作用产生的能量分配也不同,进而导致灌木层生物量出现差异。不同林分所处的地理位置、气候、土壤母质均不同,已有研究表明不同林分土壤养分有所不同(唐立涛等,2019),这都是不同森林类型林下灌木层生物量存在差异的原因。

3.2.3 灌木层生物量与环境因子的关系

灌木层生物量与环境因子的皮尔逊相关分析表明(表 3.7),年均温度、年均降水量、土壤含水量以及土壤养分均与灌木层生物量呈显著正相关,而土壤容重、林分密度以及郁闭度均与灌木层生物量呈显著负相关。

温度在植物的生长发育过程中发挥着巨大的作用,温度的变化特征决定着植物的生长发育节律——物候,同时对灌木层地上生物量的影响巨大。影响植被生物量的生态因子首先是温度,其次才是降水量,但是只有较高的降水量和较高的温度有机配合才有助于植被生物量的积累(钟海民等,1992)。刘增文等(2007)对不同气候条件下的沙棘生物量进行研究后也证实了灌木层生物量存在较大差异,并且与各地区降水量呈正相关。灌木层生物量与林分郁闭度呈显著负相关,与季蕾等(2016)对金沟岭林场 3 种林型不同郁闭度林下灌木层生物量的研究结论一致。林分郁闭度较低时,透过林冠光照条件良好,灌木营养空间较大,所以灌木层生物量较高。土壤容重变大,植物根系的穿插作用变弱,不仅不利于灌木根系生物量的积累,还不利于灌木的生长发育,进而导致灌木层生物量较小,所以灌木层生物量与土壤容重呈显著负相关。土壤是林木生长发育的基质,土壤养分是植物生长必需的营养元素,土壤养分的多少直接影响植被生物量的高低,所以土壤养分与灌木层生物量呈显著正相关。

表 3.7　灌木层生物量与环境因子的相关性

	年均温度	年均降水量	林分密度	郁闭度	林龄	土壤含水量	土壤容重	土壤养分
灌木层 生物量	0.152*	0.147*	-0.034**	-0.236**	0.118	0.25**	-0.15*	0.518***

注: $*P<0.05$, $**P<0.01$, $***P<0.001$。

3.3　青海森林草本层生物量

长期以来,森林生态系统的生物多样性及其动态机制是生态学的热门研究领域(Barbier et al., 2008)。相比森林群落高大的乔木层来说,林下草本层植被虽然植株低矮,生物量在森林生物量中占比较低,但是草本层有着森林生态系统最高的物种多样性以及丰富度(陈煜等,2016)。早期关于林下植被的研究多集中于立地条件的指示作用,伴随着天然林资源保护以及退耕还林等多项森林保护工程的开展,学者们对森林生态系统的研究使得林下植被层强大的生态功能得以呈现。林下草本层影响着乔木幼苗的存活以及生长发育,同时对乔木林树种更新以及群落演替意义重大(Gilliam, 2007)。林下草本植被还能增加土壤中有机质和营养元素的含量,在提高土壤肥力的同时还在促进森林生态系统能量流动和物质循环方面发挥着重要作用。除此之外,林下草本植被在矿山复垦、水土保持、水源涵养、改变区域内小气候、改善动物生存环境及维持生物多样性等多项生态功能上扮演着极其重要的角色(范玉龙等,2008)。

一般认为,森林物种组成以及群落结构的复杂性会随林龄的增长而增加,这是群落环境和生物多样性对森林动态变化响应的结果。在对光照、气温、水分以及土壤养分等环境因子的响应过程中,林下草本层植被展现出与大个体木本植物不同的多样性特征。而在生态对策、物候周期及其与环境相互作用等方面,林下草本层又展现出独特的响应方式(杨昆和管东生,2006)。多种不同生态适应型的物种构成了林下草本层,并且受林分类型、冠层结构、海拔、坡向以及土壤理化性质等因子的调控(余敏等,2013)。因此,分析林分组成、地形因子、土壤养分等要素对草本层生物量分布格局的影响,定量揭示其相互作用,对研究森林生态系统生物量的动态变化规律以及分析群落演替具有重要的生态学意义。

青海省位于我国西北内陆腹地、青藏高原东北部，是我国第一级地势阶梯的重要组成部分。有关青海省森林生态系统的研究主要关注的是乔木层、灌木层，往往忽略草本层，从而制约了我们对青海森林生态系统碳库的准确预测。因此，本书以青藏高原东北部的青海省森林草本层为研究对象，旨在探讨青海省森林草本层生物量及其分布格局，从而为青海省开展森林资源管理和建设提供基础数据和理论支撑。

按照"生态系统固碳现状、速率、机制和潜力"项目制定的统一要求，并结合 2008 年青海省森林资源连续清查成果，充分考虑全省各森林类型(优势种)分布面积、蓄积比例、起源等情况，于 2011 年在全省 21 个地区布设主要森林类型的标准样地 80 个，每个样地中随机设置 3 块 50 m×20 m 的乔木样方，各样地间距大于 100 m，共计 240 个样点。在每个乔木调查样方的林下草本层内采用对角线设置 3 个 1 m×1 m 小样方，草本层样方共计 720 个。草本层地上部分测定采用全收获法，并记录每个样方内草本植物的种类、盖度、株数和平均高度。地下部分根系测定采用土钻法(内径 5 cm)测定。将野外调查取回的草本层样品于 105℃杀青 20 min 后，放入 65℃的烘箱烘干至恒重，用于生物量的测定。

用单因素方差分析检验不同林型、海拔的草本生物量的差异，若方差为齐性，用 LSD 法进行显著性多重比较；若方差为非齐性，则用 Tamhane's T2 法进行多重比较。采用皮尔逊检验分析草本层地上、地下部分生物量与环境因子的相关性，显著性水平均为 $\alpha=0.05$。所有数据以及图表采用 SPSS 20.0、Origin 8.0 进行计算与绘制。

3.3.1 草本层生物量随海拔的变化

草本层地上/地下生物量随着海拔梯度整体上呈现"单峰"变化趋势，在海拔 3100～3400 m 区域草本层地上/地下生物量均最大，并且显著大于其他海拔梯度草本层地上/地下生物量(图 3.6)。

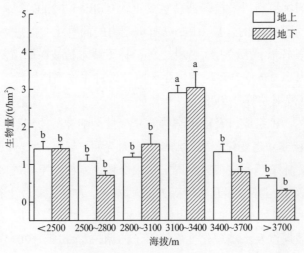

图 3.6 不同海拔梯度地上/地下草本层生物量变异特征

　　由图 3.7 可知，林下草本层总生物量随着海拔梯度的增加总体上呈现"单峰"变化趋势，即在海拔 3100～3400 m 区域生物量最大(5.93 t/hm²)，并且显著大于其他海拔区域草本层总生物量；在海拔 3700 m 以上的区域草本层总生物量最小(0.91 t/hm²)。李武斌等 (2010)在九寨沟优势草本植物生物量的垂直分布格局研究中也发现类似规律。出现这种规律的原因有以下几点。①各个样地的植物物种组成结构不同，草本群落中的物种组成结构是物种长期适应环境的结果，并且生成了不同的小生物气候环境，致使草本植物物种形成与环境相适应的分布格局，最终导致不同样地草本层生物量产生差异(岑宇等，2018)。②已有研究显示，林分密度以及林龄对林下草本层生物量影响较大(闫文德等，2003)。林下草本层生物量主要取决于上层乔木林树冠的郁闭度和树形的变化，这些因素会直接干扰透射过乔木层并落到林下草本层的光照强度，进而影响林下草本层的生长发育状况，最终导致林下草本层生物量产生差异(田青等，2016)。低海拔处林分密度大并且郁闭度较高，导致透过乔木层的光照变弱，从而影响林下草本层的生长发育。海拔 3100～3400 m 区域气候条件温和，林分密度较小，林下草本层光照充足，草本生长发育良好，所以草本层生物量较高。随着海拔梯度的进一步增加，虽然林分密度小，但是风力变大，有效积温降低，水分蒸发量大，环境恶劣，不利于草本植物的生长。除此之外，高海拔区域植物为了适应严酷的生存条件，通过调整生长对策减少地上生物量、适当增加地下根系生物量来维持生存，最终导致生物量偏低。③已有研究报道，土壤养分对植物生长的过程发挥着重要的作用，直接影响群落的物种组成，并在生态系统和生产力水平中扮演重要角色(Crick and Grime，1987)。本研究区域土壤养分在中间海拔梯度较高(唐立涛等，2019)，这可能是草本层生物量在海拔梯度上呈现"单峰"变化趋势的原因。

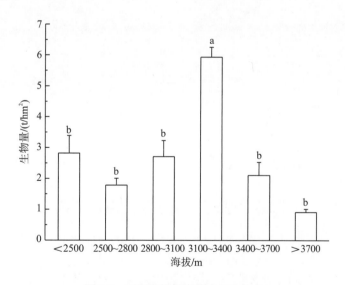

图 3.7　不同海拔梯度草本层生物量

3.3.2 草本层生物量随林分的变化

不同林分草本层地上生物量为 1.06～3.99 t/hm² (图 3.8)，草本层地上部分生物量大小排列顺序为：松树林>杨树林>云杉林>圆柏林>桦木林，其中松树林下草本层地上生物量显著大于其他林分($P<0.05$)；不同林分草本层地下生物量为 0.32～2.02 t/hm²，草本层地下部分生物量大小排列顺序为：杨树林>圆柏林>云杉林>桦木林>松树林，并且各个林分草本层地下生物量之间差异不显著。

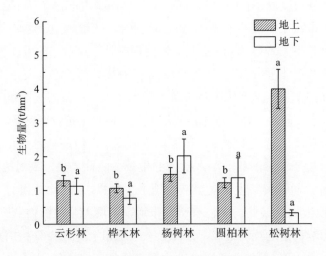

图 3.8 不同林分地上/地下草本层生物量

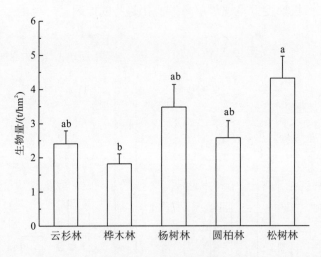

图 3.9 不同林分草本层生物量变化特征

由图 3.9 可知，不同林分林下草本层生物量均有差异，其大小顺序排列为：松树林>杨树林>圆柏林>云杉林>桦木林。松树林林下草本层生物量最大(4.32 t/hm²)，桦木林林下草本层生物量最小(1.82 t/hm²)，并且松树林显著大于桦木林($P< 0.05$)。造成这种差异的

原因是：①林下草本层生物量的分布模式以及大小不仅和森林类型特征的不同有关，而且还和不同林分的发育阶段密切联系。不同森林类型在生长发育的过程中会出现一定的差异，这种差异会引起林分内部环境变化，从而导致光照条件、水文条件以及土壤的理化性质产生差异，最终使林下草本层生物量产生分异；②试验区桦木林林下草本层可能受一定程度的人为干扰，桦木林下草本层生物量较小。因此，森林林下草本层生物量的变化除了受森林类型等自然因素影响，还受森林抚育手段以及管理政策等人为因素影响。结合前文分析来看，林分的特征因子影响森林林下草本层生物量的分布与大小，最终是通过影响透过上层林冠的光照条件来实现的。

3.3.3　草本层生物量与环境因子的关系

草本层生物量与环境因子的皮尔逊相关分析表明，林分密度、年均温度、土壤含水量、林龄、土壤养分均与草本层生物量呈显著正相关，而土壤容重和郁闭度均与草本层生物量呈显著负相关(表 3.8)。

表 3.8　草本层生物量与环境因子的相关性

	年均温度	年均降水量	林分密度	郁闭度	林龄	土壤含水量	土壤容重	土壤养分
草本层生物量	0.360**	−0.108	0.191**	−0.273**	0.357**	0.258**	−0.202**	0.493***

注：*$P<0.05$，**$P<0.01$，***$P<0.001$。

季蕾等(2016)以金沟岭林场云冷杉林、杨桦次生林和落叶松人工林为研究对象，发现整体上林下草本层生物量随着林分郁闭度的增加呈现逐渐减小的趋势，这与本书得出的草本层生物量与林分郁闭度呈显著负相关的结论一致。这是因为，乔木林分的冠层结构和林分郁闭度影响森林下木层的组成和林下植被生物量的格局，不同郁闭度林分特征因子光照条件影响着森林下木层的光照，从而影响林下草本层生物量。林龄与草本层生物量呈显著正相关，可能是因为林龄越大，林下腐殖质层越厚，导致草本层生物量相对较大。草本层生物量与土壤含水量呈正相关，说明在一定范围内，适宜的土壤含水量越大，越利于植被的生长，李冬梅等(2014)在黄土丘陵区不同草本群落生物量与土壤水分的相关特征研究中也得出相似结论。植被群落主要依靠相对充裕的土壤水分积累生物量。土壤容重越大，土壤的孔隙度越小，不利于植物根系的伸展，抑制植物的生长发育，所以草本层生物量与土壤容重呈显著负相关。植被生长离不开对土壤养分的吸收，所以一定范围内土壤养分与草本层生物量呈显著正相关。草本层生物量与年均温度呈显著正相关，这可能是因为青藏高原处于高海拔区域，年均温度偏低，大气二氧化碳浓度较低，植被的生长季普遍较短，当温度升高时，植被在生物量分配的时候会将更多的生物量投入地上部分以增加光合作用，草本层生物量总体随年均温度的上升而增加(聂秀青等，2018)。

3.4 青海森林凋落物现存量

凋落物作为森林生态系统物质循环过程中重要的资源库，利用养分循环的方式把植物体的营养物质归还到土壤。凋落物现存量也称为凋落物积累量，是凋落物生成量与分解量动态关系的结果。森林生态系统凋落物的组成成分、现存量、养分含量以及归还量因其林分类型、生境条件等的差异而有所不同，并且对土壤肥力及其理化性质的影响较大（彭少麟和刘强，2002）。凋落物现存量是评价森林生态系统的生产力和分解平衡性的重要指标，凋落物中的营养元素含量以及归还量在森林生态系统物质循环和养分均衡中扮演着极其重要的角色（林波等，2004）。森林凋落物结构疏松，透水性和持水能力良好，一方面能够阻滞和分散降水、减缓林内降水对地面的冲击，另一方面能吸收降落到地表的水分、减少地表径流、增加土壤水分下渗，在森林生态系统的水土保持和涵养水源方面发挥着至关重要的作用。不同森林类型凋落物产量的季节动态变化及凋落速率差异是影响系统内部养分周转与植物个体生长发育的重要因素，并影响着土壤碳库的大小。

19 世纪 70 年代 Ebermayer（1876）阐述了凋落物在森林生态系统营养物质循环过程中的作用机制（Coûteaux et al.，2002）。在接下来的时期，对凋落物的调查研究逐渐增多（Kurz-Besson et al.，2005）。我国学者于 20 世纪 60 年代开始对凋落物理化性质等进行研究，近年来相关研究逐渐增多，大部分集中于不同气候带典型森林凋落物现存量分布格局、凋落物分解机制、养分归还动态以及与环境因子的关系等方面。例如，赵畅等（2018）以茂兰喀斯特原生林三种坡向林下凋落物为研究对象，探讨了不同喀斯特原生林生态系统下坡向和分解层的凋落物现存量、主要营养元素含量、储量及元素释放率的分布特征，发现在喀斯特原生林凋落物分解的养分释放过程中，坡向对林下凋落物的理化性质及分解速率有较大影响，且阴坡林下凋落物分解较快，营养元素内部循环周期较短。许宇星等（2019）为了明晰雷州半岛地区桉树人工林凋落物量和养分归还特征，对不同林龄人工林凋落物现存量和养分动态连续监测了 12 个月，发现气候因子（温度、降水）对凋落物影响较大，但林分结构因子与凋落物相关性不显著。孟庆权等（2019）采用野外调查和室内浸泡相结合的方法研究了滨海沙地沿海防护林凋落物水源涵养功能，发现木麻黄林凋落物的持水能力最强，湿地松林次之，说明从凋落物水源涵养能力来看，木麻黄林和湿地松林更利于滨海沙地的水源涵养。李翔等（2019）以吉林省汪清林业局金沟岭林场天然云冷杉针阔混交林为研究对象，研究了林分密度与半分解层凋落物现存量的空间异质性，以及林分因子对半分解层凋落物现存量空间异质性的影响，得出凋落物现存量的空间异质性不仅受林分密度空间异质性的影响，同时还受其他结构因素与随机因素的影响。

作为青藏高原的重要组成部分，青海省的森林主要分布于 2000~4200 m 的高海拔地区，优势林型是寒温带针叶林，其次是落叶阔叶林，在区域气候调节、生物保育、涵养水源等方面具有突出的战略地位。此外，由于青海高寒地区矿质土壤层较薄，其凋落物现存量以及空间分布可能具有独特性；并且凋落物的现存量以及其在不同环境因子下的变化方式对其自身的分解、碳的固定、微生物活动等一系列生态系统进程均有显著影响，故探索凋落物现存量及其空间分布特征对环境因子变化的响应，有助于更加深入地了解凋落物量分配格局。鉴于此，本书以青海省 5 种主要林分类型(杨树林、桦木林、松树林、圆柏林和云杉林)林下地表凋落物为研究对象，分析了 5 种林分类型凋落物在不同海拔梯度上的现存量特征及与环境因子的相关性，旨在了解不同林分类型和海拔上的凋落物量的变化规律，为我国青藏高原安全屏障区内的森林生态系统的养分管理、保护与恢复策略提供参考依据。

样地设置同 3.1 节，在每个乔木调查样方下的林下草本层内采用对角线设置 3 个 1 m×1 m 草本样方，草本样方总共计 720 个，收集每个草本样方内的全部凋落物，样品收集后测定鲜重，并将所有样品放于 65℃烘箱中烘至恒重用于养分现存量的测定。

采用单因素方差分析法比较不同林分类型、不同海拔分区间的凋落物生物量特征的差异，若方差为齐性，用 LSD 法进行显著性多重比较；若方差为非齐性，则用 Tamhane's T2 法进行多重比较；采用皮尔逊检验分析凋落物生物量与环境因子的相关性，显著性水平均为 α=0.05。所有数据采用 Origin 8.5、SPSS 20.0 进行统计分析与图表绘制。

3.4.1　青海省森林凋落物现存量分布

青海省森林凋落物总现存量为 1.60×10^6 Mg(表 3.9)，其中阔叶林下凋落物总量为 3.48×10^5 Mg，针叶林下凋落物总量为 1.25×10^6 Mg，并且占森林总凋落物现存量的 78%，由此可见，青海省森林凋落物量的主体为针叶林。这是因为青海省森林以寒温带针叶林为主，且在青海省乔木林面积中，针叶林占 70%，阔叶林仅占 30%(青海省 2008 年森林资源连续清查成果)。针叶林凋落物本身较难分解，针叶林凋落物会导致土壤 pH 降低，抑制土壤微生物活性，导致分解速率变慢，所以针叶林下凋落物现存量较大。此外阔叶林大部分为内生菌根树种，内生菌根分泌大量可促进微生物分解凋落物的酶，所以阔叶林凋落物现存量较低(Chapin et al., 2011)。

表 3.9　青海省森林凋落物现存量

林型		面积/(×100 hm²)	凋落物现存量/Mg
阔叶林	桦木	606	2.46×10^5
	杨树	416	1.02×10^5
针叶林	松树	72	5.49×10^4
	圆柏	1383	7.26×10^5
	云杉	1038	4.71×10^5
总计		3515	1.60×10^6

3.4.2　凋落物现存量随海拔的变化

青海省森林凋落物现存量随着海拔的增加呈现逐渐递增的趋势(图 3.10),其在海拔梯度上的大小排列顺序为:(>3700 m)>(3400~3700 m)>(3100~3400 m)>(2500~2800 m)>(2800~3100 m)>(<2500 m)。海拔 3700 m 以上区域凋落物现存量最大,为 7.14 t/hm^2;而海拔 2500 m 以下区域凋落物现存量最小,为 3.14 t/hm^2;较高海拔区域(>3100 m)凋落物现存量显著大于较低海拔区域(<3100 m)凋落物现存量($P<0.05$)。

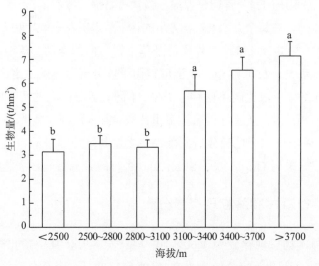

图 3.10　不同海拔梯度凋落物现存量变异特征

群落特征的时空异质性是陆地生态系统的主要表现特征。森林生态系统内部群落结构、物种组成、年龄分布的差异使生态系统表现出空间变异,同时季节变化、气候更替使森林生态系统表示出时间变异;生态系统的时空变异导致凋落物现存量在时空分布上具有差异。区域尺度上,地形(海拔、坡度等)的变化是影响森林生态进程的主要因子(薛峰等,2017)。例如,随着海拔的逐渐升高,气温和土壤温度会逐渐下降,而降水量会增多,从而导致不同的植物构成。本书研究发现海拔是生态系统中重要的非生物因素,海拔不同会使降水量和平均气温产生梯度性变化,进而影响不同林型凋落物的分解环节及一系列由水热变化而导致的极其敏感的生物化学进程。青海省森林凋落物现存量随海拔升高而增加,这是因为低海拔区域气候温和利于凋落物分解,凋落物现存量较低,而较高海拔气候恶劣,微生物活性受限,分解凋落物的速率变慢,使得高海拔处凋落物现存量较大。

此外,青海省自身气候独特,属于典型的高原大陆性气候,常年气温较低,因此针叶林分布广泛且适应性较强,而阔叶林只能分布在气温相对较高的低海拔区。郑度和杨勤业(1985)通过对青藏高原东南部山地垂直带森林结构类型的研究,发现在海拔 2500~3000 m处主要分布针阔混交林,而 3000 m 以上主要分布针叶林,这与本书研究发现的针叶林、阔叶林海拔分布范围大体一致。因此,海拔对林型的影响具有明显作用,而这种影响可能更多来自温度、降水的改变。通常来说，在海拔变化较大的情况下，随海拔的升高温度会逐渐降低，这种变化趋势导致针叶林相较阔叶林具有更广泛的分布。

3.4.3 凋落物现存量随林分的变化

不同林分林下凋落物现存量均有差异(图 3.11)。5 种林分凋落物现存量排列顺序为：松树林>圆柏林>云杉林>桦木林>杨树林，其中松树林凋落物现存量最大(7.62 t/hm²)，并且显著大于除圆柏林外其他林分凋落物现存量($P<0.05$)，而杨树林凋落物现存量最小，为 2.44 t/hm²。

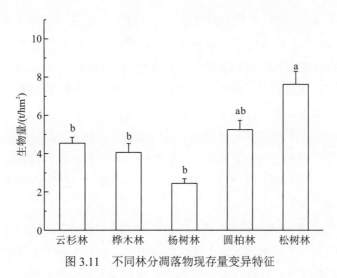

图 3.11 不同林分凋落物现存量变异特征

丁绍兰等(2010)对青海省东部黄土丘陵区主要林型的研究中也发现不同林分类型土壤表层的凋落物厚度、组成成分、少量动物以及微生物的残体均有差异，这是由于树种组成及群落结构的差异会导致不同森林类型的凋落物现存量存在差异。每种森林类型的枝凋落物在样地间存在较大的差异，这可能与林地立地条件有关，还可能因为不同林分土壤动物密度存在差异。土壤动物作为调节凋落物分解速率的生物要素，对凋落物的破坏作用使凋落物与土壤环境接触的比表面积增大，利于更多土壤微生物寄居从而加速凋落物分解。土壤动物还在摄食细菌等微生物的同时干扰营养物质在土壤中的分布，改变微生物群落生物量及其活性，进而调节凋落物分解与养分释放速率(Meyer et al., 2011)。

3.4.4 凋落物现存量与环境因子的相关性

同一气候区域下，林分密度、林龄、年均温度以及年均降水量等是决定凋落物现存量的关键因子。林分密度是影响凋落物现存量的最直接因素，是讨论凋落物现存量成因的重要指标(Scherer-Lorenzen et al., 2007)。皮尔逊相关分析表明凋落物现存量与林分密度呈显著正相关($P<0.05$)(表 3.10)。这是因为在林分发育过程中树木径向生长会受林分密度的影

响, 当立地条件一定, 资源与空间的限制作用凸显时, 树木径向生长与林分密度呈负相关。当林分过于密集, 则会出现一定程度的林内竞争, 个别树木会在竞争中发生干枯死亡的现象, 所以林分越密, 林下凋落物现存量越大(张远东等, 2019)。

表 3.10   凋落物现存量与环境因子的相关性

	年均温度	年均降水量	林分密度	郁闭度	林龄	土壤含水量	土壤容重	土壤养分
凋落物现存量	−0.088**	0.061**	0.143*	−0.014**	−0.053	0.049***	−0.042*	0.498***

注: *$P<0.05$, **$P<0.01$, ***$P<0.001$。

邹碧等(2006)研究认为, 在区域尺度上, 气候特征对地表凋落物现存量的影响至关重要。其中, 温度和降水量的作用表现最为突出, 其对凋落物现存量的影响主要体现在分解速率方面, 水热组合条件越优越的则凋落物现存量越少(黄宗胜等, 2013)。本书得出凋落物现存量和温度呈显著负相关, 和降水量呈显著正相关。这是因为温度作用于植物的生长和演替, 改变森林类型, 影响凋落量和分解速率, 进而影响凋落物现存量。而已有研究表明, 温度较高的区域凋落物现存量低是源于其较高的分解速率, 温度较低的区域凋落物现存量较大是由于其较低的分解速率(刘士玲等, 2017)。降水不仅可以通过制约凋落物化学成分淋溶的物理过程而影响凋落物的分解速率, 而且还可以通过影响微生物和土壤动物的活动等间接影响其分解。

凋落物现存量还受土壤容重的影响, 即与之呈显著负相关, 路翔(2012)的研究也得出类似结果, 这是因为土壤容重越大, 土壤孔隙度越小, 从而不利于土壤动物以及微生物对凋落物的破坏与分解。土壤动物能粉碎凋落物, 增大凋落物比表面积, 且其排泄的粪便能有效地改善土壤理化性质, 使凋落物更容易分解, 是导致凋落物现存量分解的主要因素。凋落物现存量亦与土壤动物种类和数量密切相关, 凋落物现存量还与土壤养分呈正相关, 逮军锋(2007)在其研究中也证实了这一点。

目前, 我国对于森林凋落物现存量的估测主要是利用经典的收获法, 这种方法在实际操作过程中, 取样时间、地点、样点数量以及时间空间尺度等没有一个标准的科学量化体系, 有时候过多地考虑成本问题而忽略了取样的代表性, 因此即使对于同一群落, 不同研究者的评估结果往往差异也很大。除此之外, 森林凋落物存在一定的季节动态, 取样时间不同也会导致调查结果产生偏差。尽管有研究者通过定期的动态测定研究凋落物现存量, 但在如何统计和界定年平均现存量方面方法不多。因此, 今后凋落物研究如何确定相对统一的研究方法且建立不同空间和时间尺度下凋落物调查规范势在必行, 以提高研究结果的科学性和参考价值。

3.5　青海森林细根生物量

细根(直径≤ 2 mm)具有直径小、无木质部、生长和周转迅速的特点，是构成森林生态系统地下碳库的重要部分(Gill and Jackson，2000)。虽然森林细根生物量在大部分陆地生态系统地下总生物量中占比为 3%～30%，但是它在维持自身功能的过程中最高能消耗净初级生产力的 75%(张小全和吴可红，2001)，因此探究细根动态过程对于了解细根在森林生态系统中碳分配和养分循环过程中的作用至关重要。由于对根系的生态学作用认识不足以及根系研究的困难，人们研究的重点往往是林木的地上部分，而对林木地下部分的研究相对较弱。

近年来，随着全球碳循环研究的开展以及对森林生态系统研究的深入，森林细根生物量变化规律受到了国内外学者的广泛关注。以往研究表明细根生物量不一定呈现水平分布格局(Kummerow et al.，1990)，且不同海拔植被细根生物量及各形态指标都具有明显的垂直变化规律(权伟等，2008)。细根的分布与土壤容重、碳和氮含量有显著的相关性，土层深度也是影响细根生物量的重要因素(刘顺等，2018)。鉴于细根对于森林生态系统的重要性，研究细根生物量对森林地下碳库的贡献不仅体现在局域尺度上，而且在区域尺度上研究细根生物量对碳收支的贡献率也必不可少。

青海森林生态系统在固碳造氧、涵养水源、森林游憩、保育土壤以及生物多样性保护等方面贡献巨大，生态地位十分重要(向泽宇等，2014)。圆柏、云杉、白桦等是其生态系统植被碳库的重要组成部分。当前针对青海云杉林研究所涉及的方面颇多，如青海云杉与其林下植物多样性的关系(邹扬等，2013)，云杉林更新的时空特征(王清涛，2017)。但有关青海省森林地下细根生物量及其影响因子等方面的研究相对匮乏。因此本书选取云杉、白桦、圆柏、山杨和白杨 5 种林分类型为研究对象，分析和探讨青海森林细根生物量的分布格局及其与环境因子的关系，以期更深入地了解青海省森林生态系统碳汇以及地下碳循环过程，为该地区森林生态系统可持续利用与管理提供基础资料。

样地设置同 3.1 节，每个样方按照平均木的标准选取优势种，利用内径为 5 cm 的根钻，在优势树种树冠下随机钻取 10 个土心，按 0～20 cm、20～40 cm 分层取样。将样品用清水浸泡 1 d，在流水中过 100 目土壤筛分离土壤和细根。根据细根的颜色、外形、弹性、皮层，保留直径≤2 mm 的木本植物细根。洗净后将细根称重，后分别装入纸袋，在85℃的条件下烘干并称重。

采用多因素方差分析检验土层和海拔、土层和林分以及海拔和林分的交互作用对细根生物量的影响；采用单因素方差分析检验不同海拔、林分细根生物量的差异性，如果方差为齐性，采用 LSD 法进行多重比较；若方差为非齐性，则用 Tamhane's T2 法进行多重比较；利用皮尔逊检验分析海拔、土层、土壤容重、土壤养分与细根生物量之间的相关性，显著性水平设置为 α＝0.05，以上分析均使用 SPSS 10.0 统计软件完成。利用 AMOS 17.0 构建细根生物量与环境因子的结构方程模型。运用 Excel 2010 软件完成数据的计算和图表绘制。

3.5.1　细根生物量随林分的变化

土层对不同林分细根生物量影响显著($P<0.05$)，而林分类型和土层、海拔和土层、林分和海拔梯度的交互作用对细根生物量影响并不显著(表 3.11～表 3.13)。5 种林分细根总生物量为：桦木林<松树林<圆柏林<云杉林<杨树林(图 3.12)。杨树林细根生物量最高($8.94\ \text{t/hm}^2$)，桦木林最低($7.75\ \text{t/hm}^2$)。相同土层细根生物量在不同林分间差异不显著(图 3.13)，所有林分表层细根生物量为：桦木林<圆柏林<松树林<云杉林<杨树林，深层为：松树林<桦木林<杨树林<云杉林<圆柏林。

表 3.11　林分类型和土层对细根生物量影响方差分析

变异来源	自由度	均方	F	显著度
林分	4	3.109	0.726	0.574
土层	1	529.249	123.639	0.000
林分×土层	4	1.241	0.290	0.884

表 3.12　海拔和土层对细根生物量影响方差分析

变异来源	自由度	均方	F	显著度
海拔梯度	5	12.283	3.053	0.010
土层	1	426.498	105.996	0.000
土层×海拔梯度	5	10.787	2.681	0.021

表 3.13　林分和海拔梯度对细根生物量交互影响方差分析

变异来源	自由度	均方	F	显著度
林分	4	1.583	1.255	0.290
海拔梯度	5	3.373	2.674	0.024
林分×海拔梯度	7	0.853	0.676	0.692

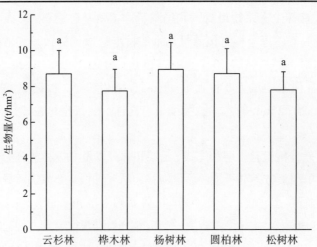

图 3.12　不同林分类型间细根总生物量变异特征

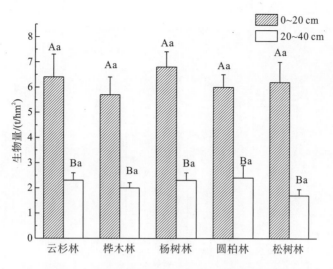

图 3.13　林分类型和土层对细根生物量的影响

所有林分细根生物量的垂直分布特征大致相等,均随土层加深而减少。不同林分的表层细根生物量均显著大于深层($P<0.05$),且表层细根生物量占总细根生物量的 72%～80%。

差异显著性分析表明 5 种林分的细根生物量差异不显著,林分类型和土层以及林分和海拔梯度的交互作用均对细根生物量没有显著影响,说明林分的变化并不影响细根生物量空间上的生态位(王韦韦等,2014)。热带落叶阔叶林的细根生物量为 40.68 t/hm²,暖温带落叶阔叶林的细根生物量为 13.71 t/hm²,寒温带落叶阔叶林的细根生物量为 6.55 t/hm²,寒温带常绿针叶林的细根生物量为 7.31 t/hm²(Lin et al.,1998),可见细根生物量随着纬度升高而减小。青海省森林细根生物量平均为 8.50 t/hm²(所有样地细根生物量取均值),除山杨林,其他两种阔叶林的细根生物量比针叶林的细根生物量低,这与一般阔叶林细根生物量高于针叶林的有关研究结论不一致(Vogt et al.,1995)。因为植被群落类型不同,它们的生活对策不同,对光合作用产生的能量分配也不同,进而导致细根生物量出现差异。何永涛等(2009)的调查发现白桦林细根生物量为 7.89 t/hm²,与本书研究结果相近。郭忠玲等(2006a)研究表明,白桦林细根生物量最高(5.13 t/hm²),其次为山杨林(3.94 t/hm²),这比本书研究中的白桦林细根生物量低 33.8%,比山杨林的低 55.9%,可能是因为本节研究区域所处的气候带、海拔等地理因素不同导致土壤类型、立地条件有差异(朱胜英等,2006),也可能是林下草本群落组成尤其是优势种不同引起的差异。

3.5.2　细根生物量随海拔的变化

土层、海拔、土层和海拔的交互作用均对青海省森林细根生物量有显著影响($P<0.05$)(表 3.12),细根生物量随海拔梯度总体上先降低再升高(图 3.14)。细根生物量在海拔 3700 m 以上区域最大(10.48 t/hm²),且显著大于海拔 2500～2800 m、3100～3400 m

以及 3400～3700 m 处（$P<0.05$），在海拔 3100～3400 m 处最小（7.56 t/hm²）。

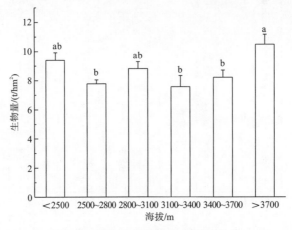

图 3.14　不同海拔梯度细根总生物量

同一土层细根生物量随海拔梯度的变化特征不规律，但差异较大（图 3.15）。表层（0～20 cm）细根生物量在海拔 2500 m 以下区域最高（7.26 t/hm²），3400～3700 m 处最低（5.42 t/hm²）。深层（20～40 cm）细根生物量在海拔 3700 m 以上区域最大（3.38 t/hm²），3100～3400 m 处最低（1.94 t/hm²）。同一海拔不同土层，细根生物量随土层的加深明显下降，6 个海拔梯度不同土层的细根生物量均差异显著（$P<0.05$）且表层细根生物量占比为 68%～78%。

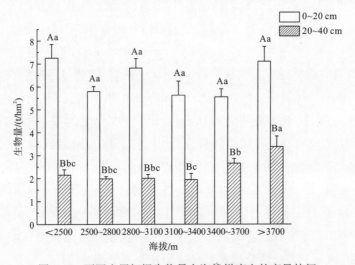

图 3.15　不同土层细根生物量在海拔梯度上的变异特征

研究表明，细根生物量随海拔梯度先降低后升高，在 2100～2400 m 处最大，因为低海拔处生境适宜，种群通过增加细根生物量来满足其空间拓展和繁殖需求（陈劲松和苏智先，2001）。随着海拔的升高，可能由于水、气、光、热组合发生变异，气候条件变差，风力变强，有效积温降低，植物为了生存繁殖，调整生存对策，改变细根生物量来适应严酷的高海拔环境。高海拔地区土壤酶活性降低（曹瑞等，2016），微生物代谢变慢抑制了对根系凋落物的分解速率，且海拔高的地方死根生物量相对较高，以此来维持局部小环境的温度，保证活根的生长，这可能也是高海拔地区植物适应环境的一种策略（Wang et al.，2007）。还可能因为青藏高原是全球气候变暖的"启动器"和"放大器"，其温度升高要快于全球平均值。海拔越高的地区气候变暖趋势越明显，高海拔地区森林环境因子向低海拔地区趋近（刘彦春等，2010），导致高海拔区域细根生长相对较快。另外，本书仅选择海拔 2175～3852 m 的细根生物量来研究分析，海拔继续升高后是否还有同样的规律有待进一步研究考证。

3.5.3　细根生物量与环境因子相关性分析

皮尔逊相关分析结果也表明，土层、土壤容重直接影响细根生物量，并且呈极显著负相关（$P<0.01$）；林分通过土壤容重间接影响细根生物量；细根生物量显著影响土壤养分（$P<0.05$）。细根生物量与海拔、土壤 TC、土壤 TN、土壤容重、土层均呈极显著相关（$P<0.01$），而土壤 TC、土壤 TN、土壤 TP 均与容重呈负相关（$P<0.01$）（表 3.14）。

表 3.14　细根生物量与环境因子相关性分析

项目	土壤 TC	土壤 TN	土壤 TP	土壤容重	海拔	土层	细根生物量
土壤 TC	1						
土壤 TN	0.635**	1					
土壤 TP	0.302**	0.386**	1				
土壤容重	-0.657**	-0.302**	-0.207**	1			
海拔	-0.298**	0.460**	-0.071	0.467**	1		
土层	-0.535**	-0.455**	-0.299**	0.462**	0.000	1	
细根生物量	0.459**	0.285**	0.136*	-0.413**	-0.236**	-0.694**	1

注：* $P<0.05$，** $P<0.01$。

细根生物量与环境因子的相互影响关系已经有诸多报道。例如，McCormack 和 Guo（2014）认为细根生物量与气候条件等因素有关。本书得出土层、土壤容重直接影响细根生物量。土层是影响细根生物量的重要因素，细根生物量随着土层深度的增加而减少（Liu et al.，2014），且有大概 70%集中在 0～20 cm 土层。这是由于随着土层深度的增加，土壤养分含量减少，影响细根吸收养分，还引起土壤下层温度变低，细根的呼吸速率变小，细根生物量垂直下降（Cormier et al.，2015）。土壤容重影响细根生物量，主要和土壤中的空气含量有关（杨丽韫等，2007）。表层土壤容重较小，根系生长空间大且容易获得足够的空气，深层土壤空气含量减少，导致细根生物量减少（Hansson et al.，2013）。由于不同林分地表凋落物的构成、储量和分解速率有差异，林分间土壤容重不同（秦娟等，2013），林分通过影响土壤容重间接影响细根生物量。

　　土壤的 C、N、P 元素是养分循环和转化的核心，它们在驱动和调节森林生态系统演替过程中发挥着重要作用(庞圣江等，2015)。本书研究发现细根生物量对土壤 TC、TN、TP 有较大影响，因为细根在森林生态系统凋落物和养分循环中是根系中最为活跃的部分，它的不断生长、死亡以及分解变化对补偿土壤养分发挥着重要作用(陈金林等，1999)。细根是 C 进入土壤生态系统的主要路径，大部分土壤 C 可能来源于它(Richter et al., 1999)。细根死亡分解不仅对土壤 N 的贡献率比凋落物大 18%～58%，而且还是归还土壤 P 的重要途径，倘若忽略细根的生产、死亡和分解作用，土壤养分的周转将会被低估 20%～80%(Vogt et al., 1995)，所以细根生物量显著影响土壤养分。

3.6　青海森林生物量及其分配特征

　　森林生态系统作为陆地生态系统中最主要的植被景观，是陆地生态系统光合作用的承载主体，并且支撑着地球物质循环和能量转化过程。生物量是森林生态系统能量流动和生产力的主要参考指标，伴随着国际地圈生物圈计划和全球碳计划等一系列项目的开展，评估森林生态系统的生物量和碳储量，探究森林生态系统和其他生态系统的碳循环过程逐渐成为研究的热点领域。森林生物量的研究已经涉及分子、个体、种群、群落、区域等空间尺度。林分尺度上的森林生物量及其分配特征与群落动态、气候因子等紧密相关。探究森林生物量变化规律，有助于改善林业经营措施、为预测全球变化对生态系统碳循环的影响提供数据支持。

　　青海省作为青藏高原的重要组成部分，其生态位极其重要。本书将青海省森林资源调查资料与实测数据相结合，较为准确地评估了青海省森林生物量，研究结果表明青海省森林乔木生物量总量为 $8.87×10^7$ Mg(表 3.15)，处于全国较低水平。其中针叶林生物量为 $7.63×10^7$ Mg，占森林生物量总量的 86.02%，而阔叶林生物量为 $1.24×10^7$ Mg，占比仅为 13.98%，由此可见青海省森林生物量的主体为针叶林。这是因为青海省面积将近84%的地区海拔在 3000 m 以上，气候多寒旱，大部分地方不具备维持森林生存的基本条件，森林覆盖率处于全国末位水平(仅高于新疆)(青海森林)。青海省森林以寒温带针叶林为主，且在青海省乔木林面积中，针叶林占 64.2%，阔叶林仅占 27.1%，所以森林生物量以针叶林为主体。

　　由图 3.16 可知，不同林分森林生物量均有差异，其大小排列顺序为：圆柏林>松树林>云杉林>杨树林>桦木林，其中圆柏林的生物量最大(385.26 t/hm^2)并且显著大于除松树林外的其他林分，而桦木林生物量最小(112.79 t/hm^2)。由图 3.17 可知，青海省森林生物量在海拔梯度上总体呈"单峰"变化趋势，即在中间梯度(3100～3400 m)最大，为 270.42 t/hm^2。

表 3.15　青海省森林乔木生物量

林型		面积/(×100 hm²)	乔木生物量/Mg
阔叶林	桦木	606	6.57×10^6
	杨树	416	5.87×10^6
针叶林	松树	72	2.00×10^6
	圆柏	1383	5.42×10^7
	云杉	1038	2.01×10^7
总计		3515	8.87×10^7

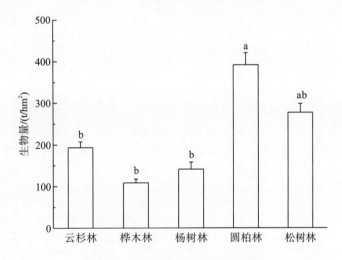

图 3.16　不同林分间的森林生物量

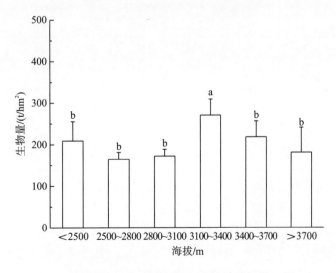

图 3.17　不同海拔梯度下的森林生物量

　　群落生物量和生物量分配特征与其生活型以及生态位密切相关,环境因子不仅影响乔木层生长,还直接影响林下植被层生长发育以及凋落物现存量,进而干扰群落生物量的分配。在森林群落中,乔木层生物量及其分配特征不仅是评价群落生产力和经营效果的重要参考指标,同时还对生态系统结构特征和功能水平有着决定性的作用。乔木是森林生态系统生物量的主要组成部分(表3.16、表3.17)。乔木占据着森林生态系统的上层空间,树枝以及叶片量大,能够接受较多的光照进行光合作用,并且将合成的大部分有机物质储存在高大的树干中,所以乔木层生物量是构成群落生物量的主体。因此,加强对乔木林的经营与管理,增加乔木林蓄积量,是增加森林群落生物量的关键所在。

表 3.16　不同林分森林生物量及比例

林分	乔木层		灌木层		草本层		凋落物		总生物量 /(t/hm²)
	生物量 /(t/hm²)	比例/%	生物量 /(t/hm²)	比例/%	生物量 /(t/hm²)	比例/%	生物量 /(t/hm²)	比例/%	
云杉林	184.26	94.72	3.33	1.71	2.41	1.24	4.54	2.33	194.54
桦木林	100.64	89.23	6.27	5.56	1.82	1.61	4.06	3.60	112.79
杨树林	134.00	93.86	2.84	1.99	3.48	2.44	2.44	1.71	142.76
圆柏林	374.87	97.30	2.56	0.66	2.58	0.67	5.25	1.36	385.26
松树林	268.19	95.53	0.62	0.22	4.32	1.54	7.62	2.71	280.75

注:因四舍五入,百分比之和可能不为100%,后同。

表 3.17　不同海拔梯度森林生物量及比例

海拔/m	乔木层		灌木层		草本层		凋落物		总生物量 /(t/hm²)
	生物量 /(t/hm²)	比例/%	生物量 /(t/hm²)	比例/%	生物量 /(t/hm²)	比例/%	生物量 /(t/hm²)	比例/%	
< 2500	202.00	96.61	1.12	0.54	2.82	1.34	3.14	1.50	209.08
2500~2800	156.49	95.11	2.78	1.69	1.78	1.08	3.48	2.12	164.53
2800~3100	162.54	94.41	3.58	2.08	2.71	1.57	3.33	1.93	172.16
3100~3400	252.41	93.34	6.40	2.37	5.93	2.19	5.68	2.10	270.42
3400~3700	203.85	93.37	5.82	2.67	2.11	0.97	6.54	3.00	218.32
> 3700	171.52	94.54	1.86	1.03	0.91	0.50	7.14	3.94	181.43

　　林下植被主要包括灌木层、草本层和凋落物,它们也是森林生态系统不可或缺的组成部分。林下植被层通过自身的生命活动来构建并且不断改善森林林下微环境,在维持整个森林生态系统物质循环与能量流动平衡等方面发挥着至关重要的作用。另外,灌木、草本和凋落物生物量虽然在整个森林生态系统所占比例较小,但是可以防止地表水土流失,有效保持土壤的碳吸收与保存,在森林生态系统的碳循环过程中扮演重要角色。青

海省灌木和草本生物量较小，这可能是因为上层乔木林郁闭度高，透过林冠直射下来的光照变少，影响林下植被的光合作用，抑制了林下植被的生长发育，进而影响林下植被生物量。凋落物生物量相对较高，可能是因为青海省地处青藏高原，平均海拔偏高，气温偏低，降水少且集中，影响了林下土壤动物以及微生物活动，减缓了凋落物分解速率，凋落物现存量变大。

第4章 青海省森林植被生态化学计量特征

C 作为植物有机体结构的重要组成元素，是植物有机体内生理生化反应过程的能量来源之一 (Güsewell，2004)。N、P 是植物的基本营养元素，也是植物有机体内蛋白质、核酸和脂质的重要组成元素 (戚德辉等，2016)。生态化学计量学是一门结合生态学与化学计量学来研究生物系统能量平衡和多重化学元素平衡的学科，为研究植物 C、N、P 等在生态系统过程中的耦合关系提供了一种新思路 (贺金生和韩兴国，2010)。自工业革命以来，由于人类活动的影响，地球生物圈中的 CO_2、可利用性的 N、P 含量均显著增加，而这些植物所必需的营养元素含量增加势必对陆地生态系统的稳定产生深远影响。森林作为陆地生态系统关键的植被类型之一，其对环境变化的响应更加敏感。已有研究表明，由于全球气候变化的影响，森林群落结构、植被多样性和生态功能均产生一系列的变化 (Marklein and Houlton，2012)，而这些变化必然引起植物体内 C、N、P 含量及其化学计量比的改变，因此研究植物体内 C、N、P 化学元素的关系将有助于深入理解植物养分供求现状和生态系统物质循环过程。

森林植物在其生长的过程中可以通过同化作用吸收大气中的 CO_2，将其通过生物量的形式固定在土壤和植物体中，从而使森林成为陆地生态系统中最重要的碳汇 (Ciais et al.，1995)。但是生态系统中碳循环的稳定性不只受相关生物体对元素需求的强烈影响，也受周围环境中化学元素平衡的调控，在相对稳定的条件下，生态系统碳储量由质量守恒原理和其他关键养分元素 (如 N、P 等) 的供应量共同控制 (贺金生和韩兴国，2010)。因此，明确生态系统的养分供应现状以及影响因素，对于深入了解生态系统功能状况以及合理评价陆地生态系统在全球元素循环中所起的作用具有重要意义。

国内外学者已在区域乃至全球开展了许多陆地生态系统生态化学计量特征的研究 (黄小波等，2016；Elser et al.，2007；Han et al.，2005)。我国对于生态化学计量学在森林生态系统的研究方面发展迅速，如曾凡鹏等 (2016) 按照不同林龄对辽东山区落叶松的根系和土壤的 C、N、P 进行研究，发现根系和土壤的 C、N、P 含量随林龄存在一定的变化趋势和规律。李红琴等 (2014) 以黄土高原纸坊沟流域乔木层、灌木层和草本层的 3 种不同植被类型下优势物种的叶片及其凋落物为研究对象，通过对 C、N、P、K 含量以及生态化学计量学特征的研究，探讨了退化生态系统植物内稳性，N、P 限制率以及营养元素的循环关系。张珂等 (2014) 在阿拉善荒漠中选择 52 个典型群落类型分析和研究了 54 种荒漠植物叶片 C、N、P 的化学计量特征。但众多学者的研究主要集中在植物叶片和土壤生态化学计量特征方面，针对植物枝干、根等重要器官方面的研究相对较少 (贺合亮等，2017)。枝干作为植物连接地下吸收器官和地上同化组织的传导器官，具有支撑植物体的结构性骨架作用

（李单凤等，2015）。根系是吸收、存储、运输水分和养分的主要器官，也是植物有机体对外界环境变化响应最为敏感的地下器官，在森林生态系统物质循环过程中发挥关键作用（陈晓萍等，2018；Iversen et al., 2017）。因此，研究植物不同器官的生态化学计量特征以及与森林生态系统中各组分在生态过程间的相互关系，对于揭示生态系统养分循环规律具有重要意义。

本书依托中国科学院战略性先导科技专项（碳专项），按照"生态系统固碳现状、速率、机制和潜力"项目制定的统一要求，并结合 2008 年青海省森林资源连续清查成果和森林生态系统分布状况，充分考虑全省各森林类型（优势种）分布面积、蓄积比例、林龄、起源等情况，通过样带调查法于植物生长旺盛季（7～8 月）在青海省互助、门源、祁连、大通、湟中、湟源、乐都、同仁、循化、尖扎、民和、化隆、兴海、同德、玛沁、班玛、囊谦、玉树、贵德、都兰、江西林场 21 个地区选择 80 个标准样地。在每个样地中随机设置 3 块 50 m×20 m 的乔木调查样方，各样方间距大于 100 m，共计 240 个乔木调查样方，记录每个样方的优势树种、森林类型、演替阶段、海拔、坡向、经纬度、坡度等基本环境因子信息，并采用测高仪测量群落高度，采用树冠投影法计算样地投影面积和郁闭度。

乔木样品采集：在上述乔木样方内选取云杉、青杆、白桦、红桦、山杨、白杨 6 个优势树种共计 69 个样方数。每个优势种选择 3～5 株标准木，进行每木检尺，将标准木伐倒后记录胸径、树高；树枝按小枝（<5 cm）、中等枝（5～20 cm）和大枝（>20 cm）分三组；根系按小根（<2 cm）、中根（2～5 cm）和大根（>5 cm）分三组，叶片、树枝和树根样品在三个等级中分别选取，按不同等级权重混合均匀；在树干中部，锯 1 个大小适中、厚度均匀的中央圆盘作为树干样品，树皮从树干圆盘外部取样。所有器官样品鲜重称取 300 g 左右，分装入袋，在室内烘干磨碎后用于测定 C、N、P 含量。

灌木样品采集：在上述乔木样方内采用对角线设置 3 个 2 m×2 m 灌木样方，记录灌木名称、株（丛）数、总盖度、平均高度和平均基径。将样方内的灌木植被全部收获，同时按灌木不同部位（叶、枝干、根）进行分类混合后带回实验室，置于恒温烘箱中 65℃烘干至恒质量，样品预处理后测定 C、N、P 含量。

草本样品采集：在每个乔木调查样方内采用对角线设置 3 个 1 m×1 m 草本层样方，共计 720 个。草本层地上部分测定采用全株收获法，并记录每个样方内草本植物的种类、盖度、株数和平均高度，不同优势树种下草本层盖度为 29.3%～59.1%，草本层高度为 8.4～16.9 cm。地下部分根系测定采用土钻法（内径 5 cm）测定。将野外调查取回的草本层样品于 105℃杀青 20 min 后，放入烘箱于 65℃烘干至恒重，用于生物量的测定；粉碎后过 100目筛，用于 C、N、P 含量测定。

凋落物样品采集：在每个乔木调查样方下的林下草本层内采用对角线设置 3 个 1m×1 m 草本样方，草本样方总共计 720 个，收集每个草本样方内的全部凋落物，并按照 300 m 为一个梯度划分海拔分区，从 < 2500 m 共计 6 个海拔分区，样品收集后测定

鲜重，并将所有样品放入烘箱中于 65℃烘至恒重并称量，最后用粉碎机将样品粉碎、研细，以备 C、N、P 含量分析。

本书研究中所有植物样品均按照生态系统固碳项目技术规范编写组(2015)制定的统一测量方法测定，其中植物 C 含量采用重铬酸钾-外加热法测定；植物 N 含量采用凯氏定氮法测定；植物 P 含量采用浓硫酸-过氧化氢消煮-钼锑抗分光光度法测定。

采用单因素方差分析方法检测不同林分乔木树种、林下灌木、林下草本不同器官以及同一林型不同海拔梯度间凋落物的 C、N、P 含量及化学计量比差异，若方差为齐性，用 LSD 法进行显著性多重比较，若方差非齐性，则用 Tamhane's T2 法进行多重比较。采用皮尔逊检验分析乔木树种 C、N、P 含量以及化学计量比与各环境因子的相关性，林下灌木和土壤 C、N、P 含量及化学计量比之间的相关性，林下草本层地上部分和地下部分养分含量的相关性，林下凋落物 C、N、P 含量及其化学计量比与环境因子的相关性，显著性水平设置为 $\alpha=0.05$。采用数据处理软件 CANOCO（Version 4.5）对林下灌木养分及各环境因子进行冗余分析排序，并绘制二维排序图。采用独立样本 T 检验分析同一海拔梯度针叶林、阔叶林的凋落物 C、N、P 含量及其化学计量比的差异。图表中数据为平均值±标准误。所有数据采用 Excel 2016、SPSS 20.0、Origin 8.5 进行计算与统计分析。

4.1　青海森林乔木生态化学计量特征

有关全球、全国或是区域尺度上的森林乔木树种生态化学计量特征的研究较多。McGroddy 等(2004)基于全球尺度研究得出植物叶片 C、N、P 含量比值为 1212：28：1。Han 等(2005)探究了我国 753 种陆地植物叶片 N、P 含量及其比值分别为 18.6 mg/g、1.21 mg/g 和 15.37。阎恩荣等(2010)和吴统贵等(2010)通过研究不同地区不同森林类型叶片的 N、P 含量比值，发现不同森林类型之间存在显著差异性。然而，关于 C、N、P 养分循环的研究主要集中在叶片的化学计量特征(杨思琪等，2017)方面，对植物养分转运器官(干、枝干)和吸收器官(根)生态化学计量学的报道相对较少。卢宏典等(2016)对南方 5 个地区木本植物叶、根的 N、P 含量进行研究，发现叶片的 N、P 含量均显著高于根部。此外，周国新等(2015)对杉木根、枝、叶的 C、N、P 含量进行研究，发现 C、N、P 含量分别在根、枝、叶中最高。孙雪娇等(2018)对雪岭杉(*Picea schrenkiana*)养分分配的研究结果表明，N、P 含量在各器官中顺序为叶>茎>根。

青海省作为我国"三北"防护林建设工程的重点地区之一，其森林质量的提高是实现森林可持续性经营的关键。罗艳等(2014)对青海省针叶乔木云杉属和圆柏属不同器官的分析发现叶片中 C 含量最高；左巍等(2016)对青海森林凋落物化学计量特征研究发现，阔叶林凋落物的分解过程主要受 P 限制，针叶林为 N、P 两种元素共同限制。尽管前人对青海森林乔木各器官 C 含量和养分受限等情况进行了初步探索，但是依然缺乏对整个乔木植株不同器官 C、N、P 化学计量学的研究，这严重限制了对青海省森林乔木整体养分的分配格局和对环境适应性的深入研究。因此，本节选取青海省 6 个乔木优势树种不同器官（叶片、树枝、树干和树根）为研究对象，系统探讨青海省优势乔木树种各器官 C、N、P 含量及其化学计量比特征，为揭示青海森林乔木层整体的元素分配机制及其对高寒环境胁迫的响应规律提供基础数据。

4.1.1　乔木 C、N、P 含量特征

对不同树种相同器官而言，云杉林叶片 C 含量显著高于白桦、红桦、青杆和山杨林（$P < 0.05$），青杆林树枝 C 含量显著低于白桦、红桦和云杉林（$P < 0.05$），山杨林树干 C 含量显著低于白桦、白杨、青杆和云杉林（$P < 0.05$），而 6 个树种的树根 C 含量无显著差异性（$P > 0.05$）；红桦林叶片、树枝、树干和树根 N 含量均高于其余 5 个林分；白桦、青杆、云杉叶片 P 含量显著高于白杨和红桦林（$P < 0.05$），红桦林树枝 P 含量显著高于白杨和青杆林，6 个树种的树干和树根 P 含量无显著差异（$P > 0.05$）。对同一树种不同器官而言，白桦叶片和树枝 C 含量显著高于树干和树根，云杉叶片、树枝、树干、树根 C 含量差异显著（$P < 0.05$）；6 个树种叶片 N 含量均显著高于树枝、树干和树根（$P < 0.05$），且叶片 N 含量最高，树干 N 含量最低；6 个树种枝干 P 含量均显著高于叶片、树干和树根（$P < 0.05$），树干和树根 P 含量差异不显著（$P > 0.05$）（图 4.1）。

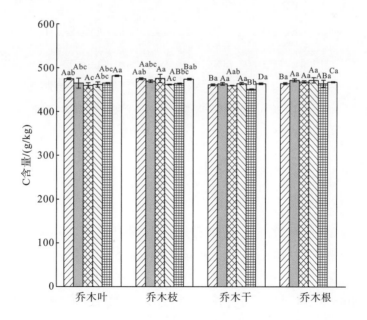

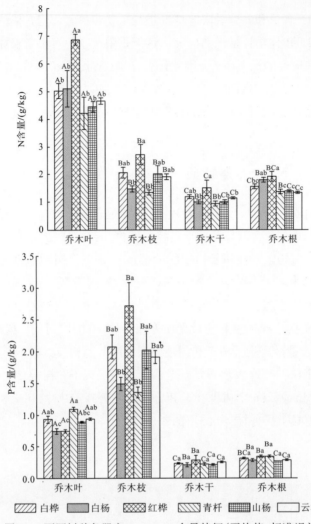

图 4.1　不同树种各器官 C、N、P 含量特征(平均值±标准误差)

注：不同小写字母表示不同树种相同器官 C、N、P 含量差异显著($P < 0.05$)，

不同大写字母表示相同树种不同器官 C、N、P 含量差异显著($P < 0.05$)。

4.1.2　乔木 C、N、P 化学计量比特征

对不同树种相同器官而言，青杆叶片、树枝和树干碳氮比(carbon/nitrogen ratio, C/N ratio)显著高于红桦($P < 0.05$)，云杉树根碳氮比显著高于红桦($P < 0.05$)；白杨和红桦叶片碳磷比显著高于青杆($P < 0.05$)，白杨树枝碳磷比显著高于其他 5 个树种，而 6 个树种树干和树根碳磷比无显著差异($P > 0.05$)；白桦、白杨和红桦叶片、树枝、树干和树根氮磷比高于青杆、山杨和云杉，且在青杆各器官中氮磷比均最低。对同一树种不同器官而言，6 个树种树干碳氮比、碳磷比均高于叶片、树枝和树根；红桦叶片氮磷比显著高于树枝、树干和树根($P < 0.05$)，其余 5 个树种各器官氮磷比无显著差异($P > 0.05$)(图 4.2)。

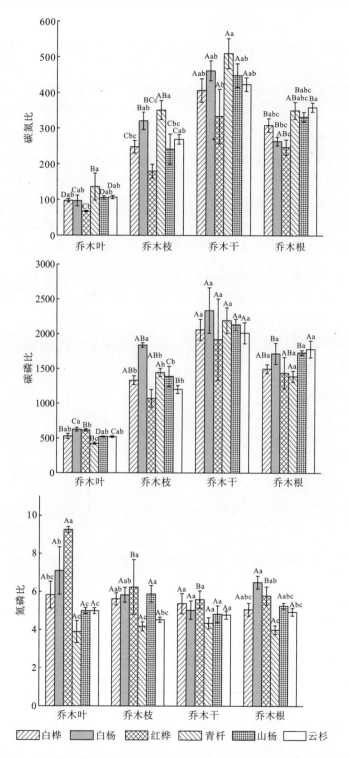

图 4.2　不同树种各器官 C、N、P 化学计量比特征(平均值±标准误差)

注：不同小写字母表示不同树种相同器官 C、N、P 化学计量比差异显著($P < 0.05$)，

　　　不同大写字母表示相同树种不同器官 C、N、P 化学计量比差异显著($P < 0.05$)。

4.1.3　乔木 C、N、P 含量及其化学计量比与环境因子的相关性

由乔木各器官 C、N、P 含量及其化学计量比与环境因子的相关性分析可知，叶片 C 含量与土壤全碳、全磷呈显著负相关，叶片 N 含量与土壤容重呈显著负相关，与坡度呈显著正相关，叶片氮磷比与土壤容重呈极显著负相关；树枝 C 含量与郁闭度、土壤全磷呈显著负相关，树枝 N 含量与土壤容重、土壤全氮呈显著负相关，与郁闭度呈极显著负相关，树枝 P 含量与郁闭度呈显著负相关，树枝碳氮比与郁闭度、土壤全氮呈显著正相关，与土壤容重呈极显著正相关，树枝碳磷比与郁闭度呈显著正相关，树枝氮磷比与土壤容重呈极显著负相关，与土壤全氮呈显著负相关；树干 C 含量与土壤容重呈显著正相关，与土壤全磷呈显著负相关，树干 P 含量与土壤容重呈显著正相关，与土壤全氮呈极显著正相关，树干碳氮比与坡度呈显著负相关，树干碳磷比与郁闭度呈显著负相关，与土壤全氮呈极显著负相关，树干氮磷比与土壤容重呈极显著负相关；树根 N 含量与海拔、土壤容重、土壤全氮呈显著负相关，树根碳氮比与土壤容重、土壤全氮呈显著正相关，与海拔呈极显著正相关，树根氮磷比与坡度呈显著正相关，与海拔、土壤全氮呈显著负相关，与土壤容重呈极显著负相关(表 4.1)。

表 4.1　乔木各器官(叶片、枝、干、根)C、N、P 含量及其化学计量比与环境因子的相关性

器官	项目	坡度	海拔	郁闭度	土壤容重	土壤全碳	土壤全氮	土壤全磷
叶片	C	-0.128	0.302	-0.242	0.254	-0.330*	-0.103	-0.399*
	N	0.371*	-0.161	-0.129	-0.401*	0.193	-0.063	0.229
	P	-0.143	0.134	0.259	0.202	0.024	-0.034	-0.124
	碳氮比	-0.236	-0.079	0.092	0.215	-0.068	0.019	-0.125
	碳磷比	0.094	-0.134	-0.303	-0.206	-0.104	-0.039	0.079
	氮磷比	0.310	-0.245	-0.200	-0.423**	0.137	-0.019	0.293
枝	C	0.156	-0.110	-0.312*	-0.235	0.048	-0.236	-0.395*
	N	0.112	-0.230	-0.430**	-0.346*	-0.090	-0.315*	-0.169
	P	0.011	-0.073	-0.365*	-0.059	-0.106	-0.181	-0.285
	碳氮比	-0.274	0.304	0.354*	0.476**	-0.070	0.396*	0.164
	碳磷比	-0.148	0.235	0.352*	0.093	-0.080	-0.018	0.063
	氮磷比	0.153	-0.209	-0.164	-0.457**	-0.026	-0.323*	0.027
干	C	-0.072	0.267	-0.006	0.332*	-0.188	-0.104	-0.363*
	N	0.281	-0.113	0.094	-0.252	0.088	0.202	0.187
	P	-0.078	0.066	0.296	0.353*	-0.151	0.564**	-0.017
	碳氮比	-0.320*	0.084	-0.150	0.283	-0.090	-0.229	-0.205
	碳磷比	0.041	-0.091	-0.331*	-0.226	0.101	-0.404**	0.051
	氮磷比	0.222	-0.143	-0.252	-0.407**	0.111	-0.204	0.183

续表

器官	项目	坡度	海拔	郁闭度	土壤容重	土壤全碳	土壤全氮	土壤全磷
	C	0.295	−0.084	0.156	−0.103	0.108	−0.127	−0.243
	N	0.224	−0.395*	−0.176	−0.339*	0.049	−0.337*	−0.061
根	P	−0.149	−0.127	0.053	0.289	−0.027	0.109	0.204
	碳氮比	−0.228	0.436**	0.196	0.366*	−0.105	0.378*	0.042
	碳磷比	0.224	0.103	0.039	−0.315	0.104	−0.092	−0.221
	氮磷比	0.334*	−0.344*	−0.223	−0.550**	0.085	−0.389*	−0.158

注：*，$P < 0.05$；**，$P < 0.01$。

4.1.4　讨论

C、N、P 在生态系统中各个层次间相互联系，与外界环境相互作用影响着植物的生长发育和各器官中的养分含量，进而影响植物在生态系统中所维持的功能，因此植物体中的 C、N、P 含量对外界环境的变化具有一定的指示作用（王绍强和于贵瑞，2008）。本书对青海各树种不同器官中 C、N、P 含量的分配格局进行研究，结果表明 C 含量在各器官中最高且相对稳定，N、P 含量相对较低且在各树种不同器官间变异都较大，其原因可能是乔木等木质植物的树干、树枝是植物体的支撑和输导器官，这些器官组织主要是由木质素、纤维素等富含 C 的多糖物质组成（郭宝华等，2014）。C 是构成植物骨架的基本结构物质，也是为植物新陈代谢、生长发育和繁殖等生理活动提供能源的物质，需求量大，因而在植物体内含量高且变化较小；不同植物器官的 C、N、P 含量不仅受植物的基本生理过程需求的影响，而且受相应器官的组织结构和功能分化的影响（Minden and Kleyer，2014）。本书发现不同树种 N、P 含量在叶片和树根的变化最为明显，这可能是由植物体中 N 和 P 的来源引起的。叶片的光合作用和根系的吸收作用是植物获取 N、P 的两种重要途径，即植物通过根系从土壤中吸收和利用有效的 N、P，因不同土壤环境中有效 N、P 含量存在较大差异，故根系对 N、P 的吸存量具有较大差异（贺合亮等，2017），从而各树种叶片和根系 N 和 P 含量变异较大。树干作为植物体内水分和营养元素的运输通道，很少储存 N、P 等养分（李合生，2002），因而 6 个树种树干和树根的 P 含量无显著差异。

C、N、P 是生物体基本的组成元素，生物体的生长发育实质上是各元素的积累与相对比例的调节过程（曾冬萍等，2013）。Sterner 和 Elser（2002）认为，生物体 C、N、P 含量比值与生长率有很强的关系，在此基础上产生了生长速率理论，快速生长的生物体需要大量的蛋白质酶，也需要大量核糖体 RNA 合成蛋白质，由于核糖体 RNA 中含有大量的 P，蛋白质酶中含有大量的 N，碳氮比、碳磷比作为反映植物生长快慢的重要指标，碳氮比、碳磷比高，植物生长缓慢；碳氮比、碳磷比低，则植物生长较快，即生长速率高的生物和新陈代谢速率快的器官具有较低的碳氮比和碳磷比。在不同树种的不同器官中，叶片碳氮比和碳磷比的数值显著低于树枝、树干和树根，表明了不同器官 C、N、P 含量比值特征在一定程度上符合生态化学计量学的生长速率理论。生态化学计量学"内稳态理论"认为有机体的元素含量比值是动态平衡的，有机体存在一个相对稳定的 C、N、P 含量比值关系(曾德慧和陈广生，2005)。本书中各树种不同器官的氮磷比在一个相对较小的范围内分布，在一定程度上反映了氮磷比在不同树种中也具有内在的稳定性。

本书中各优势树种叶片及其他器官氮磷比远低于 14，依据 Koerselman 和 Meuleman (1996)的养分限制理论可以判断青海高寒地区乔木树种严重受到 N 的限制，而且各器官对养分元素的限制情况均表现出一致的响应，这可能与本研究区所处的地理位置有关。有研究表明，在离赤道较远的中纬度地区，N 是土壤植物生产力的主要限制因素(Reich and Oleksyn，2004)。各树种对环境的适应能力及其生理特性的差异将导致本研究中不同树种对 N、P 的利用效率和受限程度存在差异，同时本研究区的乔木植物生长发育受 N 限制，从土壤中吸收的有效养分有限，所以为保证自身养分供应，也会对其体内养分进行再吸收(郭钰，2011)，且植物缓慢的生长速率将有效降低养分的流失(邢雪荣等，2000)。因此，各地区植物在土壤养分贫瘠的环境中有较高的养分利用效率，从而提高了对高寒环境的适应性能力。

4.2　青海森林灌木生态化学计量特征

在森林生态系统中，林下灌木层与乔木层和草本层共同维持着森林生态系统结构与功能的稳定，在参与养分循环、改善土壤肥力、为林下生物提供栖息环境和提高生态系统多样性等方面起到重要作用，是森林生态系统不可或缺的组成部分(卢振龙和龚孝生，2009；郑绍伟等，2007)。灌木通常具有木质化茎干而主干不明显，其茎干多分枝，树冠矮小，根系分布广而深(李清河等，2006)。对森林林下灌木层的研究主要聚焦于灌木生物量生长模型的建立(万五星等，2014)、物种多样性和种间联结性(崔宁洁等，2014)、生态位以及物种分布特征的分析(康永祥等，2008)。对于林下灌木层生态化学计量特征的研究相对较少，尤其是高寒地区不同林分类型中灌木层的研究尚鲜有报道。

基于此，本书选取青海省 7 种主要优势林分——白桦林、毛白杨林、红桦林、青杆林、山杨林、圆柏林、云杉林的林下灌木层为研究对象，通过分析不同林分林下灌木和土壤生态化学计量特征，阐明林下灌木化学计量特征与土壤组分的耦合关系，并探讨林下灌木的养分限制情况及其生态化学计量特征的影响因素，旨在为研究林下灌木对高寒环境的响应与适应机制提供基础数据，也为指导青海高寒区森林生态系统的保护、恢复与重建提供科学依据(表 4.2)。

表 4.2　青海不同林分林下灌木基本信息

林分类型	样方数/个	灌木种类	海拔/m	坡度角/(°)	平均高度/m	平均基径/cm	盖度/%
白桦林	84	Rs, Pf, Sc, Rm, Bt, Lj, Pg, Hr, Sl	2224～2939	2～5	57.26 ± 5.19	0.68 ± 0.07	23.88± 1.91

续表

林分类型	样方数/个	灌木种类	海拔/m	坡度角/(°)	平均高度/m	平均基径/cm	盖度/%
毛白杨林	32	Sc, Pg, No, Bt, Hr, Em	2452～2883	9～21	138.75 ±6.86	0.99 ± 0.12	59.84± 3.81
红桦林	8	Sc, Pg, Sl, Em	2569～2986	21～40	40.00 ± 1.73	0.31 ± 0.03	13.87± 3.32
青杆林	17	Cs, Lj, Pg	2437～3136	17～25	31.00 ± 6.85	0.64 ± 0.07	7.56 ± 0.46
山杨林	16	Pf, Sc, Pg, SP	2394～2954	4～15	93.51 ±15.18	0.81 ± 0.17	5.90 ± 0.87
圆柏林	62	Pf, Bt, Lj, Sc, Pg	3031～3691	12～70	87.53 ± 5.12	0.68 ± 0.04	16.03± 1.34
云杉林	262	Rs, Pf, Sc, Rm, Bt, Lj, Pg, Cs, Sl, Em, Rn	2199～3852	2～68	74.70 ± 2.91	0.99 ± 0.22	24.86± 0.99

注：Rm.野蔷薇；Pf.金露梅；Sc.杯腺柳；Pg.银露梅；Lj.忍冬；Sl.鲜卑花；Bt.日本小檗；Cs.柳叶栒子；Rs.杜鹃；No.夹竹桃；Em. 铁海棠；Hr.沙棘；SP.北沙柳；Rn.茶藨子。

4.2.1　林下灌木 C、N、P 含量特征

不同林分林下灌木叶、枝干、根 C 含量分别为 434.5～467.8 g/kg、454.45～468.00 g/kg、429.22～462.34 g/kg，平均值为 449.00 g/kg、466.69 g/kg、450.14 g/kg；N 含量为 10.13～21.98 g/kg、2.93～5.80 g/kg、2.76～5.43 g/kg，平均值为 19.46 g/kg、4.62 g/kg、4.03 g/kg；P 含量为 1.36～1.88 g/kg、0.43～0.59 g/kg、0.38～0.54 g/kg，平均值为 1.69 g/kg、0.56 g/kg、0.50 g/kg。不同林分林下灌木相同器官间，青杆林灌木叶片 C 含量显著高于毛白杨林（$P<0.05$），青杆林灌木枝干 C 含量显著低于其他林分（$P<0.05$）；山杨林、圆柏林、云杉林灌木叶、枝干 N 含量显著高于其他林分（$P<0.05$），圆柏林和云杉林灌木根 N 含量显著高于白桦林、毛白杨林、红桦林和青杆林（$P<0.05$）；云杉林叶 P 含量显著高于圆柏林（$P<0.05$），而灌木枝干和根 P 含量在所有林分之间没有显著差异（$P>0.05$）。同一林分不同器官间，毛白杨林、云杉林灌木枝干 C 含量显著高于叶和根 C 含量（$P<0.05$），圆柏林和白桦林灌木叶、枝干与根之间 C 含量差异显著（$P<0.05$）；所有林分中灌木叶片 N、P 含量均分别显著高于枝干和根 N、P 含量（$P<0.05$）（图 4.3）。

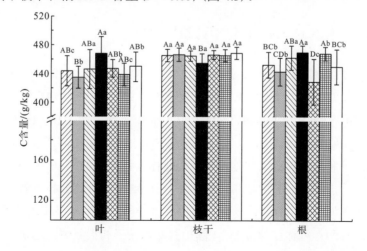

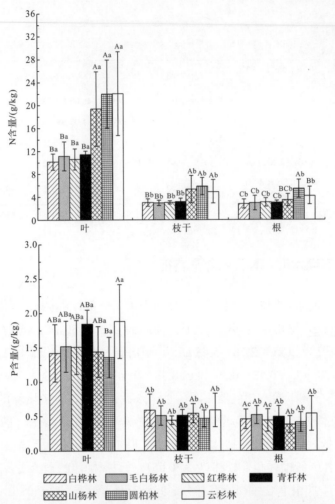

图 4.3　不同林分林下灌木 C、N、P 含量特征（平均值±标准误差）

注：不同大写字母表示不同林分林下灌木相同器官 C、N、P 含量差异显著（$P < 0.05$），

不同小写字母表示相同林分林下灌木不同器官 C、N、P 含量差异显著（$P < 0.05$）。

4.2.2　林下灌木 C、N、P 化学计量比特征

不同林分林下灌木叶、枝干、根碳氮比为 21.70～44.59、112.02～162.55、90.38～173.68，平均值为 28.80、121.62、128.89；碳磷比为 256.14～349.14、905.65～1108.43、1045.53～1212.60，平均值为 300.44、962.07、1054.13；氮磷比为 7.21～16.72、5.64～14.14、5.17～14.41，平均值为 12.24、9.16、9.15。不同林分林下灌木相同器官间，山杨林、圆柏林、云杉林灌木叶和枝干碳氮比均显著低于其他林分（$P < 0.05$），白桦林、毛白杨林灌木根碳氮比显著高于山杨林、圆柏林和云杉林（$P < 0.05$）；7 种林分林下灌木叶、枝干和根碳磷比均无显著差异（$P>0.05$）；山杨林、圆柏林、云杉林灌木叶氮磷比显著高于白桦林、红桦林、毛白杨林和青杆林（$P < 0.05$），圆柏林灌木枝干和根氮磷比均显著高于其他林分

（$P < 0.05$）。同一林分不同器官间，7 种林分林下灌木枝干和根碳氮比显著高于叶碳氮比
（$P < 0.05$）；所有林分的叶碳磷比都显著低于枝干和根（$P < 0.05$），白桦林、山杨林、云杉
林灌木叶、枝干、根碳磷比三者间差异显著（$P < 0.05$）；而白桦林、山杨林、云杉林灌木
叶氮磷比显著高于枝干和根（$P < 0.05$）（图 4.4）。

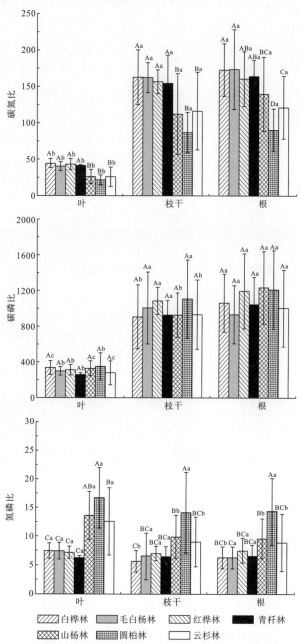

图 4.4　青海不同林分林下灌木碳氮比、碳磷比、氮磷比特征（平均值±标准误差）

注：不同大写字母表示不同林分林下灌木相同器官碳氮比、碳磷比、氮磷比差异显著（$P<0.05$），
不同小写字母表示相同林分林下灌木不同器官碳氮比、碳磷比、氮磷比差异显著（$P<0.05$）。

4.2.3　林下灌木 C、N、P 含量及化学计量比与环境因子的相关性

如表 4.3 所示，叶的 C 含量与土壤 TC、TN、TP 含量呈显著正相关关系（$P < 0.05$）；根 C 含量与土壤 TC、碳磷比呈极显著正相关关系（$P < 0.01$），与土壤氮磷比呈显著正相关关系（$P < 0.05$）；叶的 N、P 含量与土壤 TN、TP 含量呈极显著正相关关系（$P < 0.01$），与土壤碳氮比呈极显著负相关关系（$P < 0.01$）；枝干和根 N 含量与土壤 TN 含量、氮磷比呈极显著正相关关系（$P < 0.01$），与土壤碳氮比呈极显著负相关关系（$P < 0.01$）；枝干 P 含量与土壤 TC、碳氮比呈显著负相关关系（$P < 0.05$），与土壤 TP 含量呈极显著正相关关系（$P < 0.01$）；根 P 含量与土壤 TP 含量呈显著正相关关系（$P < 0.05$），枝干和根 P 含量与土壤碳磷比呈极显著负相关关系（$P < 0.01$）；叶、枝干和根碳氮比与土壤 TN 含量、氮磷比呈极显著负相关关系（$P < 0.01$），与土壤碳氮比呈极显著正相关关系（$P < 0.01$）；叶碳磷比与土壤 TP 含量呈极显著负相关关系（$P < 0.01$）；枝干和根碳磷比与土壤碳磷比呈极显著正相关关系（$P < 0.01$），与土壤 TP 含量呈显著负相关关系（$P < 0.05$）；叶、枝干和根氮磷比与土壤 TN 含量、氮磷比呈极显著正相关关系（$P < 0.01$），与土壤碳氮比呈极显著负相关关系（$P < 0.01$）。

表 4.3　青海不同林分灌木各器官 C、N、P 含量及化学计量比与土壤 C、N、P 含量的相关性

		TC	TN	TP	碳氮比	碳磷比	氮磷比
叶	C	0.159*	0.166*	0.160*	-0.078	0.100	0.106
	N	0.063	0.614**	0.224**	-0.759**	-0.028	0.561**
	P	0.005	0.214**	0.427**	-0.261**	-0.185*	0.022
	碳氮比	-0.054	-0.524**	-0.134	0.662**	0.001	-0.514**
	碳磷比	-0.023	-0.116	-0.354**	0.106	0.139	0.048
	氮磷比	0.067	0.496**	-0.100	-0.617**	0.122	0.596**
枝干	C	0.048	0.012	0.032	-0.019	0.063	0.011
	N	-0.083	0.457**	0.087	-0.742**	-0.137	0.444**
	P	-0.162*	-0.005	0.230**	-0.175*	-0.277**	-0.120
	碳氮比	0.026	-0.514**	-0.068	0.757**	0.072	-0.516**
	碳磷比	0.122	0.012	-0.190*	0.105	0.227**	0.110
	氮磷比	0.018	0.328**	-0.113	-0.453**	0.063	0.397**
根	C	0.239**	0.120	-0.084	0.142	0.301**	0.175*
	N	-0.084	0.340**	-0.076	-0.575**	-0.052	0.413**
	P	-0.132	-0.024	0.188*	-0.107	-0.209**	-0.106
	碳氮比	0.058	-0.349**	0.008	0.573**	0.053	-0.396**
	碳磷比	0.135	0.116	-0.176*	-0.016	0.202**	0.189*
	氮磷比	-0.002	0.286**	-0.207**	-0.422**	0.077	0.397**

注：*. $P < 0.05$；**. $P < 0.01$。

　　由灌木(叶、枝干、根)C、N、P 含量及化学计量比与环境因子的冗余分析结果(表 4.4 和图 4.5)可知,海拔、年平均气温、年降水量、坡度、郁闭度和土壤 TC 含量、土壤 TN 含量、土壤 TP 含量、土壤碳氮比、土壤碳磷比、土壤氮磷比共 11 个环境因子解释了灌木叶、枝干和根 C、N、P 含量及化学计量比特征变异的 66.8%、55.0%、38.8%。由各环境因子解释量(表 4.4)可以得出,对叶片 C、N、P 含量及化学计量比特征影响的大小为:土壤碳氮比(44.2%)>海拔(8.0%)>年降水量(7.2%)>年平均气温(2.5%)>土壤氮磷比(1.5%)>土壤 TN 含量(1.0%)>土壤 TC 含量(0.9%),其中土壤碳氮比、海拔、年降水量、年平均气温和土壤氮磷比的影响达到极显著水平($P < 0.01$),土壤 TN 和 TC 含量的影响达到显著水平($P < 0.05$)。对枝干 C、N、P 含量及化学计量比特征影响的大小为:土壤碳氮比(38.1%)>海拔(6.1%)>年降水量(3.9%)>年平均气温(2.1%)>土壤 TC 含量(1.5%)>土壤氮磷比(1.2%),其中土壤碳氮比、海拔、年降水量、年平均气温和土壤 TC 含量的影响达到极显著水平($P < 0.01$),土壤氮磷比的影响达到显著水平($P < 0.05$)。对根 C、N、P 含量及化学计量比特征影响的大小为:土壤碳氮比(19.2%)>年平均气温(5.2%)>海拔(4.2%)>年降水量(3.2%)>土壤碳磷比(3.1%)>郁闭度(1.3%)>坡度(1.2%),其中土壤碳氮比、年平均气温、海拔、年降水量和土壤碳磷比的影响达到极显著水平($P < 0.01$),郁闭度和坡度的影响达到显著水平($P < 0.05$)。

表 4.4　不同林分灌木环境因子解释量与显著性检验

器官	环境因子	环境因子解释量/%	P	F
	SCN	44.2	0.002	132.50
	Altitude	8.0	0.002	32.68
	MAP	7.2	0.002	24.68
	MAT	2.5	0.002	10.94
	SNP	1.5	0.006	6.62
叶	SN	1.0	0.016	4.45
	SC	0.9	0.014	3.96
	SCP	0.7	0.052	3.22
	SP	0.5	0.128	2.29
	Slope	0.3	0.302	1.27
	Canopy	0.0	0.876	0.16
	SCN	38.1	0.002	99.01
	Altitude	6.1	0.002	17.47
枝干	MAP	3.9	0.002	12.09
	MAT	2.1	0.002	6.68
	SC	1.5	0.006	4.85

续表

器官	环境因子	环境因子解释量/%	P	F
	SNP	1.2	0.018	4.03
	Canopy	0.7	0.104	2.25
	Slope	0.6	0.124	2.04
	SCP	0.4	0.288	1.19
	SP	0.3	0.434	0.84
	SN	0.1	0.638	0.37
	SCN	19.2	0.002	39.26
	MAT	5.2	0.002	12.31
	Altitude	4.2	0.002	8.98
	MAP	3.2	0.002	7.21
	SCP	3.1	0.002	7.16
根	Canopy	1.3	0.046	3.14
	Slope	1.2	0.034	3.14
	SP	0.6	0.252	1.41
	SN	0.3	0.446	0.88
	SC	0.3	0.400	0.85
	SNP	0.2	0.538	0.63

注：Altitude.海拔；Canopy.郁闭度；Slope.坡度；MAP.年降水量；MAT.年平均气温；SC.土壤碳含量；SN.土壤氮含量；SP.土壤磷含量；SCN.土壤碳氮比；SCP.土壤碳磷比；SNP.土壤氮磷比。

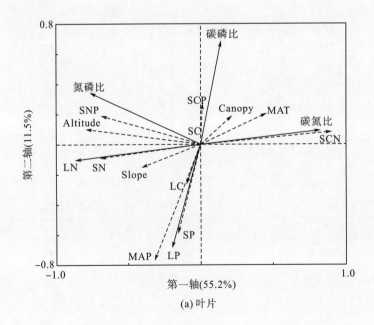

(a) 叶片

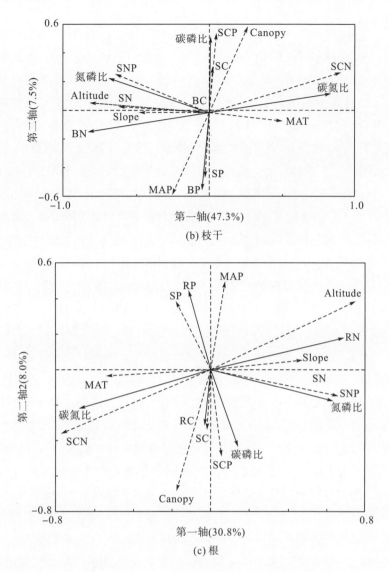

图 4.5　不同林分灌木叶片、枝干和根 C、N、P 含量及化学计量比与环境因子的冗余分析二维排序图

注：Altitude.海拔；Canopy.郁闭度；Slope.坡度；MAP.年降水量；MAT.年平均气温；SC.土壤碳含量；SN.土壤氮含量；SP.土壤磷含量；SCN.土壤碳氮比；SCP.土壤碳磷比；SNP.土壤氮磷比；LC.叶片碳含量；LN.叶片氮含量；LP.叶片磷含量；BC.枝干碳含量；BN.枝干氮含量；BP.枝干磷含量；RC.根碳含量；RN.根氮含量；RP.根磷含量。

4.2.4　讨论

1. 林下灌木植被 C、N、P 含量及化学计量比特征

本书研究中，灌木叶片 C 含量平均值为 449.00 g/kg，低于全球陆生植物叶片 C 含量 464.20g/kg（Elser et al., 2000）和中国东部南北样带植物叶片 C 含量 480.10 g/kg（任书杰等，2012），说明青海森林林下灌木植被 C 储存能力相对较弱。灌木叶片 N、P 含量平均值分别为

19.46 g/kg、1.69 g/kg，略低于 Reich 和 Oleksyn（2004）、Elser 等（2000）得到的全球陆生植物 N、P 含量（N：20.10 g/kg、P：1.77 g/kg 和 N：20.60 g/kg、P：1.99 g/kg），略低于我国植物叶片 N 含量（20.24 g/kg），高于其叶片 P 含量（1.46 g/kg；Han et al.，2005），高于我国南方优势灌丛优势植被 N、P 含量（N：16.57 g/kg、P：1.02 g/kg；李家湘等，2017）、陕西森林林下灌木叶片 N、P 含量（N：13.79 g/kg、P：1.11 g/kg；姜沛沛等，2016），说明青海森林林下灌木叶片 N、P 含量较高。这可能与本研究区域地处高寒区，纬度偏高，年降水量少，年均气温低，昼夜温差大，日照强度大等特殊的区域气候条件有一定的关系（卢航等，2013）。温度-植物生理假说认为，低温诱导植物生长周期缩短，同时植物趋向于分配更多的营养元素于光合器官中，通过丰富叶片 N、P 含量在有限的生长周期内保持高效的光合速率以及酶活性维持植物机体正常的新陈代谢活动（Reich and Oleksyn，2004），因此高海拔地区植物叶片 N、P 含量较为丰富，这与杨阔等（2010）发现青藏高原草地植物群落叶片 N、P 含量较高的结果一致。

　　生态化学计量学"内稳态理论"认为，在长期的进化过程中，随着外界环境的变化，生物有机体能保持其化学组成的相对恒定性（Sterner and Elser，2002）。本书发现，7 种林分灌木（叶、枝干、根）P 含量、碳磷比均没有明显差异性，该结果符合"内稳态理论"，因为 7 种林分土壤 TP 含量相对稳定。山杨林、圆柏林、云杉林的林下灌木（叶、枝干、根）N 含量、氮磷比高于白桦林、毛白杨林、红桦林和青杆林，碳氮比则相反，这可能是土壤 TN 含量、土壤碳氮比的显著差异造成的。相关性分析表明，林下灌木（叶、枝干、根）N 含量、氮磷比、碳氮比受土壤 TN 含量、土壤碳氮比的极显著影响（$P < 0.01$）（表 4.3）。冗余分析也表明（图 4.5，表 4.4），土壤碳氮比极显著影响林下灌木（叶、枝干、根）C、N、P 化学计量特征（$P < 0.01$），即灌木 C、N、P 含量受土壤有效性 N 的重要调控。在 7 种林分中，山杨林、圆柏林和云杉林土壤碳氮比最低，说明土壤有效性 N 较高。因此，通过林下灌木植被根系对土壤 N 的吸收利用，各器官呈现出较高 N 含量，较低碳氮比的特征。

　　植物叶片氮磷比通常是判断植物养分限制状况的指标之一。研究表明，当氮磷比<14 时，植物生长受 N 限制；当氮磷比>16 时，植物生长主要受 P 限制；当氮磷比为 14～16 时，植物生长受 N 和 P 的共同限制或者不受养分限制（Tessier and Raynal，2003）。本书中，圆柏林灌木叶片氮磷比（16.72）>16，其余 6 种林分叶片氮磷比表现为青杆林（6.22）<红桦林（7.21）<毛白杨林（7.47）<白桦林（7.48）<云杉林（12.6）<山杨林（13.7）< 14。圆柏林的林下灌木植被生长受 P 限制，其余 6 种林分林下灌木植被生长受 N 限制。这可能是林分差异导致其土壤 N、P 供应能力不同。本书中，圆柏林林下灌木叶片 P 含量最低（图 4.3），圆柏林土壤 TN 含量最高、碳氮比最低、碳磷比较高，圆柏林林下土壤 N 含量丰富，N 有效性较高，而 P 有效性不足，因此，林下灌木植被在 N 供应较充沛的条件下，其生长更趋向于受 P 限制。其余 6 种林分林下灌木植被生长限制情况与我国北方森林植被普遍受 N 限制的结果相一致（Han et al.，2005）。

2. 林下灌木 C、N、P 含量及化学计量比特征与环境因子的关系

相关性分析发现，林下灌木(叶、枝干、根) N 含量、碳氮比、碳磷比与土壤 TN 含量、碳氮比、氮磷比呈极显著相关关系，而 P 含量、碳磷比与土壤 TP 含量呈显著相关关系，表明植物体内各器官元素分配时相互协调，且 N、P 吸收效率与土壤组分紧密相关。这是因为植物通过叶片凋落物和根系凋亡形成土壤有机质，土壤有机质分解矿化为植物正常代谢活动提供必要的营养元素(毕建华等，2017)。作为土壤 N、P 输出的主要途径，植物根系的吸收和运输使得植物与土壤在养分需求和供应之间达到动态平衡，形成生态系统 N、P 转化的有效循环过程(李婷等，2015)。

依据 RDA 发现，林下灌木 C、N、P 含量及化学计量特征主要受土壤碳氮比、海拔、年降水量和年平均气温的影响，这表明青海高寒区森林的林下灌木受土壤 N 有效性、海拔以及区域水热条件的重要调控。土壤作为植被获取营养元素的主要基质，其 N、P 有效性将显著影响地上植被组成与结构、生产力以及有机体内元素分配格局(李丹维等，2017)。McGroddy 等(2004)认为，土壤 N、P 有效性是植物有机体内元素含量的主要驱动因素，同时土壤 N、P 有效性容易受降水淋溶作用的影响。张仁懿等(2014)的研究也表明青藏高原亚高寒草甸植物养分状况受土壤 N 有效性的显著影响，土壤 N 有效性对高寒植物生长的影响比其他元素更为关键。海拔梯度综合了温度、降水、光照等水热条件的变化，是影响植被生长的主导因子(Guo et al., 2010)。本书研究结果与木本植物叶片 N、P 含量受年平均气温和年降水量共同驱动作用的结果相符。因为：①海拔梯度上降水、气温的差异会影响植物的生长周期，从而改变 C、N、P 在各器官间的分配(Kerkhoff et al., 2005)；②海拔梯度上土壤温度和水分的变化将影响土壤微生物的群系特征及代谢效率，间接影响土壤有机质的分解和矿化速率，而且土壤母质的风化速率以及 N、P 的淋溶强度也受降水和气温等气候因子的显著影响(刘颖等，2018)；③不同的海拔梯度上森林植物受人为干扰的程度也有差异，放牧、旅游、耕种等活动也会影响植物的元素分配格局(Nogués-Bravo et al., 2008)。

4.3　青海森林草本生态化学计量特征

森林生态化学计量学大量的研究都是针对叶片、凋落物或土壤等组分进行相关研究(李单凤等，2015；杨思琪等，2017)，对林下草本层植物养分含量的研究较少，但是草本层也是森林生态系统中 C、N、P 生物化学循环过程中不可缺少的一部分(毕建华等，2017；马任甜等，2016)。因此探讨草本层地上部分和地下部分的养分含量变化规律以及相互关系，对于理解生态系统养分循环具有重要的现实意义(表 4.5)。

表 4.5　不同林分草本层基本情况

林分	样本数/个	草本层盖度/%	草本层高度/cm
白桦	102	56.90 ± 2.29	8.40 ± 0.38
白杨	39	59.10 ± 3.67	10.70 ± 1.24
红桦	12	29.30 ± 4.64	11.50 ± 1.70
青杆	26	37.00 ± 4.34	8.70 ± 1.47
山杨	27	38.90 ± 4.49	16.90 ± 2.13
圆柏	93	56.70 ± 2.37	13.10 ± 0.85
云杉	348	41.20 ± 1.14	10.80 ± 0.54

4.3.1　林下草本层 C、N、P 含量特征

不同林分草本层地上部分和地下部分 C 含量平均值分别为 403.88 g/kg、444.81 g/kg，地上 C 含量按林分排列顺序为：圆柏>红桦>青杆>山杨>白杨>云杉>白桦，其中圆柏、红桦与白桦差异显著($P < 0.05$)；地下部分为：白杨>青杆>白桦>红桦>山杨>云杉>圆柏，其中圆柏与云杉差异显著($P < 0.05$)[图 4.6(a)]。地上部分和地下部分 N 含量平均值分别为 12.21 g/kg、6.00 g/kg，地上部分 N 含量按林分排列顺序为：圆柏>云杉>青杆>白桦>白杨>红桦>山杨，其中圆柏和云杉差异显著($P<0.05$)；地下部分为：圆柏>云杉>青杆>红桦>山杨>白杨>白桦，其中圆柏与山杨和云杉差异显著($P < 0.05$)[图 4.6(b)]。地上部分和地下部分 P 含量平均值分别为 1.46 g/kg 和 0.37 g/kg，地上部分 P 含量按林分排列顺序为：白桦>云杉>圆柏>白杨>红桦>青杆>山杨，山杨与白桦、云杉差异显著($P < 0.05$)；地下部分为：圆柏>云杉>山杨>红桦>白桦>白杨>青杆[图 4.6(c)]，其中圆柏、云杉与其他林分差异显著。同一林分间地上和地下部分 C、N、P 含量均差异显著($P < 0.05$)。地上部分 C 含量普遍低于地下部分且差异显著($P < 0.05$)，地上部分 N、P 含量都高于地下部分，且地上部分和地下部分差异显著($P < 0.05$)(图 4.6)。

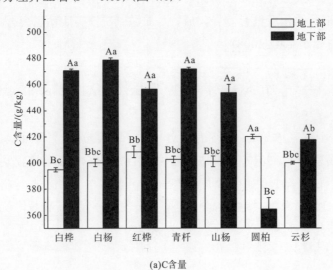

(a)C含量

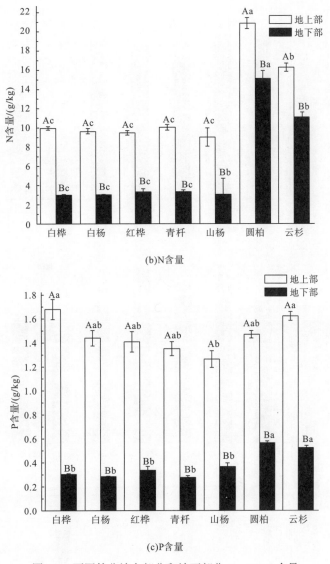

图 4.6 不同林分地上部分和地下部分 C、N、P 含量

注：不同大写字母表示同一林分不同组分之间差异显著；不同小写字母表示不同林分同一组分之间差异显著（$P < 0.05$）。

4.3.2 林下草本层 C、N、P 化学计量比特征

对不同林分草本层地上部分碳氮比来说，圆柏林下草本层地上部分碳氮比最低，云杉林下草本层地上部分碳氮比次之，且均与其他林分之间差异显著（$P<0.05$）[图 4.7(a)]。草本层碳磷比地上部分和地下部分变化趋势一致，即山杨、云杉、圆柏与其他林分之间差异显著（$P<0.05$）[图 4.7(b)]。草本层地下部分氮磷比为云杉、圆柏与其他林分的差异显著（$P<0.05$）[图 4.7(c)]。不同林分之间的化学计量比均为地上部分小于地下部分，且差异显著（$P<0.05$）（图 4.7）。

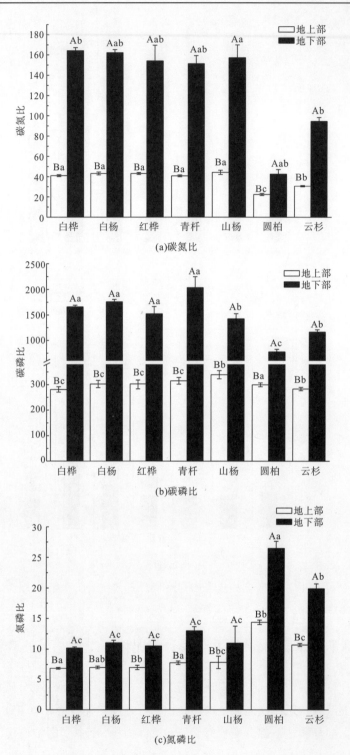

图 4.7 不同林分地上部分和地下部分 C、N、P 化学计量比特征

注：不同大写字母表示同一林型下地上部分和地下部分之间差异显著，不同小写字母表示不同林型同一组分（地上部分或地下部分）之间差异显著（$P < 0.05$）。

4.3.3　林下草本层地上部分和地下部分 C、N 、P 含量及化学计量比的相关性

通过对不同林分林下草本层地上部分和地下部分的 C、N、P 含量及化学计量比之间的相关性分析发现：草本层地上部分和地下部分的 C 含量呈极显著负相关($P < 0.01$)，地上部分和地下部分的 N 含量、P 含量、碳氮比、碳磷比、氮磷比均呈极显著正相关($P < 0.01$)；不同林分各组分间的养分含量相关性有所差异，其中白桦林下草本层的 C、N、P 含量及化学计量比之间均呈负相关，云杉林下草本层的 C、N、P 含量及化学计量比相关性与总体的相关性相一致(表 4.6)。

表 4.6　不同林分草本层地上部分和地下部分 C、N、P 含量及化学计量比的相关性

指标	白桦	白杨	红桦	青杆	山杨	圆柏	云杉	总体
C	-0.043	-0.126	-0.005	0.374	-0.604**	0.208*	-0.265**	-0.275**
N	-0.104	-0.409**	0.541	0.432*	0.895**	0.124	0.857**	0.808**
P	-0.085	-0.131	0.546	0.04	0.406*	0.167	0.289**	0.221**
碳氮比	-0.071	-0.358*	0.465	0.233	0.862**	0.531**	0.788**	0.761**
碳磷比	-0.144	-0.128	0.534	-0.059	0.1	0.174	0.178**	0.109**
氮磷比	-0.043	-0.223	0.498	-0.16	0.666**	0.154	0.602**	0.618**

注：*，$p<0.05$；**，$p<0.01$。

4.3.4　讨论

本书中青海省森林生态系统草本层地上部分平均 C 含量为 403.88 g/kg，地下部分为 444.81 g/kg，地下部分 C 含量大于地上部分，表明草本层的地下根系固碳能力高于地上部分。地上部分 N 含量的平均值为 12.21 g/kg，地下部分为 6 g/kg。地上部分 P 含量的平均值为 1.46 g/kg，地下部分 P 含量的平均值为 0.37 g/kg。草本层地上部分的 N、P 含量均大于地下，这是因为与木本植物相比，寿命短的草本植物更加注重将养分用于快速生长(毕建华等，2017)。本书中草本层地上部分的 N 含量(12.21 g/kg)、P 含量(1.46 g/kg)均与陕西省森林生态系统中草本叶片的 N 含量(14.66 g/kg)、P 含量(1.38 g/kg)(崔高阳等，2015)和全国植物叶片的 N 含量(19.09 g/kg)、P 含量(1.56 g/kg)结果相近(任书杰等，2012)。

草本层地上部分碳氮比平均值为 37.89，碳磷比平均值为 302.03，氮磷比平均值为 8.76，这与王晶苑等(2011)对温带针阔混交林的碳氮比(24.69)、碳磷比(321)、氮磷比(13)的研究结果相似。植物体的碳氮比和碳磷比在一定程度上可反映单位养分供应量所能达到的生产力，氮磷比用来表征植物受 N、P 养分的限制格局(Wardle et al.，2004)。研究表明，当氮磷比 < 14 时，植物生长表现为受 N 限制；当氮磷比 >16 时，植物生长表现为受 P 限制；当 14 <氮磷比< 16 时，则同时受 N、P 限制或两者均不缺少。草本层地上部分、地

下部分的氮磷比平均值分别为 8.76、14.57，表明草本层地上部分生长受 N 限制，草本层地下部分同时受 N、P 限制或者两者均不缺少，这一结果与低纬度地区的植物更易受 P 的限制，高纬度地区的植物更易受 N 的限制(Aerts and Chapin, 2000)的研究结果相同。本书研究还发现，白桦、白杨、红桦、青杆和山杨林下草本层的地上部分、地下部分氮磷比均小于 14，表明这几种林分林下草本层植物生长受 N 限制；而圆柏林下草本层地上部分氮磷比为 14.34，地下部分氮磷比为 26.42，表明圆柏林下草本层植物的地上部分生长同时受 N、P 限制，地下部分生长受 P 限制；云杉林下草本层的地上部分氮磷比为 10.68，地下部分氮磷比为 19.86，表明云杉林下草本层植物的地上部分生长受 N 限制，地下部分生长受 P 限制。

4.4 青海森林凋落物生态化学计量特征

在森林生态系统中，植物-凋落物-土壤构成了养分循环和能量流动的整体，其中凋落物是连接植物与土壤的纽带，其累积与分解对陆地生态系统物质循环与能量流动及全球气候变暖具有重要的调控作用(李俊, 2016)，同时凋落物在水土保持、维持植物生产力、土壤肥力及生态系统平衡等方面具有重要意义(林波等, 2004；马周文等, 2017)。森林生态系统植物吸收的养分中有高达 90%的 N、P 以及 60%的其他矿物质来源于凋落物(谌贤等, 2017)。一方面，凋落物中的 C、N、P 等会直接或间接影响植物的生长发育、土壤微生物活性以及根系对营养物质的吸收效率(Chapin et al., 2011)；另一方面，凋落物中的养分含量会影响土壤的理化性质及其养分的归还速率和质量，间接影响植物根系对水和矿物质的吸收能力，凋落物具有增加土壤养分含量及含水量、增大土壤比热容量等生态功能，为森林生态系统的发育创造了有利条件(严海元等, 2010)。同时，凋落物是森林生态系统 C 循环中不可或缺的一部分，其 C 含量对于改善森林 C 储量具有重要意义，且凋落物 C 密度与土壤 C 密度具有正相关关系。

有关森林凋落物生态化学计量学的研究发展迅速，如潘复静等(2011)按照不同演替阶段对喀斯特峰丛洼地植被群落凋落物进行研究，发现凋落物 C、N、P 含量和碳氮比、碳磷比随植被正向演替而升高，而氮磷比随植被正向演替而下降。刘倩等(2018)通过研究武功山不同海拔下凋落物的养分及生态化学计量特征，发现 C 含量随海拔升高不断减少，N、P 含量随海拔升高先下降后增加，而碳氮比、碳磷比、氮磷比均随海拔的升高先上升后下降。字洪标等(2017)在不同林龄油松林凋落物的研究中发现，碳氮比、氮磷比随林龄增大而增加，碳磷比随林龄增大先增加后降低。然而，青海森林作为青藏高原陆地生态系统的重要组成部分，有关其凋落物生态化学计量特征方面的相关研究较少。

青海省森林资源多集中分布于 2000~4200 m 的高海拔地区，寒温性针叶林和落叶阔叶林作为两种重要的优势林型，在区域气候调节、生物保育、涵养水源等方面具有突出的战略地位(薛峰等, 2017)。此外，青海高寒地区由于矿质土壤层较薄，其凋落物养分含量和生态化学计量特征可能具有独特性，并且凋落物的养分含量及其在不同环境因子下的变化规律对其自身分解、碳固定、微生物活动等一系列生态过程均有显著影响，因而探索森林凋落物 C、N、P 含量及其化学计量特征对环境因子变化的响应，将有助于深入了解凋落物元素分配格局。鉴于此，本书以青海省寒温性针叶林和落叶阔叶林 2 种主要林型地表凋落物为研究对象（表 4.7），分析了两种林型凋落物在不同海拔上的 C、N、P 含量及其化学计量特征与环境因子的相关性，旨在了解不同林型和海拔上的凋落物养分变化规律，为我国青藏高原安全屏障区内的森林生态系统的养分管理、保护与恢复策略提供参考依据。

表 4.7　林分特征信息表

森林类型	分布地区	优势树种	演替阶段	样方数/个	海拔/m
阔叶林	循化、互助、民和、同仁、湟源、湟中、大通、门源、同德、化隆、兴海	白桦、红桦、山杨、白杨、青杨	自然演替中期、顶级；人工林中、幼龄林	68	2200～3200
针叶林	乐都、贵德、互助、门源、化隆、湟中、尖扎、同仁、祁连、玛沁、班玛、同德、玉树、囊谦、大通、都兰、循化、江西林场	云杉、圆柏、青杆	自然演替中期、顶级	172	2200～4000

4.4.1　林下凋落物 C、N、P 含量特征

由图 4.8 可知，在海拔梯度上，阔叶林凋落物 C 含量在 2800～3100 m 显著低于其他海拔梯度（< 2500 m 和 2500～2800 m）（$P < 0.05$），其中 2500～2800 m 最高；N 含量在 2800～3100 m 含量最高，并显著高于 2500～2800 m；P 含量随着海拔上升而下降，在 < 2500 m 处最高，并显著高于 2500～2800 m 和 2800～3100 m（$P < 0.05$）。针叶林 C 含量随海拔升高呈先降低后上升的趋势，其中 2500～2800 m 最高；N 含量表现出先降低后上升再降低的趋势，在 3400～3700 m 最高，且 3100～3400 m、3400～3700 m 上 N 含量显著高于其他海拔分区中 N 含量（$P < 0.05$）；P 含量总体呈现出随海拔上升而降低的趋势，其中 3100～3400 m 含量最高，在 3400～3700 m 处，P 含量显著低于< 2500 m 和 3100～3400 m，而显著高于>3700 m，>3700 m 处显著低于其他海拔分区中 P 含量（$P < 0.05$）。

对于林型而言，在针叶林、阔叶林共存的海拔分布上，针叶林凋落物 C 含量普遍高于阔叶林，同时在< 2500 m、2500～2800 m、2800～3100 m 两个森林类型间差异显著（$P < 0.05$）；仅在 2800～3100 m 阔叶林 N 含量显著高于针叶林（$P < 0.05$）；在< 2500 m、2500～2800 m、2800～3100 m 的阔叶林 P 含量均显著高于针叶林（$P < 0.05$）（图 4.8）。

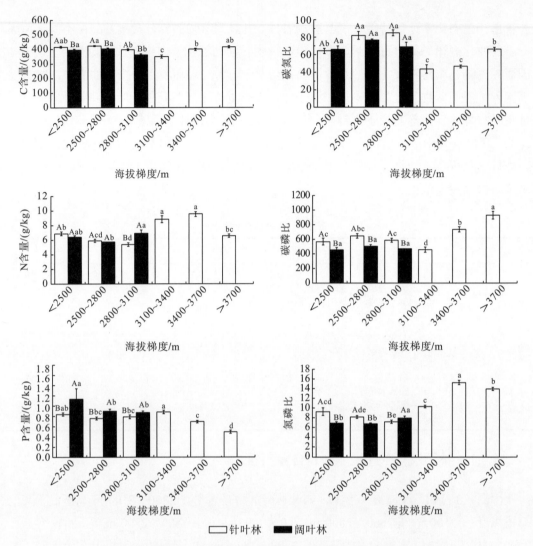

图 4.8　不同林型、海拔分区下凋落物养分含量及生态化学计量特征

注：不同大写字母表示同一海拔分区下差异显著($P < 0.05$)，不同小写字母表示同一林型下差异显著($P < 0.05$)。

4.4.2　林下凋落物 C、N、P 化学计量比特征

由图 4.8 可知，阔叶林凋落物碳氮比平均值为 70，总体上随海拔的上升呈先上升后下降的趋势，在各海拔梯度间无显著差异；碳磷比平均值为 476，随海拔上升呈先上升后下降的变化趋势，在各海拔梯度间无显著差异；氮磷比平均值为 7.1，其变化随海拔的上升而上升，在海拔 2800～3100 m 显著高于其他海拔分区($P < 0.05$)。针叶林凋落物碳氮比平均值为 64.7，在海拔梯度上整体呈现出先上升后下降再上升的趋势，在各海拔梯度间差异性显著($P < 0.05$)；碳磷比平均值为 653，随海拔上升呈先上升后下降再上升的趋势，在各海拔梯度间存在明显差异；氮磷比平均值为 10.6，整体上呈先下降后上升的趋势，在海拔梯度间存在明显差异，且 3400 m 以上海拔梯度氮磷比均显著高于 3400 m 以下的海拔梯度。

对于林型而言，在针叶林、阔叶林共存的海拔梯度上，碳氮比在 < 2500 m 上阔叶林高于针叶林，在 2500～2800 m、2800～3100 m 针叶林碳氮比高于阔叶林，碳磷比在 < 2500 m、2500～2800 m、2800～3100 m 针叶林显著高于阔叶林；氮磷比在 < 2500 m、2500～2800 m 针叶林显著高于阔叶林，而在 2800～3100 m 阔叶林氮磷比显著高于针叶林 (图 4.8)。

4.4.3 林下凋落物 C、N、P 及化学计量比与环境因子的相关性

阔叶林、针叶林凋落物养分含量与海拔的相关性分析表明：针叶林凋落物 N 含量与海拔呈显著的正相关关系 ($P < 0.001$)，随着海拔的增加凋落物 N 含量增加，针叶林凋落物 P 含量与海拔呈显著的负相关关系 ($P < 0.001$)，随着海拔的增加凋落物 P 含量降低；而阔叶林凋落物 C、N、P 含量，针叶林凋落物 C 含量与海拔没有明显的规律 (图 4.9)。

阔叶林、针叶林凋落物养分的生态化学计量特征与海拔因子相关性分析表明：针叶林凋落物碳氮比与海拔呈显著的负相关关系 ($P < 0.001$)，针叶林凋落物碳磷比和氮磷比与海拔呈显著的正相关关系 ($P < 0.001$)；而阔叶林各组养分比均与海拔无明显关系 (图 4.9)。

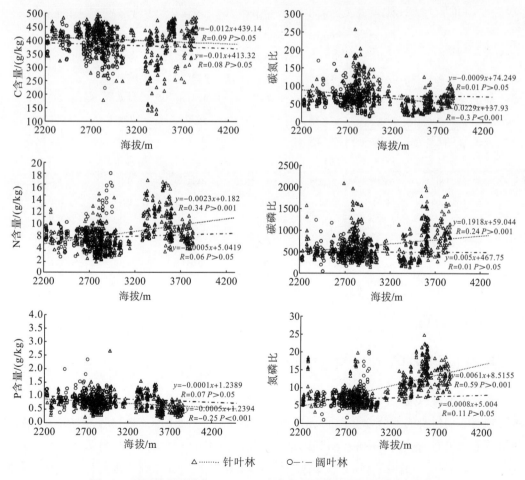

图 4.9 不同林型凋落物 C、N、P 生态化学计量特征与海拔相关关系

由表 4.8 可知，针叶林中凋落物现存量与纬度呈显著正相关，与经度呈显著负相关；C 含量与经度、坡度呈显著负相关，与纬度、郁闭度、群落高度、样地投影面积呈显著正相关；N 含量除了与坡度呈显著正相关外，与其他所有环境因子均呈显著负相关；P 含量与郁闭度、样地投影面积呈显著负相关，与经度呈显著正相关；碳氮比与其他所有环境因子均呈显著正相关；碳磷比与经度、纬度、坡度呈显著负相关，与郁闭度、样地投影面积呈显著正相关；氮磷比与纬度、群落高度、样地投影面积呈显著负相关，与经度、坡度呈显著正相关。阔叶林中，凋落物现存量与经度、郁闭度呈显著负相关，与纬度呈显著正相关；C 含量与经度、纬度、郁闭度呈显著正相关；N 含量与纬度、坡度呈显著负相关，与经度呈显著正相关；碳氮比与经度、纬度呈显著正相关，与郁闭度呈显著负相关；氮磷比与经度、纬度、坡度呈显著负相关，其他指标间均不存在显著相关性。

表 4.8　凋落物养分含量及生态化学计量特征与环境因子的相关性

林型		纬度	经度	坡度	郁闭度	群落高度	样地投影面积
针叶林	现存量	0.32**	−0.34**	0.04	0.02	−0.03	−0.01
	C	0.14**	−0.23**	−0.34**	0.31**	0.16**	0.35**
	N	−0.51**	−0.20**	0.36**	−0.17**	−0.28**	−0.37**
	P	0.01	0.43**	0.08	−0.13**	0.01	−0.11*
	碳氮比	0.44**	0.15**	0.38**	0.23**	0.26**	0.38**
	碳磷比	−0.11*	−0.46**	−0.13**	0.14**	−0.02	0.16**
	氮磷比	−0.58**	0.68**	0.13**	−0.03	−0.31**	−0.19**
阔叶林	现存量	0.26**	−0.22**	−0.06	−0.33**	−0.06	0.12
	C	0.41**	0.34**	0.07	0.19**	−0.01	−0.12
	N	−0.22**	0.53**	−0.18**	0.11	0.12	0.13
	P	−0.03	0.02	−0.05	0.11	0.04	0.04
	碳氮比	0.14*	0.26**	0.07	−0.19**	0.03	−0.05
	碳磷比	0.13	0.11	0.04	−0.10	−0.06	−0.03
	氮磷比	−0.17*	−0.53**	−0.16*	0.03	0.01	0.12

注：* 表示在 0.05 水平上显著，** 表示在 0.01 水平上显著。

4.4.4　讨论

1. 林下凋落物 C、N、P 含量特征

林分类型可以通过改变凋落物层的质量、数量、微生物群落结构及其代谢产物，进一步影响凋落物自身的养分含量（Ashagrie et al., 2005），并且不同的植物叶片对养分的吸收和保持能力也有所差别（Sterner and Elser, 2002），因此凋落物层的养分含量往往存在较大差异。本书中，针叶林凋落物 C、N 含量普遍高于阔叶林，其主要原因是针叶树种具有特殊的养分获取方式，其各器官的 C 含量比阔叶树种要高 1.6%～3.4%，且针叶树种叶片寿命长，结构性物质含量更多，相应的针叶林凋落物平均 C 含量也高于阔叶林(马钦彦等，2002；Wright et al., 2004)；另外阔叶林凋落物叶片角质较薄，分解速率相对较快，从而使凋落物养分更快地回归于土壤中(郭忠玲等，2006b)。

本书发现，针叶林、阔叶林凋落物 C 含量(阔叶林：385 g/kg、针叶林：400 g/kg)显著低于长白山温带针阔混交林(496.8 g/kg)和鼎湖山亚热带常绿阔叶林(522.1g/kg)(王晶苑等，2011)；N 含量(针叶林：7.2 g/kg、阔叶林：6.3 g/kg)低于辽东阔叶混交林(8.1g/kg)及落叶松林(9.55 g/kg；毕建华等，2017)。同时，C 含量变异范围(333～445 g/kg)均小于热带地区(528～609 g/kg)和亚热带地区(528～590 g/kg；刘强等，2005)，平均 N 含量(6.9 g/kg)明显低于广西喀斯特地区(12.7 g/kg；曾昭霞等，2015)及全球木本植物凋落物 N 含量平均值(10.93 mg/g；Kang et al., 2010)。在海拔梯度上，针叶林、阔叶林 N、P 含量均明显小于全球尺度上的 20.1 mg/g 和 1.77 mg/g (Reich and Oleksyn, 2004)及全国的平均值20.2 mg/g 和 1.46 mg/g(高志红等，2004)。因此，青海森林凋落物具有 C、N、P 含量较低的特点，其主要原因为：首先青海森林中针叶林分布广泛，同时针叶林下的 N 矿化作用较强，大量的有机 N 转化为无机 N，进而导致凋落物中的 N 加速分解和流失(姜红梅等，2011)；其次，阔叶乔木林下土壤微生物含量普遍较高，矿化分解 P 的能力较强(姜红梅等，2011)；再者，青海森林分布区域海拔较高，年平均温度较低，植物对养分具有较高的再吸收率，且为防御过冬而使营养元素向其他部位转移(左巍等，2016)；而且随着纬度的增加，气温和降水受到影响，进而影响微生物活性和有机碳的矿化速率(史学军等，2009；王晓洁等，2015)。因此森林凋落物表现出 C、N、P 含量较低的特征。

2. 林下凋落物 C、N、P 化学计量比特征

青海森林凋落物碳氮比总体高于全国 4 种林型的平均值(44.76)和 6 种生态系统的平均值(52.9)，而氮磷比则低于全国 36 个地点的平均值(21.35)及全球的平均值(18.3)(唐仕姗等，2015)。由于不同生态化学计量比特征受 C 含量的影响较小，因此认为青海森林凋落物 N 含量相对更低，这可能是因为青海森林在养分上主要受 N 含量的限制，故呈现出氮磷比低的现象。依据 Koerselman 和 Meuleman(1996)的养分限制理论可以判断，本书研究中针叶林、阔叶林凋落物普遍受 N 限制(氮磷比<14)。这可能是因为高纬度区域森林土壤较为年轻，且常年低温导致土壤酶活性、微生物多样性降低(斯贵才等，2014)，故 N的周转、矿化和释放速率减弱，因此森林凋落物受 N 限制。不同研究区域内凋落物表现出不同的生态化学计量特征，这不仅与所处的区域气候因子、土壤因子有关，而且可能是不同植物针对养分的选择性吸收与所执行功能的差异造成的(马永跃和王维奇，2011)。

3. 环境因子对凋落物 C、N、P 生态化学计量特征的影响

区域尺度上，海拔、坡度等地形的变化是影响森林生态进程的主要因子。通常，随着

海拔升高，年降水量将增多，而年平均气温逐渐下降，从而导致植物区系特征发生明显的改变（Aerts，1997；Korner，2003）。本书中，针叶林 C、N、P 生态化学计量特征与海拔表现出线性规律，这可能与青海省自身独特的气候有关，该区属于典型的高原大陆性气候，常年气温较低，因此针叶林分布广泛且适应性较强，而阔叶林只能分布在气温相对较高的低海拔区（姜萍等，2003；李翔等，2017）。郑度和杨勤业（1985）通过对青藏高原东南部山地垂直带森林结构类型的研究发现，海拔对林型的分布具有明显的控制作用，针叶林相比阔叶林具有更广泛的分布区域，在海拔 2500～3000 m 主要分布针阔混交林，而 3000 m 以上主要分布针叶林，这与本书研究发现的针叶林、阔叶林海拔分布大体一致。坡度通过影响土壤表面径流以及凋落物累积量进一步控制养分的聚集和流失，本书研究发现坡度与针叶林凋落物的 C 含量、阔叶林凋落物的 N 含量呈显著负相关性，这是因为坡向越偏于阴坡、坡度越低，凋落物截留水分能力越强、植被郁闭度更高，土壤水分更高，且更有利于微生物的活动，因此凋落物生物量积累越多，养分含量越丰富（赵畅等，2018）。

相关研究发现，纬度也会对凋落物生物量有显著影响（王健健等，2013），随着纬度的增加，凋落物的年分解系数呈现出逐渐减小的趋势，同时凋落物蓄积量会随纬度的增加而增大（郭忠玲等，2006b），这与本书研究中发现的凋落物 N 含量、氮磷比随纬度增加而降低，且凋落物生物量与纬度呈正相关关系相符，这可能是因为青海地处高寒地区，其特殊的温度条件和季节性冻融等因素会使地表凋落物相对于低纬度、低海拔地区较厚，而且高寒地区植物在衰老过程中转移和再吸收大量的 N（唐仕姗等，2015），而对于纬度较低的热带地区，其自然气候高温高湿，微生物和酶活性高，使得凋落物的分解加快、周转时间缩短、现存量较少（Hornsby et al.，1995）。因此，森林凋落物养分含量和生态化学计量特征受环境因子和植被类型的综合影响。

第5章　青海省森林土壤养分

5.1　青海省森林土壤特点

5.1.1　风化壳和成土母质

青海省独特的地形、气候和水文特征形成了四类风化壳,这与土壤的形成和分布具有密切的关系。

1. 黄土和黄土状沉积物的碳酸盐风化壳

该类风化壳主要分布于湟水流域的民和至湟源、大通一带,以及尖扎以下黄河流域的中山、低山、丘陵和谷地,海拔多在 3200 m 以下。此外,在柴达木盆地及共和盆地四周山地前沿、青海湖盆地周围也有分布。此类风化壳厚度可达 150 m,上下层质地均一,垂直节理发育,结构较松。该区域风化壳类型通常发育为栗钙土、灰钙土和棕钙土等地带性土壤。

2. 含盐风化壳

该类风化壳主要分布于柴达木盆地,由于盆地气候极端干旱,风化壳仍然处于积盐阶段,这对于盆地中的各类岩土和石膏灰棕漠土、石膏盐盘灰棕漠土的广泛分布和积盐强度起着重要作用。

3. 硅铝风化壳

该类风化壳主要分布于青南高原以及海北(祁连山东段),山原地势呈西北向东南倾斜。由于盐性和标志元素迁移强度不同,不同地区硅铝风化壳中可溶盐淋失,碳酸盐也大多淋失。

4. 碎屑状风化壳

该类风化壳多分布于高寒山区的高山碎石带,这些碎石岩屑在寒冻或干寒条件下生物风化和化学风化作用微弱,因此基本保持着原来母岩的性质,这对青海省高山荒漠土、高山草甸土的形成和分布有着广泛影响。

5.1.2 土壤类型和分布规律

不同类型风化壳经过一系列土壤物质和能量的转化与移动等过程,进一步发育成不同的土壤类型。根据青海省主要四种风化壳类型,可以初步将青海省土壤划分为高寒草甸土、高山灌丛草甸土、高山草原土、栗钙土、灰棕漠土、盐土、沼泽土和灰暗褐土。

受青藏高原地形因素的影响,高原面海拔达 4000 m 以上,海拔对气温降低的影响远远超过了纬度的影响,极大减弱甚至掩盖了纬度的作用,因此青海省土壤水平分布纬度地带性不显著;但青海省由东往西干旱程度逐渐增强,植被由温带半干旱草原逐渐向温带半荒漠及荒漠过渡,表现出明显的经度地带性,依次分布着栗钙土带、棕钙土、灰棕漠土带等。

青海南部果洛藏族自治州和玉树藏族自治州的东南缘班玛县和囊谦县河谷、峡谷一带分布着寒温带针叶林,优势树种为青海云杉和圆柏,土壤为山地灰褐色森林土;大致在东经 96°以西转入高原面处,森林消失,分布着金露梅、杜鹃和山地柳等高山灌丛草甸和以嵩草属为优势种的高山灌丛草甸土、高山草甸土。当海拔升至 4200~5000 m 时,旱化程度加强,高寒草甸被高寒草原和高寒荒漠化代替,土壤类型转变为高山草原土和高山荒漠草原土,呈现出水平地带性规律。

青海省土壤分布除土壤地带性呈垂直、水平分布规律外,在局部地区,还因地形、水文地质、母质特征和人类活动等综合影响而形成土壤组合。例如,柴达木盆地四周群山环抱,在盆地内出现山间盆地,在每个山间盆地内的四周山前洪积风蚀平原上部多为灰棕漠土,中下部为洪积盐土、残积盐土等,向下至冲积平原多为草甸盐土和沼泽盐土,至湖积平原下部和湖滨一带则多为盐壳盐滩,无植物生长。此外,在盆地南部昆仑山前缘倾斜平原上可普遍见到扇形组合,即扇形上部为灰棕漠土,扇缘地下水位高,出现草甸盐土、沼泽盐土等;盆地西部可见并列的平行土壤组合。

5.1.3 森林土壤养分及其影响因子

森林土壤中 N 和 P 是植物生长发育过程中必需的营养元素,与 K、Ca、Mg 统称为大量元素。其中,N 被认为是最容易耗竭的元素,而我国土壤全磷(total phosphorus, TP)含量极低(通常在 0.43~0.66 g/kg),因此 N 和 P 被认为是限制森林生态系统林木生长及其净初级生产力的关键土壤因子。森林土壤 N 和 P 含量主要受植物遗传特性的影响,如植物对土壤 N 和 P 的活化、吸收和同化利用能力,即不同优势树种对土壤 N 和 P 含量影响不同;也受土壤自身的生长发育过程的影响,即土壤成土过程和土壤类型的影响;此外,外界环境因子,如气候变化特征和海拔梯度等也会通过影响土壤 N 和 P 转化和循环过程,影响土壤 N 和 P 的含量和储量。

1. 森林土壤 N

在森林生态系统中，N 是许多地区树木生长最重要的限制性因子。土壤 N 通常占整个生态系统 N 储量的 90%以上。森林土壤 N 转化和循环不仅是生物地球化学循环最重要和最活跃的过程，也影响着森林生态系统的结构和功能。在美国南部地区，砍伐或火烧导致森林土壤中 NO_3^- 大量流失，引起了一系列的连锁反应，如土壤酸化等，进而影响森林生产力。此外，土壤 N 也与土壤 C、P 和 S 循环具有明显的耦合作用。

森林土壤 N 的输入主要包括凋落物的归还、施肥、大气沉降和自生固氮，其中凋落物的归还是森林生态系统中土壤 N 最主要的来源，决定着土壤有机 N 库的大小。施加 N 肥是森林管理者为了提高森林生产力采取的人为干预措施，会在一定程度上影响土壤 N 输入。在加拿大，施肥已经成为许多森林土壤 N 输入的重要途径。大气沉降是森林生态系统重要的输入途径之一。尤其是近几十年来，大气氮沉降使欧洲地区部分森林生态系统出现了"氮饱和"现象，降雨中的 N 输入量可能达到 $0.8\sim22.0\ \text{kg/hm}^2$。土壤的自生固氮很有限，但对于一些特殊的生态系统，如干旱区中由一些真菌、细菌和地衣构成的微生物结皮固定的 N 是森林土壤 N 来源不可忽视的部分。尽管森林土壤 N 含量占森林生态系统 N 含量的 90%以上，但是大部分的土壤 N 是惰性的且对植物吸收和土壤 N 的淋溶是无效的。在森林生态系统中，土壤有效 N 主要以硝酸盐和铵盐的离子形式存在，参与土壤 N 的内部转化，如氨化、硝化和微生物固持等三个过程，这三个过程是森林土壤氮素内部转化的主要形式，影响着森林土壤内部的 N 循环。

森林土壤 N 的输出主要包括反硝化过程、植物吸收、氨的挥发、NO_3^- 淋溶等一系列过程。反硝化过程是在土壤微生物的作用下发生的，该过程由于会释放温室气体而备受关注。植物吸收是土壤 N 输出的最主要形式，是维持植物生长的必需过程。植物吸收效率一方面由植物本身的遗传特性决定，另一方面也与土壤中 N 的含量和存在形态密切相关，同时也受其他环境因子(如温度和降水等)的影响。氨的挥发是土壤 N 输出的另一个重要途径，环境因子在该过程中起到重要作用。例如，在高 pH 土壤中 N 损失更多；沙漠中由于土壤干燥透气，阳离子交换能力低，土壤 N 损失最大；矿化缓慢的土壤条件也可能有较多氨的挥发。NO_3^- 淋溶和氨的挥发同样是土壤 N 损失的主要非生物渠道，通常土壤 N 以硝态氮的形式淋失，主要影响因素有土壤条件、植被状况和其他环境因子(陈伏生等，2004)。

森林土壤 N 的主要输入和输出过程共同决定了森林土壤 N 含量。土壤类型决定了土壤 N 的初始含量，森林的类型和植物组成、环境因子(海拔和气候条件)进一步影响土壤 N 的动态变化。

2. 森林土壤 P

森林土壤 P 的转化与循环过程同样最终影响土壤 P 的含量和储量，但与土壤 N 相比，土壤中的 P 只有转化成水溶性或弱酸性的无机 P 形态（$H_2PO_4^-$ 和 HPO_4^{2-}）才能被植物吸收和利用。在 P 转化和 P 循环过程中，微生物具有重要的作用。土壤 P 转化为两种无机 P 形态的过程，实质上是土壤吸附、固定、释放 P 和磷酸盐矿物的溶解过程，包括有机 P 的矿化、吸附态 P 解吸、无机 P 溶解以及迁移过程中与其他组分相互反应等。土壤中原生矿物磷灰石和次生磷酸盐通过各种风化过程转变为有效 P，供植物吸收。动植物残体 P 在土壤中经过微生物水解矿化为有效 P，再被植物、微生物吸收或被土壤吸附固定，或转化为植物难以利用的无效态有机 P。在 P 转化过程中，微生物一方面可以通过固定作用，固定一部分有效 P，成为植物可直接利用的 P（生物固持作用）；另一方面微生物活动分泌的磷酸酶能够催化土壤有机质水解成为有效 P，供植物吸收利用（矿化作用）。

土壤中有效 P 含量最容易受植物自身遗传特性，如植物对 P 的吸收利用效率，以及外界环境的双重影响，但土壤 TP 含量不仅包括土壤有效 P，还包括无效 P，因此土壤 TP 含量不仅受植物自身遗传特性影响，还受土壤质量（物理化学性质，尤其是土壤微生物）和环境因子（气候特征和海拔）的共同影响（方晰等，2018）。成土母质会影响土壤 P 含量，基性岩 P 含量最高，中性岩次之，酸性岩最低，因此由不同母岩发育而成的土壤，无机 P 含量有所差异。土壤质地和黏土矿物组成也是影响土壤 P 含量的重要因素，砂质土壤颗粒大，比表面小，吸附保持养分能力弱；黏质土壤颗粒细小，比表面积大，吸附保持养分能力强。因此黏粒是土壤吸持 P 的主要基质，黏粒含量及其黏土矿物组成可显著影响土壤供 P 的能力。土壤 pH 则直接影响土壤 P 的存在形态、溶解性、迁移转化及其固定程度，从而影响土壤 P 的有效性，是土壤 P 有机态和无机态转化的重要影响因子。此外，土壤有机质的分解会对土壤 TP 产生显著影响，有机质分解能为土壤微生物提供更多可利用性资源，从而提高土壤磷酸酶活性，促进土壤有机 P 化合物的矿化，进而提高土壤 TP 和有效 P 含量。土壤微生物生物量 P 是土壤潜在有效 P 的重要来源，土壤微生物大概固定土壤 20%~30% 的有机 P，高于 C 和 N 的固定量，同时土壤微生物生物量 P 的周转比土壤微生物生物量 C 和 N 更快，比无机 P 更容易被植物吸收利用。因此土壤微生物是一个重要的土壤 P 库，影响土壤 TP 含量。

3. 优势树种

优势树种会影响土壤养分的积累、分布与循环，不同树种对土壤养分的吸收利用竞争力不同，不同优势树种胸径、树高和冠幅等差异显著。凋落物数量、质量和分解产物可改变土壤养分含量，如阔叶林中凋落物易分解，养分周转快；针叶林中凋落物分解可能导致土壤酸化，抑制土壤微生物的生长繁殖，进一步降低土壤养分的输入，因此阔叶树种表层土壤养分含量高于针叶树种。

不同优势树种的其他生物因子，如菌根类型和土壤动物之间的差异也可能导致土壤养分的不同。张泰东等（2017）研究发现，硬阔叶林中优势树种大多为内生菌根树种，杨桦林和蒙古栎林则属于外生菌根树种。内生菌根树种菌丝凋落物的分解速率比外生菌根树种更快，增加了地下凋落物分解产物对土壤的输入，从而提高土壤养分含量；此外，外生菌根真菌能够提高植物根系对土壤养分的吸收能力，从而降低土壤中 N 和 P 含量，而且外生菌根真菌对土壤 N 的吸收会加剧土壤微生物的 N 限制从而抑制其生长，降低微生物对凋落物的分解，降低土壤养分的输入。

植物根系分泌多种有机和无机物质，如低分子有机酸、还原糖和氨基酸、脲酶、磷酸酶等，这些物质可以对植物生长微环境进行改造。不同优势树种根系分泌不同物质，对土壤 N 和 P 的转化和循环具有不同的诱导作用。

4. 土壤类型

对于不同的土壤类型，土壤发育过程存在差异。土体内矿物的形成和破坏(如黏化过程、富铁铝过程、灰化过程、漂洗过程和潜育过程)、有机质的积累和分解过程(如始成过程、有机质累积过程)、元素的交换和迁移以及土体结构的形成和破坏(如钙化过程、盐化过程、碱化过程和淋溶过程)使土壤养分含量也发生明显变化。

青海省主要土壤类型中，形成于干旱半干旱地区的灰褐色森林土，其成土过程具有旱化特征，剖面通体具有石灰反应，无灰化现象，但富有钙化腐殖质积累过程，因此表层有机质含量达到 22.8%；形成于山地垂直暖温带的暗褐土，淋溶性强，全剖面无石灰反应，表层腐殖质含量在 5%~10%；形成于温性湿润地区的暗棕壤，主要具有腐殖质积累和弱酸性淋溶两个过程，有机质含量可以达到 14%；长期受冷湿气候和酸性淋溶作用形成的棕色针叶林土，质地较为黏重，同时繁茂的地被使土壤表层有机质含量高达 15%~20%。此外，部分土壤类型仅通过土壤颜色就能定性判断土壤养分含量的多少。土壤的成土过程是在各种成土因素的综合作用下的发育过程。因此，土壤类型，即土壤成土母质和成土过程是影响土壤养分含量的重要因子。

不同土壤类型其物理性质也不相同，间接影响土壤 N 和 P 含量，如土壤质地及黏土矿物组成、土壤水分、土壤氧化还原状况、土壤 pH 等也是影响土壤 N 和 P 含量的重要因子。在砂质土中，土壤颗粒大，比表面积小，吸附保持养分能力弱；在黏质土中，土壤颗粒细小，比表面积大，吸附保持养分能力强。黏粒与土壤吸持 P 呈显著相关，黏粒含量及其黏土矿物组成显著影响土壤供 P 能力。土壤水分则通过改变土壤氧化还原条件，进而改变土壤 pH，导致土壤铁铝氧化物形态发生变化，直接影响土壤 N 或 P 的吸附和释放过程。

5. 海拔

通常海拔每升高 100 m，气温下降 0.5~0.6℃。在一定范围内，随着海拔的升高，降水量也逐渐减少，风速增大，太阳辐射增强，土壤质量也随之发生变化。

大多数研究发现土壤 C 和 N 含量随海拔的升高而增加。高海拔土壤潜在地储存了大量的土壤 C 和 N。一项对喜马拉雅东部地区 317~3300 m 土壤 C 库和 N 库的研究发现，海拔能够解释 73%的土壤 C 库变异和 47%的土壤 N 库变异(Tashi et al., 2016)。但也有研究表明，土壤有机 C 和 N 含量会随海拔的升高而降低，这是由于高海拔地区土壤常年处于低温缺氧的条件下，季节性冻融普遍，大气降水较多，土壤相对湿润，土壤微生物数量较少，多样性较低，土壤有机质的累积速率较大但分解缓慢。在低海拔地区，土壤温度较高，含水量较低，土壤微生物群落结构多样性高，使土壤凋落物分解加快，导致有机碳和全氮含量增加。

在青海森林土壤中，暗棕壤和棕色针叶林土均可形成于温性湿润气候的玉树和果洛各林区，但暗棕壤通常分布于海拔 3700 m 以下，剖面层次分化明显，表层有机质含量低于14%；而棕色针叶林土一般分布在 3700~4100 m，剖面层次分化较为明显，表层有机质含量一般可达到 15%~20%，表现出随海拔增加的趋势。

6. 其他因子

土壤有机质含量也会直接或间接影响土壤 N 和 P 含量。土壤有机物质在分解过程中，自身能够释放 N 和 P，直接影响土壤 N 和 P 含量。土壤有机质还能够产生许多有机酸(如腐殖酸)等，这些有机酸对土壤矿质具有一定的溶解能力，可促进土壤风化，对土壤中 N 和 P 形态转化和循环产生显著影响，间接影响土壤 N 和 P 含量。此外，土壤有机质含量的增加为土壤微生物提供了更多可利用性碳源，也对促进土壤 N 和 P 含量及其形态转化具有一定影响。

近年来，人类活动改变了森林生态系统结构和功能，也影响了森林土壤养分含量，主要包括施肥和土地利用方式的改变，如退耕还林等。施肥一方面直接增加土壤 N 和 P 含量，另一方面改变了土壤微生物和相关分解酶活性，间接影响了土壤 N 和 P 含量。耕作则主要通过改变土壤物理性质，如水分含量和透气状况，增加土壤透气性和保水性，提高土壤微生物的活性，促进 N 和 P 的形态转化，间接影响土壤 N 和 P 含量。

5.2　研　究　方　法

5.2.1　采样点分布及特点

本书研究在青海省互助、门源、祁连、大通、湟中、湟源、乐都、同仁、循化、尖扎、民和、化隆、兴海、同德、玛沁、班玛、囊谦、玉树、贵德、都兰、江西林场等 21 个地区进行。依托中国科学院战略性先导科技专项，按照"生态系统固碳现状、速率、机制和潜力"项目制定的统一要求(生态系统固碳项目技术规范编写组)，并结合青海省森林资源连续清查成果，充分考虑全省各森林类型(优势种)分布面积、蓄积比例、起源等情况，通过样带调查法在全省 21 个地区布设主要森林类型的标准样地 80 个，在每个样地中随机设置 3 块 50 m× 20 m 的乔木调查样方，各样方间距大于 100 m，共计 240 个乔木调查样方，记录每个乔木调查样方的优势树种、森林类型、演替阶段、海拔、经度、纬度、坡度、土壤类型等基本信息。

240 个乔木调查样方主要有 3 种土壤类型，其中 109 个调查样方土壤为棕色针叶林土，79 个调查样方土壤为暗棕壤，40 个调查样方土壤为褐土。240 个乔木调查样方主要包含 5 种优势树种，圆柏林、云杉林、桦木林、杨树林和松树林。样方海拔分布在 2000～5000 m，平均海拔为 3014.74 m，将 240 个乔木调查样方分布海拔分为 6 个梯度，即 < 2500 m，2500～2800 m，2800～3100 m，3100～3400 m，3400～3700 m，>3700 m。具体样方分布见表 5.1。

表 5.1　样方分布表

海拔/m	样点数/个	土壤类型	样点数/个	优势树种	样点数/个
< 2500	24	棕色针叶林土	109	圆柏林	38
2500～2800	67	暗棕壤	79	桦木林	38
2800～3100	68	暗褐土	40	松树林	2
3100～3400	19	其他土壤	12	杨树林	24
3400～3700	43			云杉林	138
>3700	19				

5.2.2　土壤样品的采集与分析

土壤采样与乔木调查同步进行，即在所有乔木调查样方内，需同时采集土壤样品。在不同的乔木调查样方内，选取坡面稳定并能代表样方内最大面积坡面特征的位置，挖取 1 个 1 m 深土壤剖面，参照中国生态网络的技术规范，划分土壤剖面层次，并按层次采集土壤样品(做层次内的全距采样)，即在 0～10 cm、10～20 cm、20～30 cm、30～50 cm、50～100 cm(不够 100 cm 至母质层为止)进行取样。由于气候因素，同类型森林在省内不同区域间也会有较大的差距，如桉树林土壤固碳量在广东省内南北间可达 2 倍以上的差异，因而对于面积大、分布广的森林类型，在不同区域间适当地增加了采样点，并以 300 m 为一个海拔梯度对样品进行分组、编号，共计 6 个海拔梯度(即 < 2500 m、2500～2800 m、2800～3100 m、3100～3400 m、3400～3700 m、>3700 m)。

野外采回的土样先剔除土壤以外的侵入体(如植物残根、昆虫尸体和石块等)和新生体(如铁锰结核和钙质结核等)，尽快风干后并用木棍压碎，其中，在风干过程中将样品弄碎，平铺在干净的白纸上，避免阳光直晒，经常翻动样品，压碎大块土，拣去植物残体。压碎后进一步拣去植物残体和其他杂物，直至没有明显大的杂物与石块。然后用木滚筒反复研磨样品，土样先过 10 目(2 mm 孔筛)筛，且需研磨直至全部土粒通过 2 mm 筛，再将样品过 60 目筛，并对大于 60 目筛的部分进行拣根，之后再将样品混合，进一步磨细，再以四分法取适量样品磨细过 100 目(0.15 mm 孔筛)筛。用药匙以多点法取过 100 目筛的土壤 20 g 作全量分析用，供测定全碳(TC)、全氮(TN)、全磷(TP)使用。其中，土壤 TC 采用重铬酸钾-硫酸氧化法测定;土壤 TN 含量采用凯氏定氮法测定;土壤 TP 含量采用氢氧化钠碱熔-钼锑抗比色法测定。

5.2.3　土壤氮磷密度及储量的计算

$$F_{s_i} = F_{di} \times A$$

$$F_d = \Sigma (1 - g_i) \times \rho_i \times TF_i \times T_i$$

式中,F_d 为土壤 N、P 密度;g_i 为第 i 层土壤的砾石含量;ρ_i 为第 i 土层的容重;TF_i 为第 i 土层的 TN、TP 含量;T_i 为第 i 层土层厚度。F_{s_i} 代表土壤 N、P 储量,单位为 Tg;i 代表不同土层的层次;A 代表青海省森林面积,单位为 hm^2(采用青海省森林资源连续清查第五次复查成果)。

5.2.4　青海省土壤容重特征

青海省土壤容重在 6 个海拔梯度上均表现出一致的规律,即随土层深度的增加土壤容重逐渐变大,最小值均出现在 0～10 cm 土层,最大值均出现在 50～100 cm 土层。但在同一土层下,并无明显规律,其中 0～10 cm 土层中,< 2500 m 海拔土壤容重最小,>3700 m 海拔土壤容重最大;10～20 cm 土层中,2500～2800 m 海拔土壤容重最小,3100～3400 m 海拔土壤容重最大;20～30 cm 土层中,2500～2800 m 海拔土壤容重最小,3100～3400 m 海拔土壤容重最大;30～50 cm 土层,2800～3100 m 海拔土壤容重最小,3100～3400 m 海拔土壤容重最大;50～100 cm 土层,3400～3700 m 海拔土壤容重最小,>3700 m 海拔土壤容重最大(表 5.2)。

表 5.2　青海省土壤容重海拔变化特征　　　　　　　　　　(单位:g/cm^3)

海拔/m	0～10 cm	10～20 cm	20～30 cm	30～50 cm	50～100 cm
< 2500	0.48 ± 0.20	0.68 ± 0.25	0.77 ± 0.22	0.93 ± 0.22	1.15 ± 0.22
2500～2800	0.49 ± 0.20	0.62 ± 0.22	0.74 ± 0.22	0.89 ± 0.22	1.09 ± 0.29
2800～3100	0.59 ± 0.26	0.65 ± 0.27	0.76 ± 0.25	0.88 ± 0.23	1.03 ± 0.29
3100～3400	0.74 ± 0.23	0.93 ± 0.27	1.09 ± 0.22	1.16 ± 0.25	1.22 ± 0.35
3400～3700	0.59 ± 0.23	0.82 ± 0.21	0.90 ± 0.20	0.95 ± 0.18	1.02 ± 0.21
>3700	0.76 ± 0.24	0.86 ± 0.21	0.98 ± 0.21	1.04 ± 0.20	1.16 ± 0.22

5.3　土壤 TN 和 TP 储量

5.3.1　土壤 TN 储量

青海森林土壤 TN 储量为 73.21Tg。5 种优势树种下土壤 TN 储量差异较大,介于

0.732～34.097 Tg，各优势树种下土壤 TN 储量从大到小的顺序为：圆柏林>云杉林>桦木林>杨树林>松树林，其中圆柏林 TN 储量为 34.097 Tg，占总 TN 储量的 46.57%；松树林 TN 储量为 0.732 Tg，占总 TN 储量的 0.99%（图 5.1）。青海森林土壤 TN 储量在不同土层间则表现出先下降后上升的趋势，50～100 cm >30～50 cm >0～10 cm >10～20 cm>20～30 cm，其中 50～100 cm 储量最高，占总量的 40.91%；20～30 cm TN 储量最低，仅占总量的 11.16%（图 5.2）。

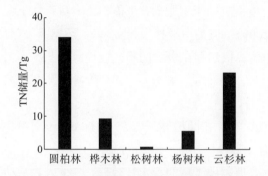

图 5.1　不同优势树种土壤 TN 储量特征

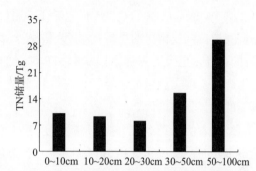

图 5.2　不同土层深度土壤 TN 储量特征

5.3.2　土壤 TP 储量

青海省土壤 TP 储量为 1.741 Tg。与 TN 储量类似，5 种优势树种土壤下的 TP 储量差异也较大，介于 0.022～0.661 Tg。各优势树种下土壤 TP 储量从大到小的顺序为：圆柏林>云杉林>桦木林>杨树林>松树林，其中圆柏林 TP 储量为 0.661 Tg，占土壤 TP 储量的 37.97%；松树林 TP 储量为 0.022 Tg，占土壤 TP 储量的 1.26%（图 5.3）。土壤 TP 储量在不同土层间则表现为随着土层深度的增加而增加的趋势（图 5.4），即 0～10 cm <10～20 cm <20～30 cm <30～50 cm <50～100 cm。其中，0～10 cm 土壤 TP 储量最低，占总量的 7.83%；50～100 cm 土壤 TP 储量最高，占总量的 52.59%。

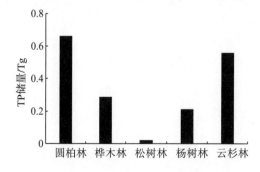

图 5.3　不同优势树种土壤 TP 储量特征

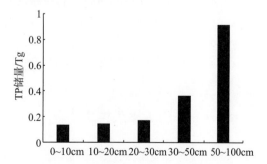

图 5.4　不同土层深度土壤 TP 储量特征

5.3.3 讨论

森林是陆地生态系统的主体,森林生态系统 TN、TP 储量主要由森林植被、凋落物和土壤 3 个部分组成,而土壤又是森林生态系统中物质循环和能量流动的重要组成部分(解宪丽等,2004),并在调节森林生态系统 C、N、P 循环和减缓全球气候变化中起关键作用。同时森林土壤 N 储量超过森林植被 N 储量的 85%,全球约有 95 Gt N 以有机质形态储存于土壤中。因此土壤 TN、TP 储量能在一定程度上反映土壤肥力,也能作为衡量森林土壤质量及植被恢复情况的重要指标(黄从德等,2009a)。但是由于林型、土层以及环境因子(海拔)的差异,至今对森林土壤 TN、TP 储量的估算依然存在极大的不确定性。因此,本书利用森林土壤实测数据估算了青海森林土壤 TN、TP 储量,并分析了其在林型、土层、海拔上的垂直分布格局。

结果表明,青海省土壤 N 储量为 73.21 Tg,其中在圆柏林下和 50～100 cm 土层中含量最多,而在松树林下和 20～30 cm 土层中含量最少。在 0～30 cm 表层土层中,对 N 储量贡献最大的是 0～10 cm 土层,达到 36.68%。但表层土壤的稳定性较差,易受人为活动的影响。土壤 TN 储量能在一定程度上反映土壤肥力,也能作为衡量森林土壤质量及植被恢复情况的重要指标。近年来,青海省土壤 TN 储量的研究相对较少。本书估算了青海省森林土壤(0～100 cm)的 TN 储量,估算面积为 $32.96×10^5 hm^2$,TN 储量为 73.21 Tg,此结果低于四川盆地森林土壤 TN 储量,因为本书估算的森林面积仅占中国森林土地面积的 2.56%,却占中国森林土壤 TN 储量的 9.51%,表明青海省森林土壤 TN 库是中国土壤 N 库调节的重要组成部分。

本书通过估算青海省土壤 TP 储量,揭示了其分布格局。结果表明,青海省土壤 TP 储量为 1.741Tg,与 TN 储量类似,也在圆柏林下和 50～100 cm 土层中含量最多、在松树林下和 0～10 cm 土层中含量最少。较之以往收集整合资料的研究,本书研究发现的青海森林土壤 TP 储量总体上较低。这是因为青海近 84%的省域面积在海拔 3000 m 以上,气候多寒旱,大部分地方失去了能够维持森林生存的基本条件,森林覆盖率处于全国末位水平(仅高于新疆),加之青海省土壤缺乏 P,所以青海省森林土壤 TP 储量总体较低。

5.4 土壤 TN 和 TP 含量特征

5.4.1 不同土壤类型土壤 TN 和 TP 含量特征

1. 不同土壤类型 TN 含量特征

土壤类型和土层深度显著影响土壤 TN 和 TP 含量($P < 0.05$),但二者交互作用对土壤 TN 和 TP 含量影响不显著($P > 0.05$)(表 5.3)。

表 5.3　土壤类型、优势树种和土层深度对土壤 TN 和 TP 含量的方差分析结果

因子	df	TN		TP	
		F	P	F	P
土壤类型	2	11.895	<0.001	2.698	<0.050
土层深度	4	17.610	<0.001	58.850	<0.001
土壤类型×土层深度	8	0.306	0.988	0.847	0.602
优势树种	4	53.055	<0.001	53.677	<0.001
土层深度	4	33.364	<0.001	110.279	<0.001
优势树种×土层深度	16	3.073	<0.001	9.266	<0.001

棕色针叶林土的 TN 含量随着土层加深而逐渐降低，且各土层间存在显著差异（$P <$ 0.05），其中在 0～10 cm，含量最高为 3.99 g/kg，而在 50～100 cm 含量最低，为 1.25 g/kg。褐土的 TN 含量也表现为随着土层加深而逐渐降低，且土层间存在显著差异（$P < 0.05$），其中在 0～10 cm 含量最高，为 6.21 g/kg，而在 50～100 cm 含量最低，为 2.48 g/kg。另外，暗棕壤的 TN 含量也表现为随着土层加深而逐渐降低，且各土层间存在显著差异（$P <$ 0.05），其中在 0～10 cm 含量最高，为 5.21 g/kg，而在 50～100 cm 含量最低，为 1.5 g/kg。三种土壤类型 TN 含量均随土层深度增加而降低，但是在同一土层三种土壤类型 TN 含量差异较大，其中褐土的 TN 含量最高，平均值达到了 4.20 g/kg（表 5.4）。

2. 不同土壤类型 TP 含量特征

棕色针叶林土的 TP 含量表现为随着土层加深而逐渐降低，且土层间存在显著差异（$P < 0.05$），其中在 0～10 cm 含量最高，为 0.78 g/kg，而在 50～100 cm 含量最低，为 0.63 g/kg。褐土的 TP 含量也表现为随着土层加深而逐渐降低，且土层间存在显著差异（$P <$ 0.05），其中在 0～10 cm 含量最高，为 0.89 g/kg，而在 50～100 cm 含量最低，为 0.68 g/kg。另外，暗棕壤的 TP 含量也表现为随着土层加深而逐渐降低，且土层间存在显著差异（$P <$ 0.05），其中在 0～10 cm 含量最高，为 0.8 g/kg，而在 50～100 cm 含量最低，为 0.6 g/kg。由此可见，三种类型土壤 TP 含量均随土层深度增加而降低，但是在同一土层中各类型土壤的 TP 含量却差异较大，其中褐土的 TP 含量在各土层中均高于其余两种土壤类型，且与其他土壤类型间存在显著差异（$P < 0.05$）。整体上看，青海省森林土壤 TP 含量表现为褐土含量最高，平均值到达了 0.80 g/kg（表 5.4）。

表 5.4　不同土壤类型土壤 TN 和 TP 含量

土壤类型		土层深度/cm					平均值/(g/kg)
		0～10	10～20	20～30	30～50	50～100	
TN/(g/kg)	棕色针叶林土	3.99±1.94BCa	2.74±1.36BCb	2.17±1.02BCc	1.73±0.97Bd	1.25±1.03Be	2.38
	褐土	6.21±3.10Aa	4.91±2.60Ab	3.90±1.86Abc	3.50±1.49Acd	2.48±1.95Ad	4.20
	暗棕壤	5.21±2.44ABa	4.02±2.01ABb	3.00±1.84ABc	2.33±1.46Bd	1.50±1.13Be	3.21

土壤类型	土层深度/cm					平均值/(g/kg)
	0～10	10～20	20～30	30～50	50～100	
TP/(g/kg) 棕色针叶林土	0.78±0.14ABa	0.7±0.18ABb	0.67±0.19ABbc	0.65±0.22Abc	0.63±0.21Ac	0.69
褐土	0.89±0.19Aa	0.83±0.16Aab	0.81±0.14Aab	0.79±0.16Ab	0.68±0.15Ac	0.80
暗棕壤	0.80±0.13ABa	0.74±0.16Ab	0.68±0.18ABc	0.65±0.20Ac	0.60±0.17Ad	0.69

注：平均值±标准误；同一大写字母表示同一土层不同土壤类型下土壤 TN 和 TP 含量的差异性；同一小写字母表示同一土壤类型不同土层下土壤 TN 和 TP 含量的差异性（$P<0.05$）。

5.4.2　不同优势树种土壤 TN 和 TP 含量特征

1. 不同优势树种土壤 TN 含量特征

不同优势树种、土层深度及其交互作用均对土壤 TN 和 TP 含量的影响达到极显著水平（$P<0.001$）（表 5.3）。

圆柏林不同土层深度中土壤 TN 含量表现为 0～10 cm >10～20 cm >20～30 cm >30～50 cm >50～100 cm，即随着土层深度的加深 N 含量逐渐降低，且土层之间存在显著差异（$P<0.05$），平均值为 3.45 g/kg。桦木林不同土层深度中土壤 TN 含量也表现为 0～10 cm >10～20 cm >20～30 cm >30～50 cm >50～100 cm，即随着土层深度的加深 N 含量逐渐降低，且土层之间存在显著差异（$P<0.05$），平均值为 2.49 g/kg。另外，松树林不同土层深度中土壤 TN 含量也表现为 0～10 cm >10～20 cm >20～30 cm >30～50 cm，即随着土层深度的加深 N 含量逐渐降低，且土层之间存在显著差异（$P<0.05$），平均值为 2.43 g/kg。杨树林不同土层深度中土壤 TN 含量也表现为 0～10 cm >10～20 cm >20～30 cm >30～50 cm >50～100 cm，即随着土层深度的加深 N 含量逐渐降低，且土层之间存在显著差异（$P<0.05$），平均值为 1.94 g/kg。同时，云杉林不同土层深度中土壤 TN 含量也表现为 0～10 cm >10～20 cm >20～30 cm >30～50 cm >50～100 cm，即随着土层深度的加深 N 含量逐渐降低，且土层之间存在显著差异（$P<0.05$），平均值为 3.13 g/kg。并且可以看出圆柏林不同土层 TN 含量均高于其余优势树种对应土层，但无显著差异（$P>0.05$），而杨树林的不同土层 TN 含量均低于其余优势树种对应土层，且存在显著差异（$P<0.05$）。因此可以说明，青海省不同林分类型和土层深度中土壤 TN 特征为 0～10 cm 含量最高，50～100 cm 含量最低，同时圆柏林土壤 TN 含量最高，而杨树林土壤 TN 含量最低（表 5.5）。

表 5.5　不同林分类型土壤 TN 和 TP 含量

优势树种	土层深度/cm					平均值/(g/kg)
	0～10	10～20	20～30	30～50	50～100	
TN/(g/kg) 杨树林	3.21±1.00Aa	2.07±0.78Bb	1.90±0.79Abc	1.44±0.71Bcd	1.10±0.66Bd	1.94
桦木林	3.99±1.34Aab	3.04±1.17ABb	2.34±1.14Ac	1.81±1.22ABcd	1.27±1.35ABd	2.49

续表

| 优势树种 | 土层深度/cm | | | | | 平均值/(g/kg) |
	0~10	10~20	20~30	30~50	50~100	
阔叶林	3.69±0.16B	2.67±0.14B	2.17±0.13B	1.68±0.14B	1.22±0.16A	
圆柏林	5.40±2.59Aa	3.95±1.67Ab	3.14±1.31Abc	2.95±1.30Ac	1.80±0.95Ad	3.45
松树林	3.42±0.72Aa	3.09±0.57ABab	2.28±1.05Abc	2.02±0.03ABc	—	2.43
云杉林	5.12±2.74Aa	3.86±2.31Ab	2.91±1.85Ac	2.26±1.44ABd	1.48±1.26ABe	3.13
针叶林	5.14±0.20A	3.86±0.16A	2.95±0.13A	2.39±0.11A	1.54±0.10A	
平均值	4.23	3.20	2.50	2.10	1.41	
TP/(g/kg) 杨树林	0.74±0.11Aa	0.65±0.17Bab	0.65±0.17Bab	0.60±0.20Bb	0.60±0.16Ab	0.65
桦木林	0.83±0.11Aa	0.75±0.13ABb	0.67±0.15Bc	0.65±0.17Bc	0.63±0.19Ac	0.71
阔叶林	0.80±0.01A	0.71±0.02A	0.66±0.02A	0.63±0.02A	0.62±0.02A	
圆柏林	0.73±0.09Aa	0.65±0.11Bb	0.62±0.13Bb	0.62±0.14Bb	0.54±0.14Ac	0.63
松树林	0.81±0.17Ac	0.84±0.20Abc	0.89±0.16Ab	1.07±0.08Aa	—	0.90
云杉林	0.83±0.17Aa	0.77±0.19ABb	0.73±0.20ABbc	0.70±0.23Bc	0.64±0.20Ad	0.73
针叶林	0.81±0.01A	0.74±0.01A	0.71±0.15A	0.69±0.02A	0.62±0.02A	
平均值	0.79	0.73	0.71	0.73	0.60	

注：平均值±标准误；大写字母表示同一土层不同优势树种下土壤 TN 和 TP 含量的差异性；小写字母表示同一优势树种不同土层下土壤 TN 和 TP 含量的差异性（$P < 0.05$）。

2. 不同优势树种土壤 TP 含量特征

圆柏林下各土壤层 TP 含量表现为随土层深度的增加而逐渐降低，其中 0~10 cm 含量最高，为 0.73 g/kg，50~100 cm 含量最低，为 0.54 g/kg，且土层之间存在显著差异（$P < 0.05$）。桦木林下土壤 TP 含量也表现出相同的趋势，即随土层深度的增加而逐渐降低，其中 0~10 cm 含量最高，为 0.83 g/kg，50~100 cm 含量最低，为 0.63 g/kg，且土层之间存在显著差异（$P < 0.05$）。杨树林下各土壤层 TP 含量也表现为随土层深度的增加而逐渐降低，其中 0~10 cm 含量最高，为 0.74 g/kg，50~100 cm 含量最低，为 0.60 g/kg。云杉林下各土壤层 TP 含量也表现为随土层深度的降低而逐渐降低，其中 0~10 cm 含量最高，为 0.83 g/kg，50~100 cm 含量最低，为 0.64 g/kg，且土层之间存在显著差异（$P < 0.05$）。而松树林却体现出了与其他优势树种相反的趋势，表现为各土壤层 TP 含量随土层深度的增加而逐渐增大，在 0~10 cm 最低，为 0.81 g/kg，在 50~100 cm 最高，为 1.07 g/kg，且土层之间存在显著差异（$P < 0.05$）。这说明松树林下的各土层 TP 含量可能存在着独特的机制导致其区别于其他优势树种。在同一土层中，除 0~10 cm 土层和 50~100 cm 土层外，

各优势树种间土壤 TP 含量存在显著差异($P < 0.05$)。因此,可将青海省优势树种划分为两类,一类为圆柏林、桦木林、杨树林和云杉林,各土壤层 TP 含量随土层深度的增加而逐渐降低,另一类为松树林,各土壤层 TP 含量随土层深度的增加而逐渐升高,其中松树林土壤 TP 含量最高,平均值达到了 0.90 g/kg,而圆柏林土壤 TP 含量最低,平均值为 0.63 g/kg(表 5.5)。

5.4.3　不同海拔梯度土壤 TN 和 TP 含量特征

1. 不同海拔梯度土壤 TN 含量特征

青海省森林土壤 TN 含量具有显著的海拔梯度变化特征,0～10 cm、10～20 cm、20～30 cm、30～50 cm 和 50～100 cm 土壤 TN 含量均随海拔升高而显著升高,但土层深度越大,土壤 TN 含量升高趋势越小,即更深土层的土壤 TN 含量对海拔响应敏感度更低(图 5.5)。将 240 份土壤样品根据采样海拔(2000～3900 m)划分为 6 个海拔梯度,海拔小于 2500 m 的 0～100 cm 土壤 TN 含量为 2.37 g/kg,显著小于海拔 3700 m 以上土壤 TN 含量(4.38 g/kg)。在同一土层不同海拔,小于 3100 m 各海拔间的土壤 TN 含量差异不显著($P > 0.05$);大于 3100 m 各海拔间的 TN 差异同样不显著($P > 0.05$),但海拔大于 3100 m 土壤 TN 含量显著高于海拔小于 3100 m 土壤 TN 含量($P < 0.05$)(表 5.6)。

青海省森林土壤 TN 表现出显著的土层垂直变化特征,土壤 TN 含量随土层深度的增加而降低(图 5.5)。在同一海拔不同土层,0～10 cm 土层的 TN 显著高于其他土层($P < 0.05$);其最大值(4.79 g/kg)出现在 0～10 cm 土层,最小值(1.50 g/kg)出现在 50～100 cm 土层,表明青海省森林土壤 TN 随土层深度的增加而降低(表 5.6)。

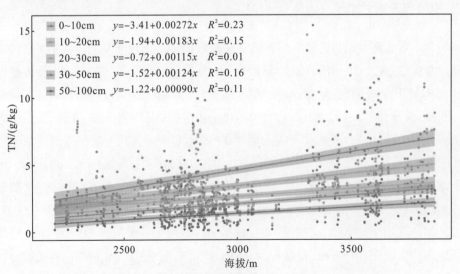

图 5.5　青海省森林不同土层深度土壤 TN 含量与海拔的关系

注:阴影部分表示 95%的置信区间。

表 5.6　不同海拔梯度 TN 含量变化特征

海拔/m	土层深度/cm					平均值/(g/kg)
	0～10	10～20	20～30	30～50	50～100	
<2500	3.73±0.32Ac	2.85±0.36Bb	2.39±0.29BCb	1.81±0.30CDb	1.08±0.15Db	2.37
2500～2800	4.18±0.16Ac	3.20±0.14Bb	2.40±0.15Cb	1.86±0.14Db	1.25±0.14Eb	2.62
2800～3100	3.49±0.21Ac	2.65±0.15Bb	2.07±0.14Cb	1.79±0.11Cb	1.27±0.11Db	2.72
3100～3400	6.10±0.91Ab	4.66±0.80ABa	3.35±0.63Ba	2.80±0.49Ba	2.46±0.81Ba	4.24
3400～3700	7.23±0.38Aa	4.80±0.34Ba	3.60±0.26Ca	3.21±0.25Ca	2.09±0.25Da	4.32
>3700	6.35±0.50Aab	4.91±0.49Ba	3.88±0.43BCa	3.50±0.23Ca	2.71±0.19Ca	4.38

注：平均值±标准误；大写字母表示同一海拔不同土层下土壤 TN 含量的差异性；小写字母表示同一土层不同海拔下土壤 TN 含量的差异性($P < 0.05$)。

2. 不同海拔梯度土壤 TP 含量特征

青海省森林土壤 TP 含量在海拔 2000～3000 m 和 3300～3900 m 具有显著的变化特征，0～10 cm、10～20 cm、20～30 cm 和 30～50 cm 土壤 TP 含量均随海拔升高而显著降低，但在 50～100 cm 土层深度 TP 含量对海拔 3300～3900 m 的梯度变化响应不显著($P > 0.05$)。0～50 cm 四个土层土壤 TP 含量在海拔 3300～3900 m 的拟合曲线系数均低于 2000～3000 m，说明在更高海拔范围内，土壤 TP 含量对海拔响应更敏感，随海拔升高，TP 含量下降速率增加(图 5.6)。

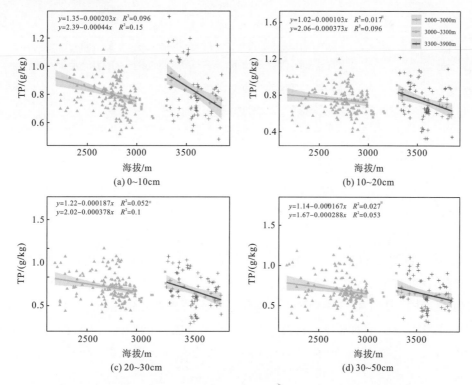

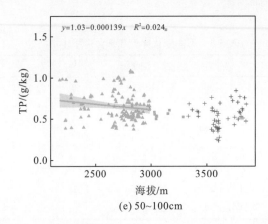

图 5.6　青海省森林不同土层土壤 TP 含量与海拔的关系

注：阴影部分表示 95%的置信区间。海拔 3000～3300 m 由于采样点稀少，因此未做统计分析。

50～100 cm 土层 TP 含量在海拔大于 3300 m 统计不显著，因此未标注置信区间和趋势线。

　　青海省森林土壤 TP 含量随土层深度的增加而降低。在海拔 2000～3000 m 表层土壤(0～10 cm)TP 含量小于 3300～3900 m，而其 50～100 cm 土层 TP 含量大于更高海拔范围 50～100 cm 土层 TP 含量，在更高海拔区域，随土层深度的增加土壤 TP 含量下降更快(表 5.7)。

表 5.7　青海省不同海拔梯度 TP 含量变化特征

海拔/m	土层深度/cm					平均值/ (g/kg)
	0～10	10～20	20～30	30～50	50～100	
<2500	0.85±0.14Aa	0.75±0.18Aa	0.75±0.17Aa	0.70±0.22Ba	0.68±0.19B	0.75
2500～2800	0.83±0.13Aa	0.78±0.14Ba	0.74±0.17Ba	0.73±0.22Ba	0.67±0.21C	0.75
2800～3100	0.75±0.11Ab	0.69±0.15Bb	0.65±0.15Bb	0.63±0.15Bb	0.61±0.15B	0.67
3100～3400	0.90±0.22Aa	0.85±0.26Aba	0.81±0.28Ba	0.76±0.35Ba	0.74±0.41Ba	0.82
3400～3700	0.82±0.17Ab	0.70±0.20Bb	0.65±0.21Bb	0.64±0.22Bb	0.48±0.13Cc	0.66
>3700	0.76±0.15Ac	0.71±0.17ABb	0.65±0.13Bb	0.63±0.13Bb	0.62±0.12Bb	0.67

注：平均值±标准误；大写字母表示同一海拔不同土层下土壤 TP 含量的差异性；小写字母表示同一土层不同海拔下土壤 TP 含量的差异性；($P < 0.05$)。

5.4.4　讨论

　　土壤中 N 是成土过程中由生物作用而积累的，绝大部分为有机态 N。表层土壤中 95%以上的均为有机态 N，因此土壤 TN 含量与有机质含量密切相关。土壤 TN 含量分布规律也与有机质相同。森林生态系统中，土壤贮存的 N 是整个生态系统的主体，而且最为活跃。森林土壤 N 是土壤 N 输入、输出和转化三个过程的综合结果，主要包括 N 矿化与固定、硝化与反硝化等过程。土壤 TN 是土壤中各种形态 N 含量之和，包括有机态 N 和无机态 N，因此土壤 TN 含量始终处于动态变化之中，主要取决于 N 积累和消耗的相对量，尤其是取决于土壤有机质的生物量积累和水解作用。对于一个自然生态系统来说，土壤 TN 含量一般维持在一个相对稳定的水平，土壤 TN 含量的平衡值是气候、地域地貌、植被和生物(土壤动物和微生物)、成土母质以及成土年龄综合作用的结果。

土壤 TP 主要分为有机态 P 和无机态 P 两大类，有机态 P 以卵磷脂、核酸和磷脂为主；无机态 P 主要与钙、镁和铝等形态结合为磷酸盐。此外，还有少量吸附态 P 和交换态 P。土壤中 TP 主要以无机态 P 为主，约占土壤 TP 含量的 50%～90%，同时土壤中的 P 大部分是以迟效性状态存在的。土壤 TP 含量同样受成土母质、气候、生物和土壤中的地球化学过程等一系列因素的影响。

不同森林优势树种土壤具有不同的物理和化学性质，主要是由于不同优势树种功能属性(胸径、树高和冠幅等)差异显著，凋落物数量和质量以及分解产物改变了土壤养分含量。

桦木林和杨树林都属于阔叶林，圆柏林、松树林、云杉林都属于针叶林。除 50～100 cm 土层外，针叶林其余土层土壤 TN 含量显著高于阔叶林，而 TP 含量则在针叶林、阔叶林的 5 种土层中，均未体现出差异性。这是因为不同优势树种可以通过改变地上植被的类型、质量、数量、微生物群落结构及其残体和代谢产物，进一步影响土壤养分含量。已有研究表明，针叶林凋落物中 N 的含量普遍高于阔叶林(王鑫等，2019)，因此当凋落物养分完全释放、回归过后，针叶林下的土壤 N 含量也会高于阔叶林。

土壤 TN、TP 在土层上的空间分布影响着根系的垂直分布，而根系的垂直分布也影响着输送到土壤各层次的 N、P 含量。本书研究表明青海省森林土壤 N、P 含量整体随土层深度(0～100 cm)增加而降低。由于土壤表层 N、P 含量主要来自凋落物的分解，且表层土壤的凋落物较多，同时表层土壤良好的通气状况与水热条件也为微生物活动提供了更好的环境，这都促进了表层土壤中 N、P 含量的积累，而深层土壤 N、P 含量则多源于根系、根系分泌物及土壤微生物等，与表层土壤相比，与外界的交换作用较弱。土壤 N、P 含量与土层深度均呈极显著的正相关性($P < 0.001$)，也进一步说明了土层深度上土壤 N、P 含量变化规律的相似性。

海拔梯度，即山地垂直带综合了温度、水分和光照等一系列环境影响因子，同时也表现出显著的植被地带性分布格局和土壤生物(土壤动物和土壤微生物)地带性分布格局。青海省森林土壤的 TN 含量总体上呈现随海拔的增加而逐渐增加的趋势，在海拔 3100 m 左右土壤 TN 含量显著增加，这主要是由于以下两点。①随着海拔的升高土壤温度会逐渐降低，高海拔的低温环境会抑制土壤微生物的生物量和代谢活性，腐殖作用减弱，分解速率变慢，阻碍了土壤的矿化作用；同时低温也可以促进森林土壤碳的积累，这与土壤 TN 含量的空间分布具有一致性，导致土壤 TN 含量增加；低海拔地区降水量较高，湿润地区具有较强的生物化学循环过程，进一步促进土壤有机质的矿化(李丹维等，2017)。②海拔也影响林型的分布。青海省森林林型随海拔的升高逐渐由山地落叶林过渡到高原寒温性针叶林，年凋落物量和凋落物分解速率产生显著差异，导致土壤 TN 在高寒带区域更高，这与我国森林土壤 N 密度分区排列中，青藏高原高寒植被区域>温带型针阔叶混交区域>暖温性落叶阔叶林区域一致(张春娜等，2004)。

青海省森林土壤 TP 含量在低海拔范围(2000～3000 m)和高海拔范围(3300～3900 m)均随着海拔梯度的增加显著降低，各土层(高海拔 50～100 cm 土层除外)土壤 P 含量随海拔梯度的上升而显著降低，分析原因有三点。①现阶段青藏高原正在加剧的 N 沉降通量通过影响土壤理化性质而干扰土壤 P 循环(Vitousek et al.，2010)。本书中青海省森林土壤 N 含量随着海拔的上升而显著增加。为了平衡系统中 N 输入的增加，植物需从土壤中吸收更多的 P 以满足森林高生产力的需求(陈美领等，2016)。②温度-植物生理假说认为，植物体核糖核酸(ribonucleic acid，RNA)和内酶参与植物生理生化反应，受高海拔低温的影响，其活性降低导致植物生理生化反应迟缓(Reich and Oleksyn，2004)，植物为了维持正常的生理代谢以及生长需求，采取吸收大量 P 的生长对策来抵抗低温对代谢反应的抑制作用(刘倩等，2017)，因此海拔越高土壤 P 含量越低。③中低海拔分布着针叶林和阔叶林，王鑫等(2019)认为阔叶林凋落物的 P 含量大于针叶林，且较针叶林更加容易分解，致使较多 P 回归土壤，但随着海拔升高，以阔叶林为优势种类型逐渐消失，中低海拔区域土壤 P 含量随海拔升高而降低。然而随着海拔的进一步升高，针叶林凋落物 P 含量逐渐降低，其向土壤归还 P 的量也减少。但一项对我国土壤 P 库评估的研究认为，土壤 TP 密度随年平均降水量和年均温的增加而显著降低。这是由于降水和温度的增加直接影响土壤风化速率和养分元素的淋溶强度，并随着风化的进行，土壤 TP 含量逐渐降低。例如，我国热带和亚热带地区的高温和多雨特征通常加快了土壤的风化速率和 P 元素的淋溶作用，导致土壤 TP 含量降低(汪涛等，2008)。因此，海拔升高导致温度降低和降水量减少而增加土壤 TP 含量。青海森林土壤 TP 含量在海拔梯度上的变化规律需要分为不同海拔范围进行研究，尽管在低海拔范围(2000～3000 m)和高海拔范围(3300～3900 m)上呈现显著降低趋势，但回归后解释率较低，均不超过 15%。

高海拔区域 50～100 cm 土层 P 含量随海拔升高有增加的趋势，但不显著。因为一定范围内随着海拔升高风力变大，有效积温降低，植物为了应对高海拔严酷的生存环境，调整生存对策即增加地下根系生物量(死根相对较多)来维持土壤局部小环境温度(唐立涛等，2019)，加之根系分解是向土壤归还 P 的重要途径。此外，高海拔区域冻融作用显著，使得土壤的吸附位点增多，土壤对 P 的吸附能力增强，进而土壤对 P 的缓冲能力得到加强(Özgül et al.，2012)。同时低温环境下土壤微生物可能为了维持自身的生存需要，也会通过固定其生物量中的 P 来增加土壤微生物中的 P 储量(Moreira et al.，2013)。不同土壤类型的 P 含量差异明显，山地棕色暗针叶林土各土层 P 含量相对较高，这是由于其地表枯枝落叶层较厚且在整个生长季含水量丰富，腐殖质积聚作用十分强烈，利于土壤 P 的归还。还有山地棕色暗针叶林土根系生物量较多，腐殖质层较为湿润，厚度一般为 30～40 cm，为土壤中 P 积累营造了良好的场所。山地棕色暗针叶林土黏粒含量较高，黏粒的比面积较大,易于磷酸盐的吸附,使得其土壤 P 含量较高。另外,山地棕色暗针叶林土中土壤全量矿物有明显的淀积现象,土壤矿物质的生物累积作用较大,导致其母质层 TP 含量稍高于其他土壤类型(郑远昌等,1988)。山地暗褐土 P 含量最低,可能因为山地暗褐土为淋溶型土壤,其大部分表土和心土层土壤风化淋溶系数均比底层土低,说明土体上层土壤风化淋溶作用较强,矿质营养元素较易淋失,加之山地暗褐土剖面粗腐殖质层并不明显,且土壤略显酸性,影响有机质释放 P,进而导致土壤 P 含量降低。此外,研究区山地暗褐土母质层多为红砂岩、片麻岩等多种岩石风化的残积物,造成其土壤 P 来源有限(程欢等,2018)。

青海省森林土壤 TN 和土壤 TP 含量随海拔梯度的增加分别表现出增加和降低的规律,但二者具有一个相似的变化规律,即土壤 TN 和 TP 含量在海拔 3100 m 左右均出现了显著增加,这可能与海拔梯度上的林型变化有关。林型的改变导致凋落物数量、质量和分解产物的变化,同时土壤生物,包括土壤动物群落和微生物群落,尤其是菌根真菌群落的变化,都对土壤养分含量产生显著影响。在海拔 3100 m 左右,青海省森林由阔叶林或针阔混交林转变为针叶林,尽管阔叶林凋落物更易分解,但针叶林中真菌比例高于阔叶林和针阔混交林(王淼等,2013)。以上生物因素和环境因素(降水和温度)的综合结果导致了土壤 TN和 TP 含量在海拔 3100 m 左右显著增加。

5.5 土壤养分生态化学计量特征

5.5.1 不同土壤类型土壤养分生态化学计量特征

土壤类型和土层深度分别对碳氮比、碳磷比、氮磷比的影响均达到极显著水平($P <$0.001),但土壤类型和土层深度的交互作用对碳氮比、碳磷比、氮磷比的影响不显著($P >$0.05)(表 5.8)。

棕色针叶林土碳氮比平均值为 22.3,最大值为 23.18,出现在 0~10 cm 土层,最小值为 21.84,出现在 50~100 cm 土层,但在各土层间无显著差异($P >$0.05)。碳磷比平均值为 72.09,最大值为 110.63,出现在 0~10 cm 土层,最小值为 41.53,出现在 50~100 土层,且各土层间存在显著差异($P < 0.05$)。氮磷比平均值为 3.47,最大值为 5.17,出现在 0~10 cm土层,最小值为 2.07,出现在 50~100 土层,且各土层间存在显著差异($P < 0.05$)(表 5.9)。

褐土的碳氮比平均值为 14.63,最大值为 15.39,出现在 50~100 cm 土层,最小值为14.19,出现在 20~30 cm 土层,在各土层间无显著差异($P >$0.05)。碳磷比平均值为 69,最大值为 96.64,出现在 0~10 cm 土层,最小值为 49.06,出现在 50~100 cm 土层,且各土层间存在显著差异($P < 0.05$)。氮磷比平均值为 5.15,最大值为 6.86,出现在 0~10 cm土层,最小值为 3.75,出现在 50~100 土层,且各土层间存在显著差异($P < 0.05$)(表 5.9)。

暗棕壤碳氮比平均值为 21.23,最大值为 22.68,出现在 20~30 cm 土层,最小值为19.28,出现在 50~100 cm 土层,且各土层间存在显著差异($P < 0.05$)。碳磷比平均值为

87.94，最大值为 130.24，出现在 0～10 cm 土层，最小值为 43.84，出现在 50～100 cm 土层，且各土层间存在显著差异（$P < 0.05$）。氮磷比平均值为 4.52，最大值为 6.56，出现在 0～10 cm 土层，最小值为 2.55，出现在 50～100 土层，且各土层间存在显著差异（$P < 0.05$）（表 5.9）。

表 5.8　不同土壤类型在不同土层深度中土壤养分的生态化学计量特征的方差分析

因子	df	碳氮比		碳磷比		氮磷比	
		F	P	F	P	F	P
土壤类型	4	22.652	<0.001	23.290	<0.001	36.355	<0.001
土层深度	5	9.714	<0.001	17.316	<0.001	16.160	<0.001
土壤类型×土层深度	20	2.006	0.021	1.429	0.146	0.795	0.656

表 5.9　不同土壤类型在不同土层深度中土壤养分生态化学计量特征

计量特征	土壤类型	土层深度					平均值
		0～10 cm	10～20 cm	20～30 cm	30～50 cm	50～100 cm	
碳氮比	棕色针叶林土	23.18±7.65Aa	22.23±8.08Aa	21.96±8.26ABa	22.29±8.00Aa	21.84±7.71Aa	22.3
	褐土	14.80±6.51Ba	14.31±7.52Ba	14.19±8.07Ba	14.45±8.52Ba	15.39±7.61Aa	14.63
	暗棕壤	21.82±7.91Aab	21.81±8.91Aab	22.68±12.87Aa	20.58±8.56ABab	19.28±8.48Ab	21.23
	平均值	19.97	19.25	18.91	18.48	18.22	—
碳磷比	棕色针叶林土	110.63±44.06Aa	82.52±37.39ABb	68.71±33.34ABc	57.06±26.16ABd	41.53±27.15Ae	72.09
	褐土	96.64±43.43ABa	79.26±44.08ABab	63.04±32.98ABbc	57.02±23.95ABc	49.06±33.13Ac	69.00
	暗棕壤	130.24±47.57Aa	109.16±41.80Ab	88.56±38.16Ac	67.88±32.31Ad	43.84±29.07Ae	87.94
	平均值	100.68	81.66	65.36	55.07	40.00	—
氮磷比	棕色针叶林土	5.17±2.43ABa	3.99±1.83BCb	3.33±1.44ABc	2.79±1.42Bd	2.07±1.38Be	3.47
	褐土	6.86±2.87Aa	5.85±2.77Aab	4.79±2.21Abc	4.48±1.93Abc	3.75±3.20Ac	5.15
	暗棕壤	6.56±3.01Aa	5.45±2.29ABb	4.43±2.12ABc	3.62±1.00ABd	2.55±1.67ABe	4.52
	平均值	5.52	4.70	3.89	3.41	2.60	—

注：大写字母表示同一海拔不同土层下土壤 TP 含量的差异性，小写字母表示同一土层不同海拔土壤 TP 含量的差异（$P < 0.05$）。

5.5.2　不同优势树种土壤养分生态化学计量特征

优势树种和土层深度对土壤碳氮比、碳磷比、氮磷比的影响均达到极显著水平（$P < 0.001$），但二者的交互作用对碳氮比、碳磷比、氮磷比影响不显著（$P > 0.05$）（表 5.10）。

表 5.10　不同优势树种在不同土层深度中土壤养分生态化学计量特征的方差分析

因子	df	碳氮比		碳磷比		氮磷比	
		F	P	F	P	F	P
优势树种	5	12.625	<0.001	7.565	<0.001	28.458	<0.001
土层深度	5	13.429	<0.001	28.635	<0.001	32.443	<0.001
优势树种×土层深度	25	0.806	0.672	1.558	0.079	0.584	0.889

圆柏林下土壤的碳氮比平均值为 12.46，最大值 13.78 出现在 0～10 cm 土层，最小值 11.75 出现在 30～50 cm 土层，但各土层间存在无显著差异（$P > 0.05$）。碳磷比平均值为 63.59，最大值 99.10 出现在 0～10 cm 土层，最小值 37.48 出现在 50～100 cm 土层，且各土层间存在显著差异（$P < 0.05$）。氮磷比平均值为 5.28，最大值 7.33 出现在 0～10 cm 土层，最小值 3.36 出现在 50～100 cm 土层，且各土层间存在显著差异（$P < 0.05$）（表 5.11）。

表 5.11　不同优势树种在不同土层深度中土壤养分生态化学计量特征

计量特征	优势树种	0～10 cm	10～20 cm	20～30 cm	30～50 cm	50～100 cm
碳氮比	圆柏林	13.78±5.33Ba	12.48±5.38Ba	12.39±5.82Ba	11.75±5.91Ba	11.91±6.14Ba
	桦木林	25.27±4.50Aab	26.23±6.77Aab	27.62±12.22Aa	24.66±5.12Aab	23.55±5.98Ab
	松树林	22.97±0.85Aa	22.58±1.24Aa	23.31±0.40Aa	24.48±2.36Aa	—
	杨树林	21.05±6.99Aa	19.95±7.3Aa	19.54±7.55ABa	20.46±7.26Aa	22.71±3.79Aa
	云杉林	21.90±8.57Aa	21.20±8.85Aa	21.24±10.05ABa	21.30±8.93Aa	20.65±8.49Aa
碳磷比	圆柏林	99.10±56.22Aa	71.81±30.75ABb	58.41±26.91Abc	51.16±17.72Acd	37.48±21.43Ad
	桦木林	121.20±44.53Aa	105.98±43.99Aab	91.35±36.91Ab	63.36±22.32Ac	42.25±23.56Ad
	松树林	102.58±39.72Aa	87.07±29.08ABb	63.44±39.56Ac	46.23±1.77Ad	—
	杨树林	91.69±39.88Aa	64.17±30.47Bb	57.96±32.90Abc	50.09±29.32Abc	41.92±23.97Ac
	云杉林	120.30±44.58Aa	96.11±42.75ABb	76.66±36.76Ac	64.22±31.77Ad	44.42±31.71Ae
氮磷比	圆柏林	7.33±3.22Aa	6.06±2.21Ab	4.97±1.77Ac	4.69±1.59Ac	3.36±1.56Ad
	桦木林	4.83±1.54Ba	4.06±1.19Bb	3.48±1.15ABc	2.69±1.07Bd	1.93±1.20Be
	松树林	4.45±1.70Ba	3.90±1.48Bb	2.71±1.65Bc	1.89±0.11Bd	—
	杨树林	4.38±1.43Ba	3.14±0.65Bb	2.87±0.81Bbc	2.37±0.81Bcd	1.80±0.92Bd
	云杉林	6.18±2.96ABa	5.03±2.54ABb	4.05±2.16ABc	3.37±1.88ABd	2.43±1.98Be

注：平均值±标准误；同一大写字母表示同一土层不同土壤类型下土壤养分化学计量特征的差异性；同一小写字母表示同一土壤类型不同土层下土壤养分化学计量特征的差异性（$P < 0.05$）。

桦木林下土壤的碳氮比平均值为 25.47，最大值 27.62 出现在 20～30 cm 土层，最小值 23.55 出现在 50～100 cm 土层，且各土层间存在显著差异（$P < 0.05$）。碳磷比平均值为 84.83，最大值 121.20 出现在 0～10 cm 土层，最小值 42.25 出现在 50～100 cm 土层，且各土层间存在显著差异（$P < 0.05$）。氮磷比平均值为 3.4，最大值 4.83 出现在 0～10 cm 土层，最小值 1.93 出现在 50～100 cm 土层，且各土层间存在显著差异（$P < 0.05$）（表 5.11）。

松树林下土壤的碳氮比平均值为 23.34，最大值 24.48 出现在 30～50 cm 土层，最小值 22.58 出现在 10~20 cm 土层，但在各土层间无显著差异（$P > 0.05$）。碳磷比平均值为 74.83，最大值 102.58 出现在 0~10 cm 土层，最小值 46.23 出现在 30~50 cm 土层，且各土层间存在显著差异（$P < 0.05$）。氮磷比平均值为 3.24，最大值 4.45 出现在 0~10 cm 土层，最小值 1.89 出现在 30~50 cm 土层，且各土层间存在显著差异（$P < 0.05$）（表 5.11）。

杨树林下土壤的碳氮比平均值为 20.74，最大值 22.71 出现在 50~100 cm 土层，最小值 19.54 出现在 20~30 cm 土层，但在各土层间无显著差异（$P > 0.05$）。碳磷比平均值为 61.17，最大值 91.69 出现在 0~10 cm 土层，最小值 41.92 出现在 50~100 土层，且各土层间存在显著差异（$P < 0.05$）。氮磷比平均值为 2.91，最大值 4.38 出现在 0~10 cm 土层，最小值 1.89 出现在 50~100 cm 土层，且各土层间存在显著差异（$P < 0.05$）（表 5.11）。

云杉林下土壤的碳氮比平均值为 21.26，最大值 21.90 出现在 0~10 cm 土层，最小值 20.65 出现在 50~100 cm 土层，但在各土层间无显著差异（$P > 0.05$）。碳磷比平均值为 80.34，最大值 120.30 出现在 0~10 cm 土层，最小值 44.42 出现在 50~100 cm 土层，且各土层间存在显著差异（$P < 0.05$）。氮磷比平均值为 4.21，最大值 6.18 出现在 0~10 cm 土层，最小值 2.43 出现在 50~100 cm 土层，且各土层间存在显著差异（$P < 0.05$）（表 5.11）。

5.5.3 不同海拔梯度土壤养分生态化学计量特征

青海省森林土壤碳氮比表现出显著的海拔梯度变化特征，0~10 cm、10~20 cm、20~30 cm、30~50 cm 和 50~100 cm 五个土层碳氮比随海拔梯度上升显著降低（$P < 0.05$）。0~100 cm 土壤碳氮比线性拟合方程中系数均在 0.010~0.014，说明不同土层之间土壤碳氮比随海拔下降速率无明显差异（图 5.7）。与土壤 TN 含量分布特征相似，土壤碳氮比分别在海拔小于 3100 m 的三个梯度和海拔大于 3100 m 的三个梯度均呈现显著性差异，但低海拔（< 3100 m）土壤碳氮比显著高于高海拔（>3100 m）土壤碳氮比。

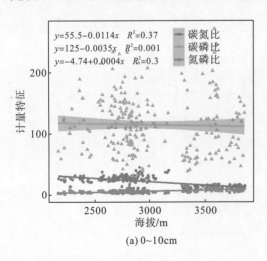

(a) 0~10cm

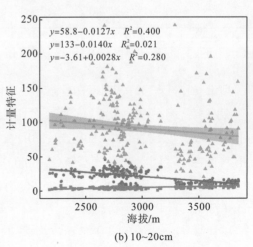

(b) 10~20cm

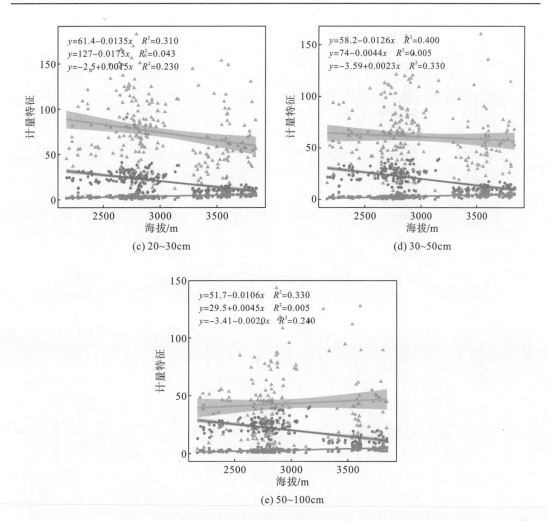

图 5.7　青海省森林不同土层土壤养分计量特征与海拔的关系

注：阴影部分表示 95%的置信区间。

　　青海省森林土壤碳氮比对土层深度的响应不显著($P > 0.05$)，0～10 cm 土壤碳氮比平均值为 19.47，随着土层深度增加而降低，50～100 cm 土壤碳氮比平均值为 18.66（表 5.12）。

表 5.12　青海省不同海拔梯度土壤养分生态化学计量特征

计量特征	海拔/m	0～10 cm	10～20 cm	20～30 cm	30～50 cm	50～100 cm	平均值
	< 2500	24.02±4.67Aa	24.12±5.03Aa	23.38±5.50Aa	23.43±5.57Aa	21.83±4.24Aa	23.36
	2500～2800	26.12±5.07Aa	26.52±6.74Aa	27.35±10.54Aa	25.36±6.28Aab	23.25±5.77Ab	25.72
	2800～3100	24.58±7.90Aa	23.86±7.83Aa	24.32±9.44Aa	24.32±7.02Aa	24.06±6.97Aa	24.23
碳氮比	3100～3400	15.63±9.82Ba	14.08±8.53Ba	14.43±10.29Ba	15.38±11.69Ba	21.34±14.76Aa	16.17
	3400～3700	13.10±2.37Ba	11.30±2.76Bb	11.04±3.42Bb	10.36±2.63Cbc	9.67±3.23Bc	11.09
	>3700	13.39±2.16Ba	13.17±2.05Ba	11.89±2.39Ba	12.19±2.62BCa	11.78±4.27Ba	12.48
	平均值	19.47	18.84	18.74	18.51	18.66	—

续表

计量特征	海拔/m	0～10 cm	10～20 cm	20～30 cm	30～50 cm	50～100 cm	平均值
碳磷比	<2500	105.13±39.49ABCa	86.12±28.14Bb	71.09±28.66BCbc	56.43±21.68Ac	35.19±17.25Bd	70.79
	2500～2800	129.20±43.97Aa	108.81±44.06Ab	91.47±40.36Ac	60.66±29.50Ad	36.39±22.57Be	85.31
	2800～3100	108.44±42.49ABCa	89.30±39.83ABb	74.76±33.18ABc	68.67±29.14Ad	50.23±31.49ABe	78.28
	3100～3400	92.02±50.31Ca	70.97±53.75Ba	54.06±42.13Ca	53.52±35.88Aa	67.65±55.10Aa	67.64
	3400～3700	121.95±56.82ABa	79.03±40.54Bb	63.10±32.84BCbc	54.57±29.61Acd	41.57±29.30Bd	72.04
	>3700	102.51±35.47BCa	89.85±29.80ABa	64.97±24.06BCb	56.61±21.30Abc	39.76±20.64Bc	70.74
	平均值	109.88	87.35	69.91	58.41	45.13	
氮磷比	<2500	4.44±1.59Ca	3.71±1.52Cab	3.12±1.31Cbc	2.50±1.20Cc	1.63±0.88Bd	3.08
	2500～2800	5.00±1.52Ca	4.14±1.34Cb	3.47±1.39BCc	2.43±1.12Cd	1.66±1.15Be	3.34
	2800～3100	4.65±1.86Ca	3.75±1.20Cb	3.15±1.20Cc	2.85±1.02Cd	2.08±1.13Be	3.30
	3100～3400	6.64±3.65Ba	5.56±3.65Ba	4.24±2.92Ba	4.08±2.26Ba	4.16±4.32Aa	4.94
	3400～3700	9.02±3.09Aa	6.88±2.62Ab	5.59±1.94Ac	5.13±2.01Acd	4.15±2.04Ad	6.15
	>3700	7.68±2.28Ba	6.81±1.85Aa	5.56±2.14Ab	4.71±1.55ABb	3.34±1.40Ac	5.62
	平均值	6.24	5.14	4.19	3.62	2.84	

注：平均值±标准误；小写字母表示同一海拔不同土层下土壤养分计量特征的差异性；大写字母表示同一土层不同海拔下土壤养分计量特征的差异性；(P<0.05)。

青海省森林 0～10 cm、10～20 cm、20～30 cm、30～50 cm 和 50～100 cm 五个土层碳磷比没有显著的海拔梯度变化特征(P>0.05)(图 5.7)。但五个土层均在海拔 2500～2800 m 具有最大土壤碳磷比，显著高于海拔 3100～3400 m 处的土壤碳磷比。

青海省森林土壤碳磷比具有显著的垂直分布特征，在六个海拔梯度上均沿土壤剖面显著降低，表层(0～10 cm)平均土壤碳磷比最大，为 109.88，深层(50～100 cm)平均土壤碳磷比最小，仅为 45.13。

青海省森林土壤氮磷比表现出显著的海拔梯度变化特征，0～10 cm、10～20 cm、20～30 cm、30～50 cm 和 50～100 cm 五个土层氮磷比随海拔梯度显著增加(P<0.05)(图 5.7)。土壤氮磷比在海拔小于 3100 m 梯度内有增加趋势；当海拔大于 3100 m 时，土壤氮磷比随海拔显著增加，在 3400～3700 m 时达到最大，之后降低。因此，土壤平均氮磷比在海拔小于 2500 m 时最低，仅为 3.08，在 3400～3700 m 时最大，达到 6.15(表 5.12)。

青海省森林土壤氮磷比具有显著的垂直分布特征，在六个海拔梯度上均沿土壤剖面显著降低，表层(0～10 cm)平均土壤氮磷比最大，为 6.24；深层(50～100 cm)平均土壤氮磷比最小，仅为 2.84。

综上可知，青海省森林土壤计量特征对海拔梯度和土层深度的响应具有明显差异。其中，土壤碳氮比随海拔的增加而显著降低，对土层深度的变化响应不敏感；土壤碳磷比与之相反，对海拔响应不显著，但随土层深度的增加显著降低；土壤氮磷比对海拔梯度和土层深度的响应均显著，随海拔的增加而显著增加，随土层深度的增加显著降低。

5.5.4　讨论

土壤养分计量特征能够表征自然生态系统中能量和养分动态平衡,在研究生态系统生产力制约因素和物质循环方面具有重要意义。土壤养分计量特征是衡量土壤质量的重要指标,也是研究土壤-植物相互作用与 C、N、P 循环的新思路。认识土壤养分比例在生态系统功能中的作用,阐明生态系统 C、N、P 平衡的元素化学计量比格局,对于揭示元素相互作用与制约变化规律,实现自然资源的可持续利用具有重要的现实意义。

与土壤 TN 和 TP 含量的驱动因子相似,土壤养分计量特征也会受区域水热条件和成土作用特征的控制,由于地理位置、气候条件、成土母质和土地利用方式等的影响,土壤养分计量特征也会有很大差异。自然生态系统中 C、N、P 循环是在植物、凋落物、土壤生物和土壤之间相互转换的,地上植物养分计量特征的稳定性能影响土壤养分之间的关系,反之也会对植物养分的有效性产生反馈。因此,本书关于土壤类型、优势树种和海拔梯度对青海土壤养分计量特征的描述在合理管理森林生态系统,可持续利用森林生态系统服务功能方面具有重要意义。

土壤有机层碳氮比较低表明有机质层具有较快的矿化作用,土壤有机层碳氮比大于30 或小于 30 分别是硝酸盐淋溶风险低或高的阈值,土壤碳氮比也可以用于预测森林土壤溶解有机碳浓度和解释生态系统中溶解有机碳通量 99.2%的变异性,因此土壤碳氮比也是森林生态系统中有机质分解作用的预测指标(王绍强和于贵瑞,2008)。有时土壤碳氮比也会被视为一个常数,用于根据土壤 C 储量计算土壤 N 储量,尽管不同生态系统类型植物和土壤碳氮比具有一定的空间异质性,但由于土壤碳氮比能够简单测定土壤 N 储量而被部分研究者所接受。土壤碳氮比相对来说是一个较为稳定的指标,如我国土壤碳氮比平均值在 10:1~12:1。与土壤碳氮比相比,在某些情况下,由于 P 不是腐殖酸和棕黄酸的结构组分,所以土壤碳磷比具有更大的变化范围。无论是植物、凋落物还是土壤,氮磷比都可以作为养分限制、氮磷比饱和的诊断和有效预测指标,用于确定养分限制的阈值。例如在湿地生态系统中,当植物叶氮磷比小于 14 时存在 N 限制,大于 16 时存在 P 限制。但有关土壤氮磷比的研究还比较缺乏,这是由于生态系统养分限制类型不仅可以由土壤氮磷比确定,也可以由土壤 TN 和 TP 含量进行确定,因此当土壤氮磷比达到什么范围,哪种元素成为限制性元素,土壤氮磷比指示作用的有效范围有多大,这些均是进一步研究土壤养分计量特征在指示生态系统过程和功能发挥多大作用的基础。

总体来看,青海针叶林(圆柏林、云杉林和松树林)土壤碳氮比大于阔叶林(桦木林和杨树林)。一般来讲,土壤碳氮比与土壤有机质的分解速率呈负相关关系,这是由于土壤微生物在生命活动过程中既需要 C 作为能量,也需要 N 构成其身体。当土壤碳氮比较高时,土壤微生物需要摄入更多的 N 来满足自身的生长繁殖;当土壤碳氮比较低时,超过土壤微生物生长必需的 N 就会释放到凋落物和土壤中。阔叶林凋落物叶片角质较薄,更容易被微生物分解，养分周转速率快。针叶林树种叶片寿命长，含有更多的结构性物质，叶片分解会导致土壤 pH 降低，抑制土壤微生物活性，土壤有机质分解会变慢，因此阔叶林土壤碳氮比小于针叶林，故对于针叶林和阔叶林来说，地上植被养分含量特征的差异也应该是影响土壤养分化学计量比的重要因素。与土壤碳氮比相比，阔叶林土壤碳磷比与针叶林无显著差异，这主要是由于表层土壤和 0～100 cm 土壤 TP 含量在不同优势树种下没有发生显著变化。

森林土壤有机碳与 TN 的空间变化具有一致性（李佳佳等，2019），主要是因为土壤 TN 来自土壤植物残体分解与合成的有机质，且土壤氮素水平在一定程度上决定了土壤有机质含量（涂夏明等，2012），故土壤有机质的累积过程与土壤碳氮比呈显著相关性。在青海省森林生态系统中，棕色针叶林土和暗棕壤土壤碳氮比和碳磷比显著高于暗褐土。这可能与三种土壤的形成过程及腐殖质累积过程有关。暗褐土是山地垂直暖温带发育的森林土壤，主要分布在祁连山南坡东段，大通河林区和湟水各林区的青海云杉、油松林或针阔混交林下，海拔通常在 2000～3200 m，植被以中生型为优势，旱生植物很少。暗褐土在形成过程中，淋溶作用较强，林褥层中的亚层无明显的粗腐殖质层，表层腐殖质含量较低，一般在 5.0%～10%。棕色针叶林土和暗棕壤则主要分布在青海西南边缘的玉树、果洛各林区的阴坡和半阴坡，并与川西和藏东的棕色针叶林土和暗棕壤呈连续分布。其中，暗棕壤主要经过腐殖质累积和弱酸性淋溶两个成土过程，在温性湿润气候和针阔混交林或纯林的作用下发育起来的，每年大量凋落物归还土壤，加之林下植物残体和树木根系的死亡为土壤增加了大量有机质，增加了土壤的腐殖质积累过程，因此在土壤剖面上部含有较多腐殖质，有机质含量较高，可达到 14%左右。棕色针叶林土主要分布在寒温性针叶林下，长期受冷湿气候和酸性淋溶作用，大大增加了腐殖质的积累过程，表层土壤有机质含量高达 15%～20%。棕色针叶林土和暗棕壤由于具有更大的腐殖质积累过程，因此土壤碳氮比和碳磷比更高。土壤氮磷比与土壤碳氮比和土壤碳磷比相反，暗褐土氮磷比高于棕色针叶林土和暗棕壤，尽管数据统计上不显著，这可能是由于棕色针叶林土和暗棕壤通常分布在更高的海拔，达到了限制微生物分解活动的阈值，两种土壤类型 TN 含量显著低于暗褐土，而土壤微生物活性的改变对以无机态 P 为主的土壤 TP 影响较低，三种类型土壤的 TP 含量无显著差异，因此暗褐土氮磷比较高，为 6.86，该数值能够在一定程度上预示青海森林生态系统功能仍然受 N 制约。

青海森林土壤碳氮比、碳磷比和氮磷比对海拔梯度的响应并不相同，其中土壤碳磷比对海拔梯度无显著响应，土壤氮磷比随海拔梯度的升高而逐渐增加，土壤碳氮比则随海拔梯度的升高而显著降低。尽管高海拔的低温环境可以促进森林土壤碳的积累，进一步增加土壤 TN 含量，但低温环境会抑制土壤微生物的生物量和代谢活性，使腐殖作用减弱，分解速率变慢，阻碍土壤的矿化作用。此外，青海省森林林型随海拔的升高逐渐由山地落叶林过渡到高原寒温性针叶林，年凋落物量和凋落物分解速率发生显著差异，导致土壤 TN 在高寒带区域更高。综合以上因素，青海森林土壤碳氮比随海拔梯度的升高而显著降低。

由于土壤碳磷比相较土壤碳氮比具有更大的分布范围，且土壤 TP 含量对海拔梯度的增加响应在海拔 3100 m 左右存在一个临界点，所以土壤碳磷比对海拔的响应不显著。土壤氮磷比是土壤 TN 和 TP 含量对海拔梯度响应的综合结果，研究中土壤 TN 和 TP 含量在小于或大于海拔 3100 m 海拔梯度变化趋势缓慢，但在海拔 3100 m 处均存在一个临界点，表现为随海拔梯度增加其含量陡然增加，土壤 TN 和 TP 协同变化是土壤氮磷比随海拔梯度增加的重要原因。

第6章　青海省森林土壤微生物群落组成和生物多样性

生活在土壤中体积小于 5×10^3 μm³ 的生物统称为土壤微生物，主要包括原核微生物 (细菌、蓝细菌、放线菌、超显微结构微生物)和真核微生物(原生动物、真菌、藻类、地衣)两大类，土壤微生物是土壤的重要组成部分。经典土壤微生物学认为自然界中 95%~99%的微生物种群尚未被分离培养或描述过，推算出每克土壤中约有 $10^8 \sim 10^9$ 个细菌、$10^5 \sim 10^7$ 个真菌、$10^1 \sim 10^4$ 个病毒，细菌的种类高达 $10^4 \sim 10^6$ 种。齐泽民等(2009)研究发现川西亚高山林线交错带干土土壤细菌、真菌和放线菌三大微生物数量为 $1.38 \times 10^5 \sim 1.1 \times 10^7$ (个/g)。土壤微生物数量巨大，种类繁多，远远多于实际计算值，大量微生物物种和功能亟待认知。土壤微生物功能繁多，在土壤团聚体形成、土壤养分循环、土壤污染物净化、气候调节等方面起着重要作用。在土壤生态系统中，微生物分解有机质并将其转化为无机物，微生物又可将无机物合成为有机物，是土壤有机质分解与积累的重要参与者。同时土壤微生物组决定了氮素、磷素转化及其有效性，如生物固氮、硝化作用、反硝化作用、土壤矿化及其与相关微生物功能基因的关系等，在土壤养分释放与固持方面发挥重要作用，是地球关键元素生物地球化学循环过程的引擎。此外，土壤微生物因其体积小、世代周期短，能迅速对外界环境变化做出响应，被认为是土壤生态系统变化的预警和敏感指标。研究土壤微生物对深入了解微生物群落，明晰土壤微生物生态过程，预测未来环境变化下土壤生态系统功能具有积极作用。

森林是陆地生态系统的主体，在元素循环、水文循环、生物多样性、维持生态系统平衡等方面发挥重要作用(多祎帆，2012)。土壤微生物是森林生态系统的组成成分，也是森林生态环境和森林健康评价的主要依据之一(徐文煦等，2009)。在森林生态系统中，土壤微生物与植物在根际微环境中进行着复杂频繁的互作(吴则焰等，2013)。植物作为第一生产者同化大气 CO_2，将部分光合产物以根际分泌物和植物残体的形式释放至土壤，供给土壤微生物碳源和能量，激发土壤微生物的生长和新陈代谢；土壤微生物则将有机态养分转化成无机形态，利于植物吸收利用，促进了植物的定植、生长和发育，这种植物-微生物的相互作用维系或主宰了森林生态系统的生态功能。土壤微生物不仅能影响更新苗逆境胁迫下的发育过程，还能够影响其对病虫害的防御能力以及对养分的吸收；反之，植物随生长发育阶段以及环境变化产生的根系分泌物也会引起不同类群的微生物在其根际富集，从而发挥特定的功能。因此，加强对两者互作关系的研究可为深入探讨森林土壤微生物在森林系统中的作用机理提供理论依据。同时，微生物的功能及其功能群是森林生态系统中能量、物质循环的重要驱动力，不同土壤微生物对养分的流动起着不同性质和不同程度的作用，因此可把土壤微生物分为不同的功能群，即在物质流动中具有特定生物学功能的微生物功能群。在森林生态系统中，充分了解这些微生物的功能有助于深入理解微生物对森林生态系统的影响以及对森林发展的作用，而利用这些功能微生物的生物学潜力将有助于促进植物生长发育，实现森林生态恢复与可持续经营。

6.1　土壤微生物研究方法

在近 40 多年里，土壤微生物研究方法发展迅速，大致分为以生化技术为基础的研究方法和现代分子生物学技术。以生化技术为基础的研究方法主要包括平板计数和形态分析法、群落水平生理学指纹法、生物标记法。现代分子生物学技术方法主要包括限制性片段长度多肽性技术、变性梯度凝胶电泳法、温度梯度凝胶电泳法、分子杂交技术、稳定同位素探针技术、基因芯片技术、高通量测序和宏基因组技术等。青海省森林土壤微生物研究方法主要基于磷脂脂肪酸(phospholipid fatty acid，PLFA)分析法和高通量测序法，本节重点介绍这两种方法。

6.1.1　磷脂脂肪酸分析法

1. 磷脂脂肪酸法概述

磷脂是所有微生物细胞膜的重要组成成分，在自然生理条件下含量相对稳定，约占细胞干物质量的 5%。磷脂只存在于活体细胞膜中，一旦生物细胞死亡，磷脂类化合物会迅速降解。此外，磷脂具有结构多样性和较高的生物学特异性，是微生物分类的主要依据。不同种类微生物体内磷脂脂肪酸的组成及含量差异显著，一些脂肪酸可能只存在于某类微生物的细胞膜中，是区分活体微生物群落生物标记的基础。所以，可以根据脂肪酸种类及组成比例鉴别土壤微生物群落结构和多样性变化，且该方法适合于微生物群落的动态监测研究。

2. 磷脂脂肪酸提取

磷脂脂肪酸分析法由 Bligh 和 Dyer(1959)创建，采用提取剂提取冻鱼中的脂质物质，方法简便、快速，但此方法当时仅限于食品，特别是鱼类的磷脂提取。随着现代研究领域的拓宽，该方法也被用于诸如土壤等其他方面，但前提是保证作为提取剂的氯仿、甲醇、水的体积比为 1∶2∶0.8。20 世纪 70 年代末，White 等(1979)将提取剂改为氯仿、甲醇、磷酸盐缓冲液(体积比为 1∶2∶0.8)，对江河、海洋沉积物中的微生物区系进行分析研究，并指出氯仿、甲醇、水的体积可以改变，只要满足在单一相萃取中体积比为 1∶2∶0.8，在第 2 阶段分离时维持在 1∶1∶0.9 即可。20 世纪 90 年代初，Frostegård 等(1993)提出，用酸性柠檬酸代替中性磷酸盐缓冲液提取酸性高的有机质土壤，可提高磷脂回收率且避免无机磷污染。本书中 PLFA 分析法步骤概括为 3 步。①提取。提取剂氯仿：甲醇：柠檬酸缓冲液=1∶2∶0.8，在 25℃下，2000 r/min 震荡 2 h，2000 r/min 离心 10 min，取上清液，提取 2 次，合并上清液。往上清液中加柠檬酸缓冲液、氯仿和甲醇，使氯仿：甲醇：柠檬酸缓冲液=1∶1∶0.9，下层液(氯仿相)中包含磷脂。②分离。将下层液用氯仿洗脱，用 N_2 吹干。用甲醇将样品转移到固相萃取柱，依次用正己烷、氯仿、丙酮和甲醇洗脱，收集洗脱液。③甲酯化。加入脂肪酸甲酯内标，用 N_2 吹干，重新溶于甲醇：甲苯=1∶1 中，加入 KOH-甲醇溶液，混匀，在 37℃下水浴 15 min，冷却后加入正己烷：氯仿=4∶1 和 0.3 mol/L 的乙酸溶液，混匀，静置分层，保留上清液。加入正己烷和氯仿混合液至上清液中，合并正己烷，用 N_2 吹干，定容并充 N_2 封口，冷冻保存待测。

3. 磷脂脂肪酸的鉴定

气相色谱-质谱联用仪(gas chromatograph-mass spectrometer，GC-MS)以气相色谱作为进样系统，灵敏度较高，且可获得更低的检出限，分析效率也高，可同时做到定性与定量分析。气相色谱-质谱联用仪不仅可识别那些不包括在美国公司 MIDI 系统中的脂肪酸，还可排除被 MIDI 系统错误识别的非酯成分。气相色谱-质谱联用仪可分析 C8-C20 的脂肪酸，并且可检测到大于 C30 的脂肪酸。根据质谱图谱标准图作 PLFA 组分的定性分析，以 PLFA 19∶0 为内标物进行定量计算(表 6.1)。特定脂肪酸的排列为碳的数目、双键的数目、随后跟随双键的位置(甲基端起)。c(cis-)、t(trans-)表示顺式和反式脂肪酸，a(anteiso-)、i(iso-)分别指反异支链脂肪酸及异式支链脂肪酸，br 表示未知结构的支链脂肪酸，cy 表示环状脂肪酸、10Me 表示第 10 个碳原子的甲基(从羟基端起)。ω 表示脂肪酸的甲基第一个双键的位置，其中 18:1ω9，18:2ω9,12t，21:0，23:0 等用来指示真菌脂肪酸(Zelles and Bai，1993)，细菌脂肪酸则用 11:0、12:0、13:0、14:0、15:0、16:0、17:0、18:0、20:0、24:0 等来表征(Kimura and Asakawa，2006；Grayston et al.，2001)；cy17:0、cy19:0 指示厌氧菌(Vestal and White，1989；Zelles and Bai，1993)；15:0、a15:0、i15:0、10Me18:0 等用来指示放线菌(Vestal and White，1989)；i11:0、i13:0、9Me14:0、a14:0、i15:0、a16:0、i16:0、a17:0、i17:0、i18:0、2Me18:0 等表征革兰氏阳性菌(G+)；16:1ω7、16:1ω9、cy16:0、i16:1ω11t、18:1ω7、18:1ω10、18:1ω11、cy18:0 等可指示革兰氏阴性菌(G-)(Joergensen and Potthoff，2005；陈振翔等，2005)。目前，GC-MS 在土壤微生物群落研究中被广泛应用。

表 6.1 微生物类型的生物标记

生物标记	微生物类型	文献
18:1ω9、18:2ω9,12t、21:0、23:0	真菌	Zelles and Bai, 1993 于树等, 2008
11:0、12:0、13:0、14:0、15:0、 16:0、17:0、18:0、20:0、24:0	细菌	Kimura and Asakawa, 2006 Grayston et al., 2001
i11:0、i13:0、9Me14:0、a14:0、i15:0、a16:0、i16:0、 a17:0、i17:0、i18:0、2Me18:0	革兰氏阳性菌(G+)	White，1979 Vestal and White, 1989
16:1ω7、16:1ω9、cy16:0、i16:1ω11t、18:1ω7、18:1ω10、 18:1ω11、cy18:0	革兰氏阴性菌(G−)	Joergensen and Potthoff, 2005 陈振翔等，2005
15:0、a15:0、i15:0、10Me18:0	放线菌	Vestal and White, 1989
cy17:0、cy19:0	厌氧菌	Vestal and White, 1989 Zelles and Bai, 1993

注：cy 表示环状脂肪酸；ω 表示脂肪酸的甲基第一个双键的位置；a 表示反异支链脂肪酸；i 表示异式支链脂肪酸；Me 表示碳原子的甲基；t 表示反式脂肪酸；c 表示顺式脂肪酸。

6.1.2 高通量测序分析法

第一代测序技术由于成本高、通量低，很难满足大规模的测序需求，第二代测序技术正是在此背景下应运而生的。测序技术的变革使得测定几百万条 DNA 序列一次便可以完成(陈昊和谭晓风，2014)。目前，用于微生物群落多样性研究的高通量测序技术主要有 Roche 公司的 454 技术、ABI 公司的 SOLiD 技术以及 Illumina 公司的 Miseq 技术。454 技术测序原理是基于焦磷酸测序法，依靠生物发光对 DNA 序列进行检测。该技术不需要引入荧光标记引物或者核酸探针，也不需要电泳操作，具有灵敏度高、通量高及读长较长等特点，但其在判断连续单碱基重复区时存在准确度不高的缺陷。SOLiD 技术测序原理与 454 技术类似，采用的原理是边合成边测序。SOLiD 技术的特点在于其特有的双碱基编码原理提供的纠错机制使得每个碱基被检测两次，增加了序列读取的准确性。然而，相比于 454 技术，SOLiD 技术存在读长较短的问题。Miseq 技术测序原理也是 DNA 单分子簇的边合成边测序技术和可逆终止化学反应原理。目前可以支持 500～600 bp 的读长，堪与 454 技术读长媲美，而且通量远高于 454 技术，2×250 读长一个 run 可产出 7～9 G 的数据量，2×300 读长一个 run 可产出 12 G 的数据量。Miseq 技术测序平台同时拥有较长的读长和较高的数据量产出的特点，是应用于分子生态和基因组测序较为理想的平台。本书中微生物高通量数据依赖于 Miseq 技术测序平台的数据。

1. 土壤 DNA 提取

土壤 DNA 提取方法可分为间接提取法和直接提取法。间接提取法首先去除土壤等杂质，采用离心法分离微生物完整细胞后再进行裂解，提取微生物细胞的 DNA 并纯化。直接提取法不去除土壤等杂质，采用不同的细胞裂解方法(化学裂解、酶裂解和机械裂解等)

裂解土壤中的微生物细胞，然后提取细胞的 DNA。直接提取对某些特定样品用特定的操作方法能获得较高的提取效率，但是对有些生物量不高的样品则很难得到足够的环境总DNA 用于后续操作，适合在样品生物量较大但采样量不大的情况下采用。间接提取法在提取效率上远低于直接提取法，但用间接提取法得到的环境总 DNA 纯度较高，所有样品能直接用于 PCR 扩增，并且能更好地体现样品中微生物的多样性，适用于有大量样品的情况。由于土壤本身的复杂性、非均质性，土壤中腐殖酸、黏土矿物以及其他离子都会不同程度地影响土壤 DNA 的提取和纯度，抑制 DNA 聚合酶的活性从而影响土壤微生物多样性的分析。近年来，试剂盒提取法能快速有效地去除腐殖酸，适用于在较短时间内获得直接用于 PCR 扩增的较高纯度的 DNA，在土壤微生物 DNA 提取中得到广泛认可。本书选用 MoBio Power Soil DNA 试剂盒（MOBIO Laboratories，Inc., Carlsbad，CA，USA）提取土壤微生物总 DNA。

2. 土壤 DNA 浓度测定

DNA 的浓度和质量用 NanoDrop 2000C 分光光度计进行检测。DNA 在 260 nm 处有吸收峰，腐殖酸在 230 nm 处有吸收峰，计算 OD230/OD260（腐殖酸/DNA）可以确定所提DNA 中腐殖酸的污染程度。一般情况下 OD230/OD260 应在 0.4～0.5 为好，OD230/OD260越高，腐殖酸污染越严重。蛋白质在 280 nm 处有吸收峰，因此 OD260/OD280 经常被用于指示 DNA 中蛋白质的污染程度，当 OD260/OD280 为 1.8～2.2 时，DNA 较纯，当受蛋白质或其他杂质污染时，OD260/OD280 则较低。

3. PCR 扩增

扩增 16S rRNA 基因引物为 515F：5'-GTGCCAGCMGCCGCGGTAA-3' 和 806R：5'-GGACTACHVGGGTWTCTAAT-3'。PCR 扩增使用 BIO-RAD C1000 Touch Thermal Cycler（Bio-Rad，California，USA）。采用 25μl PCR 扩增体系：MIX 12.5μl（1.1×T3 Super PCR Mix，TsingKe Biological Technology，China），无菌水 9.5 μl，前后引物各 1 μl，DNA 模板 1 μl。PCR 反应程序为：95℃预变性 3 min，94℃变性 30 s，50℃退火 1 min，72℃延伸1 min，由第四步至第二步 35 个循环。后 72℃保温 10 min，12℃储存。

真菌扩增使用 ITS 通用引物 ITS3：5'-TCCGTAGGTGAACCTGCGG-3' 和 ITS4：5'-TCCTCCGCTTATTGATATGC-3'。PCR 扩增体系（25 μl）为：MIX 12.5 μl，无菌水 9.5 μl，前后引物各 1 μl，DNA 模板 1 μl。PCR 扩增条件为：95℃预变性 5 min，94℃变性 30 s，52℃退火 30 s，72℃延伸 45 s，由第四步至第二步 35 个循环，72℃保温 10 min。

每个样品做 2 个重复，PCR 完毕后混合为一管。于 1%琼脂糖凝胶中进行电泳，纯化出目的条带后，使用 SK8132 SanPrep DNA Gel ExtractionKit 按说明书步骤切胶回收。将回收后的 DNA 样品进一步用 NanoDrop 2000C 分光光度计测定 DNA 浓度。所有样品浓度和质量都严格按等摩尔浓度混合后用于 Miseq 平台测序。

4. 高通量测序数据分析

高通量测序数据处理使用 QIIME Pipeline（Version 1.9.0）进行。首先使用 FLASH（Version 1.2.7）进行序列拼接，将序列从 fastq 格式转化为 fasta 格式，然后通过与 barcode 和引物序列匹配，将所有 reads 分配到对应的样品，reads 与 barcode 的最大错配数为 1，同时切除 barcode 和引物。如果 reads 中含有 N 碱基，或含有 8 个及以上的连续相同碱基，或 reads 长度小于 200 bp，或 reads 长度大于 1000 bp，则去除该 reads。对所有切除了 barcode 与引物序列的 reads，利用 UCHIME 进行嵌合体检查并去除含有嵌合体的序列，从中挑选出代表序列。混合所有代表序列后使用 Cd-hit 在相似性为 97% 的水平上对序列进行运算分类单元（operational taxonomic unit，OTU）划分。分类信息使用 RDP（RiboSOCal Database Project）分类器将代表性序列与本地参考数据库（细菌：Greengenes 数据库，真菌：UNITE 7.0 数据库）进行比对获得物种注释信息，得到每个物种在该样品中的丰度。序列的比对排齐使用 PyNAST 算法，在构建进化树前进行比对质量检测。由于各个样品的测序深度不同，我们对所有样品的序列进行随机重抽样，使每一个样品细菌和真菌序列数都为 10000 条序列，以减少测序不均匀带来的影响。利用 QIIME 构建 OTU 表，然后计算 Alpha 多样性，包括辛普森（Simpson）指数、Chao1 指数、香农-维纳（Shannon-Wiener）指数和 Faith's PD 指数。采用布雷-柯蒂斯（Bray-Curtis）距离和 UniFrac 距离对土壤样品的 Beta 多样性差异性进行分析。

6.1.3　统计分析

1. 微生物多样性计算

用所测得的数据计算 Alpha 和 Beta 多样性指数（孙海新和刘训理，2004），Alpha 多样性包括物种丰富度、Shannon-Wiener 指数、Simpson 指数、Faith's PD 指数和 Chao1 指数。

物种丰富度（S）计算公式为

$$S = 样本内的微生物物种总数$$

Shannon-Wiener 指数（H）计算公式为

$$H = -\sum_{i=1}^{s} P_i \ln P_i$$

式中，$P_i = N_i/N$，N_i 为第 i 种物种数量/磷脂脂肪酸含量，N 为该实验中所有物种数量/磷脂脂肪酸含量总和；S 为同一样品中检测出的物种数/脂肪酸甲酯的种数。

Simpson 指数（D）计算公式为

$$D = 1 - \sum (N_i / N)^2$$

式中，N_i 为第 i 种物种数量/磷脂脂肪酸含量；N 为该实验中所有物种数量/磷脂脂肪酸含量总和。

系统发育多样性 Faith's PD 指数是指某一样地中分类单元系统发育分支长度之和 (Faith, 2013)，值越小，表明该样地内物种的系统发育多样性在整个区域的系统发育多样性占有的比例越小，在 R 程序的软件包 picante 中计算得到。Faith's PD 指数计算公式为

$$\text{Faith's PD} = 2BL_{ij} / (BL_i + BL_j)$$

式中，BL_i、BL_j 分别为群落 i 和群落 j 内所有物种系统发育结构的枝长和；BL_{ij} 为两个群落内共有物种系统发育结构的枝长和。Faith's PD 指数越大，表明这两个群落间的相似性越高。

Chao1 指数计算公式为

$$\text{Chao1} = S + \frac{n_1(n_1 - 1)}{2(n_2 + 1)}$$

式中，S 为同一样品中检测出的物种数；n_1 为只含有 1 条序列的 OTU 数目；n_2 为只含有 2 条序列的 OTU 数目。

Beta 多样性计算基于 Bray-Curtis 距离和 UniFrac 距离，并使用 PCoA 呈现。

Bray-Curtis 距离计算公式为

$$\text{Bray } d = 1 - 2\frac{\sum \min(S_{A,i}, S_{B,i})}{\sum S_{A,i} + \sum S_{B,j}}$$

式中，$S_{A,i}$ 和 $S_{B,i}$ 表示第 i 个 OTU 分别在 A 群落和 B 群落中的计数。min 表示取两者最小值。

UniFrac 距离计算公式为

$$\text{UniFrac } d = \frac{\sum_{i=1}^{m} b_i (p_i^A + p_i^B)^{\frac{1}{2}} | \frac{p_i^A - p_i^B}{p_i^A + p_i^B} |}{\sum_{i=1}^{m} b_i (p_i^A + p_i^B)^{\frac{1}{2}}}$$

式中，m 是分枝数；b_i 是 i 种的分枝长；p_i^A、p_i^B 分别是物种 i 在 A、B 群落的分枝比例。

2. 分析方法

试验数据均在 SPSS 16.0 和 Canoco for Windows 4.5 软件中进行统计分析，统计图形在 Origin 8.0 和 R 语言中绘制。采用单因素方差分析林分类型对土壤理化性质、微生物生物量和微生物群落多样性的影响；采用 Canoco for Windows 4.5 中的线性冗余分析来解释土壤环境因子与微生物特性间的关系，分析前数据进行 $\lg(X+1)$ 转换，使用蒙特卡罗 (Monte Carlo) 置换进行显著性检验 ($P < 0.05$)，采用皮尔逊相关分析检测土壤微生物群落特征与微生物多样性指数的关系。不同土层和林分上细菌和真菌相对丰富度的差异使用 circos 物种关系图进行表示。细菌及真菌门水平以下的类群差异使用 LEfSe 分析，通过 LAD 效应分数 (LAD >2) 差异性来判定该类群在不同处理下差异性 ($P < 0.05$)。将土壤全量养分 (土壤全碳含量、土壤全磷含量、土壤全氮含量) 进行降维，取第一维数据 (解释率可达

67.10%），使用 AMOS 23.0 构建结构方程模型。理想模型同时满足 $X^2 < 3$，RMSEA < 0.05，AGFI >0.9，$P < 0.05$。

6.2　土壤微生物 PLFA 分析

6.2.1　土壤微生物 PLFA 含量

1. 不同林分下的土壤微生物 PLFA 含量

利用常规实验室分析和磷脂脂肪酸(PLFA)分析法对青海省云杉、白桦、落叶松和山杨组成的 7 种不同林分类型(大通青海云杉天然林 A、大通白桦次生林 B、湟中白桦青海云杉天然混交林 C、乐都落叶松白桦天然混交林 D、民和山杨人工林 E、循化山杨白桦次生林 F、尖扎青海云杉天然林 G)表层土壤(0～20 cm)微生物群落结构的组成进行分析(表 6.2)。

表 6.2　各林分的林龄、平均胸径和平均树高

林分	林龄/a	平均胸径/cm	平均树高/cm
A	159	21.64	16.07
B	174	19.28	14.63
C	143	15.71	10.24
D	121	20.45	11.27
E	100	14.02	10.53
F	183	20.98	16.04
G	162	17.54	10.62

研究区不同林分类型土壤中共检测到 17 种 PLFA 生物标记，且 PLFA 生物标记的种类不尽相同，在大通青海云杉天然林(A)和大通白桦次生林(B)种类最多，而尖扎青海云杉天然林(G)种类最少；7 种林分类型土壤中含量最高的 PLFA 生物标记是 16:0，最丰富的脂肪酸种类是饱和脂肪酸；土壤微生物 PLFA 总量表现为大通白桦次生林(B)林分最高，尖扎青海云杉天然林(G)最低；细菌 PLFA 含量总体表现为阔叶林最高、针阔混交林其次、针叶林最低，真菌的 PLFA 含量明显表现为阔叶林>混交林>针叶林，且细菌的分布量显著大于真菌。

不同林分土样共检测出 17 种磷脂脂肪酸(PLFA)，碳链长度为 C13～C18，包含各种饱和脂肪酸、不饱和脂肪酸、甲基化分支脂肪酸和环丙烷脂肪酸生物标记。在大通青海云杉天然林(A)和尖扎青海云杉天然林(G)中 PLFA 的主要类型是代表革兰氏阳性菌的 a14:0、代表革兰氏阴性菌的 16:1ω9c 和代表广义细菌的 16:0，这 3 种类型之和分别占大通青海云杉天然林(A)和尖扎青海云杉天然林(G)林分 PLFA 总量的 69.07%和 70.40%。在大通白桦次生林(B)和湟中白桦青海云杉天然混交林(C)中 PLFA 的主要类群是代表革兰氏阳性菌的 i14:0、

代表革兰氏阴性菌的 16:1ω9c 和广义细菌的 16:0,这 3 种类型之和分别占大通白桦次生林(B)
和湟中白桦青海云杉天然混交林(C)林分 PLFA 总量的 67.93%和 69.07%。乐都落叶松白桦
天然混交林(D)中 PLFA 的主要类群是代表革兰氏阳性菌的 i14:0,代表广义细菌的 15:0 和
16:0,这 3 种类型之和占 PLFA 总量的 64.81%。民和山杨人工林(E)中的主要类群是代表广
义细菌的 15:0 和 16:0,这 2 种类型之和占 PLFA 总量的 51.70%。循化山杨白桦次生林(F)
中 PLFA 的主要类群是代表革兰氏阴性菌的 16:1ω9c,代表广义细菌的 15:0 和 16:0,这 3 种
类型之和占 PLFA 总量的 74.85%。在所有检测的土壤样品中,16:0 的检测值均为最大,其
含量为 8.68~30.13 nmol/g;碳饱和脂肪酸是土样中含量最丰富的脂肪酸种类,其相对含量
为 69.60%~85.89%(表 6.3)。结果表明,不同林分类型其土壤微生物群落存在差异,但是林
分组成相似的群落其土壤微生物优势类群也基本相同。此外,16:0 是青海森林主要土壤微生
物类群,最主要的脂肪酸种类是饱和脂肪酸。

表 6.3　不同林分土壤微生物的 PLFA 含量　　　　　　　(单位: nmol/g)

生物标记	A	B	C	D	E	F	G
i13:0	0.51±0.05a	4.26±1.00b	2.93±0.66c	0.56±0.17a	—	—	—
14:0	1.97±0.38a	2.70±0.54ab	2.96±0.75bc	1.33±0.40ad	5.05±0.39e	1.16±0.08d	—
a14:0	13.44±1.52a	—	—	—	8.49±1.05b	—	4.26±0.26c
i14:0	—	26.88±1.15a	19.79±0.83b	7.58±0.55c	—	—	—
15:0	—	—	—	5.80±1.42a	12.44±0.85b	5.39±0.54a	2.22±0.42c
i15:0	1.14±0.39a	2.21±0.66b	0.93±0.29a	1.00±0.11a	—	—	—
16:1ω9c	6.47±1.14a	19.12±1.49b	11.32±1.80c	3.63±0.80d	6.30±1.35a	3.85±0.33d	2.85±0.43d
16:0	21.42±1.45a	30.13±1.60b	23.27±2.37a	17.63±1.15c	27.54±1.79b	11.86±1.30d	8.68±1.25e
a16:0	1.92±0.16a	3.90±0.76b	3.28±0.31b	—	3.30±0.67b	1.03±0.19c	—
i16:0	0.88±0.13a	1.59±0.36b	—	0.33±0.13c	—	—	—
cy16:0	1.52±0.58a	3.56±0.59b	1.85±0.70a	0.73±0.33ac	1.31±0.37acd	0.47±0.02d	0.76±0.09ac
17:0	2.21±0.78a	2.52±0.49b	3.28±0.60bc	2.76±0.59bc	2.44±0.54a	1.46±0.02a	1.45±0.31a
18:1ω11t	3.96±0.97						
18:0	2.89±0.60a	3.81±1.17a	2.82±0.75a	4.03±0.90a	5.81±0.97b	1.15±0.63c	0.88±0.12c
18:1ω9c	—	—	6.30±1.10a	2.47±0.49b	4.25±0.87c	1.82±0.27bd	1.33±0.21d
18:1ω9t	1.51±0.05a	10.72±1.36b					
18:2ω9,12t	—	0.67±0.04					

注:不同小写字母代表差异显著(*P* < 0.05);cy.环状脂肪酸,ω.脂肪酸的甲基第一个双键的位置,a.反异支链脂肪酸,
i.异式支链脂肪酸,Me.碳原子的甲基,t.反式脂肪酸,c.顺式脂肪酸,—表示无数据。

由表 6.4 可知,不同林分土壤微生物各菌群 PLFA 含量和微生物总量均有差异。大通
白桦次生林(B)的微生物总量和细菌含量均最高,分别为 112.07 nmol/g 和 100.67 nmol/g,
尖扎青海云杉天然林(G)最低,分别为 22.42 nmol/g 和 21.09 nmol/g。不同林型土样的微
生物总量表现为大通白桦次生林(B)>湟中白桦青海云杉天然混交林(C)>民和山杨人工林
(E)>大通青海云杉天然林(A)>乐都落叶松白桦天然混交林(D)>循化山杨白桦次生林
(F)>尖扎青海云杉天然林(G);革兰氏阳性菌含量表现为大通白桦次生林(B)>湟中白桦青

海云杉天然混交林(C)>大通青海云杉天然林(A)>民和山杨人工林(E)>乐都落叶松白桦
天然混交林(D)>尖扎青海云杉天然林(G)>循化山杨白桦次生林(F)；革兰氏阴性菌含量
表现为大通白桦次生林(B)>湟中白桦青海云杉天然混交林(C)>大通青海云杉天然林
(A)>民和山杨人工林(E)>循化山杨白桦次生林(F)>乐都落叶松白桦天然混交林(D)>尖
扎青海云杉天然林(G)；细菌含量表现为大通白桦次生林(B)>民和山杨人工林(E)>湟中
白桦青海云杉天然混交林(C)>大通青海云杉天然林(A)>乐都落叶松白桦天然混交林
(D)>循化山杨白桦次生林(F)>尖扎青海云杉天然林(G)；真菌含量则表现为大通白桦次
生林(B)>湟中白桦青海云杉天然混交林(C)>民和山杨人工林(E)>乐都落叶松白桦天然
混交林(D)>循化山杨白桦次生林(F)>大通青海云杉天然林(A)>尖扎青海云杉天然林
(G)。总的来说，土壤微生物 PLFA 含量表现为阔叶林>混交林>针叶林。

表 6.4　土壤特征微生物类群 PLFA 总量　　　　　　(单位：nmol/g)

林分	PLFA 总量	革兰氏阳性菌	革兰氏阴性菌	细菌	真菌
A	59.84±7.37a	17.90±2.17a	11.95±2.67a	58.33±7.33a	1.51±0.05a
B	112.07±8.58b	38.83±2.87b	22.68±2.00b	100.67±7.38b	11.39±1.36b
C	78.72±7.69c	26.93±1.81c	13.17±2.24a	72.42±6.59c	6.30±1.10c
D	47.75±3.24d	9.46±0.67d	4.26±1.11c	45.28±3.33d	2.47±0.49a
E	76.94±1.09c	11.79±1.54d	7.61±1.63d	72.68±0.37c	4.25±0.87d
F	28.19±2.05e	1.03±0.19e	4.32±0.31c	26.37±2.26e	1.82±0.27a
G	22.42±2.15e	4.26±0.26f	3.61±0.53	21.09±1.96e	1.33±0.21a

注：不同小写字母代表差异显著($P<0.05$)。

2. 不同土壤类型及土层下的土壤微生物 PLFA 含量

对青海省黄棕壤(Haplic luvisols，HaL)和褐土(Eutric cambisols，EuC)两种不同土壤
类型的三个不同点的五个不同土层深度(0~10 cm，10~20 cm，20~30 cm，30~50 cm，
50~100 cm)进行取样，利用常规实验室分析和磷脂脂肪酸(PLFA)分析法对两种不同土壤
类型、不同土层深度的微生物群落结构的组成进行分析(表 6.5)。由表 6.6 可知，研究区
不同土壤类型及不同土层中共检测到 25 种 PLFA 生物标记，且 PLFA 生物标记的种类不
尽相同，在褐土第一个点(EuC-1)中种类最多，而黄棕壤第三个点(HaL-3)中种类最少；
两类土壤不同土层中含量最高的 PLFA 生物标记是 16:1ω9c，饱和脂肪酸和不饱和脂肪酸
种类均衡，但不饱和脂肪酸 PLFA 总含量更高。土壤微生物 PLFA 总量表现为褐土第三个
点(EuC-3)0~10 cm 土层最高，黄棕壤第三个点(HaL-3)50~100 cm 土层最低；细菌和真
菌的 PLFA 含量表现为褐土高于黄棕壤，且细菌分布量显著大于真菌；细菌和真菌的 PLFA
含量都随土层增加而降低。

表 6.5　祁连圆柏的地理和植物群落特征

	HaL-1	HaL-2	HaL-3	EuC-1	EuC-2	EuC-3
地理位置	36°01′48″ N, 98°11′38″ E	36°04′01″ N, 98°13′39″ E	36°04′03″ N, 98°13′32″ E	35°59′49″ N, 98°06′10″ E	35°59′18″ N, 98°06′37″ E	35°59′16″ N, 98°06′33″ E
海拔/m	3796	3798	3778	3619	3718	3726
坡度角/(°)	33	31	31	36	36	37
郁闭度/%	50	45	45	65	45	45
平均高度/m	8.07	6.72	9.54	9.98	11.37	10.32
平均胸径/cm	28.2	21.9	25.1	25.5	31.4	28.6
树木数量	112	111	88	107	110	92
林龄/a	30	30	30	40～50	40～50	40～50
样地面积/m²	600	600	600	600	600	600

注: -1、-2、-3 表示 3 个不同的取样点。

两种不同类型的土壤(黄棕壤和褐土)中，PLFA 的主要类群是代表革兰氏阴性菌的 16:1ω9c、代表一般性细菌的 16:00 和代表真菌的 18:1ω9c，这三种类型之和分别占黄棕壤和褐土土壤 PLFA 总量的 50.10%和 45.33%。

在黄棕壤 0～10 cm 土层(HaL#1)、20～30 cm 土层(HaL#3)中，PLFA 的主要类群是代表革兰氏阴性菌的 16:1ω9c、代表一般性细菌的 16:00 和代表真菌的 18:1ω9c，这三种类型之和分别占 0～10 cm 土层和 20～30 cm 土层土壤 PLFA 总量的 54.54%和 53.82%。在黄棕壤 10～20 cm 土层(HaL#2)中，PLFA 的主要类群是代表革兰氏阴性菌的 16:1ω9c、代表一般性细菌的 16:00 和代表真菌的 18:1ω9t，这三种类型之和占 10～20 cm 土层土壤 PLFA 总量的 57.16%。在黄棕壤 30～50 cm 土层(HaL#4)中，PLFA 的主要类群是代表革兰氏阴性菌的 16:1ω5c、代表一般性细菌的 16:00 和代表真菌的 18:1ω9t，这三种类型之和占 30～50 cm 土层土壤 PLFA 总量的 67.38%。在黄棕壤 50～100 cm 土层(HaL#5)中，PLFA 的主要类群是代表革兰氏阴性菌的 16:1ω5c，占 50～100 cm 土层土壤 PLFA 总量的 69.74%(表 6.6)。

褐土 0～10 cm 土层(EuC#1)、10～20 cm 土层(EuC#2)中 PLFA 的主要类群是代表革兰氏阴性菌的 16:1ω9c、代表一般性细菌的 16:00 和代表真菌的 18:1ω9c，三种类型之和分别占 0～10 cm 土层和 10～20 cm 土层 PLFA 总量的 57.25%和 50.78%。褐土 20～30 cm 土层(EuC#3)PLFA 的主要类群是代表革兰氏阴性菌的 16:1ω5c、代表一般性细菌的 18:00 和代表真菌的 18:1ω9t，三种类型之和占 20～30 cm 土层 PLFA 总量的 48.08%。褐土 30～50 cm 土层(EuC#4)PLFA 主要类群是代表革兰氏阴性菌的 16:1ω5c、代表一般性细菌的 16:00 和代表真菌的 18:1ω9t，这三种类型之和占 30～50 cm 土层土壤 PLFA 总量的 41.01%。褐土 50～100 cm 土层(EuC#5)中，PLFA 主要类群是代表革兰氏阴性菌的 16:1ω5c、代表一般性细菌的 13:00 和代表真菌的 18:1ω9t，占 50～100 cm 土层 PLFA 总量的 58.26%。在所有检测的土壤样品中，16:1ω9c 检测值最大，不饱和脂肪酸总 PLFA 含量大于饱和脂肪酸，占 PLFA 总含量的 69.67%(表 6.6)。

表 6.6 不同土壤类型及土层深度土壤微生物的 PLFA 含量

(单位: nmol/g)

生物标记	HaL#1	HaL#2	HaL#3	HaL#4	HaL#5	EuC#1	EuC#2	EuC#3	EuC#4	EuC#5
13:00	—	—	—	—	—	—	—	—	—	1.37±0.11
14:00	2.10±0.7b	—	1.46±0.24Aa	—	—	—	1.66±0.11b	2.10±0.22Ac	1.60±0.15b	1.01±0.13a
15:00	—	—	1.02±0.31	—	—	—	—	—	—	—
16:00	5.55±2.08Ab	3.09±0.70Aa	3.85±0.51Aab	4.10±0.45Aab	—	6.52±2.04Ab	6.10±1.97Ab	4.16±0.48Aab	1.12±0.02Aa	0.91±0.07a
18:00	5.45±0.89b	—	—	1.20±0.02a	—	3.83±1.14Aa	7.35±0.21b	3.32±1.16a	—	—
16:1ω5c	3.75±0.78Ab	2.97±0.35Ab	3.17±0.05Ab	1.65±0.55Aa	1.49±0.32Aa	—	4.09±0.76Aa	5.01±0.79Aa	2.86±1.76Aa	1.48±0.61Aa
16:1ω7c	3.21±0.32d	2.33±0.09Bc	1.00±0.04Ab	0.83±0.03Bb	0.40±0.1Aa	—	1.05±0.08Ac	2.18±0.17Bd	0.48±0.02Aa	0.68±0.25Ab
16:1ω9c	6.00±2.91Ac	5.30±0.52Abc	1.25±0.31Aab	2.12±0.53Aabc	0.25±0.08Aa	13.29±2.54Bb	6.19±2.84Aa	3.12±1.13Aa	3.72±1.59Aa	0.29±0.09Aa
18:1ω7t	2.31±0.79Ab	2.10±0.71Ab	0.89±0.02Aa	—	—	6.63±2.21Bd	2.20±0.11Ab	1.70±0.31Ba	4.86±0.03c	—
18:1ω12t	—	—	1.66±0.02	—	—	15.78±3.79	—	—	—	—
18:1ω6c	—	1.60±0.07A	—	—	0.33±0.01	—	1.49±0.07A	2.06±0.24b	0.41±0.03a	—
18:1ω7c	0.91±0.05A	—	—	—	—	—	1.84±0.07c	1.19±0.34a	—	—
10Me18:0	—	—	—	—	—	1.82±0.04Bb	1.11±0.01a	—	—	—
2Me18:0	—	—	—	—	—	2.22±0.04c	7.07±0.10b	—	2.00±0.19b	—
cy16:0	1.75±0.21	—	—	—	—	4.36±1.01a	—	—	—	—
cy18:0	—	—	—	—	—	—	—	—	—	—
i15:0	—	—	—	—	—	1.47±0.02c	3.54±0.23d	1.16±0.08b	0.38±0.05a	—
i16:0	—	—	—	—	—	—	—	1.62±0.13	—	—
i16:1ω11t	—	—	—	—	—	1.99±0.07b	—	1.54±0.28a	—	—
i17:0	—	—	—	—	—	—	—	—	0.28±0.01	—
i18:0	—	—	1.10±0.06Ba	1.40±0.05b	—	—	—	—	0.69±0.08Aa	0.43±0.04a
18:1ω9t	3.23±0.33c	2.89±0.98Ab	2.07±0.12Aa	5.58±0.07Bd	—	—	4.11±0.27Bb	4.16±1.42Bb	0.39±0.03Aa	0.38±0.10a
18:1ω9c	4.82±2.48Ab	3.39±0.36Aab	1.52±0.58Aab	—	—	9.83±2.11Bb	17.67±1.6Bc	1.42±0.13Aa	—	0.40±0.06a
18:2ω6,9	1.68±0.07Ab	0.92±0.09Aa	0.32±0.01A	—	—	2.08±0.19b	1.83±0.12Ba	1.11±0.07Ba	—	—
18:2ω9,12t	—	—	—	—	—	3.80±1.30Bb	—	—	—	—

注: 表中不同大写字母表示相同土层不同土壤类型之间差异显著(P<0.05), 不同小写字母表示同一土壤类型不同土层之间差异显著(P<0.05); #1、#2、#3、#4、#5分别表示0~10cm、10~20cm、20~30cm、30~50cm、50~100cm土层, 下同。

由图 6.1 可知，不同土壤类型及不同土层土壤微生物各菌群 PLFA 含量和微生物总量均有差异。不同土壤类型及不同土层土样的微生物总量表现为 0～10 cm 褐土(EuC#1)>10～20 cm 褐土(EuC#2)>0～10 cm 黄棕壤(HaL#1)>20～30 cm 褐土(EuC#3)>10～20 cm 黄棕壤(HaL#2)>20～30 cm 黄棕壤(HaL#3)>30～50 cm 褐土(EuC#4)>30～50 cm 黄棕壤(HaL#4)>50～100 cm 褐土(EuC#5)>50～100 cm 黄棕壤(HaL#5)；土壤一般性细菌生物量则表现为 0～10 cm 褐土(EuC#1)>10～20 cm 褐土(EuC#2)>0～10 cm 黄棕壤(HaL#1)>20～30 cm 褐土(EuC#3)>30～50 cm 褐土(EuC#4)>10～20 cm 黄棕壤(HaL#2)>20～30 cm 黄棕壤(HaL#3)>30～50 cm 黄棕壤(HaL#4)>50～100 cm 褐土(EuC#5)>50～100 cm 黄棕壤(HaL#5)；土壤真菌含量表现为 0～10 cm 褐土(EuC#1)> 10～20 cm 褐土(EuC#2)> 0～10 cm 黄棕壤(HaL#1)> 30～50 cm 黄棕壤(HaL#4)> 20～30 cm 褐土(EuC#3)>10～20 cm 黄棕壤(HaL#2)> 20～30 cm 黄棕壤(HaL#3)> 50～100 cm 褐土(EuC#5)> 30～50 cm 褐土(EuC#4)> 50～100 cm 黄棕壤(HaL#5)。总的来说，土壤微生物 PLFA 含量表现为褐土>黄棕壤，且随土层深度增加而降低。

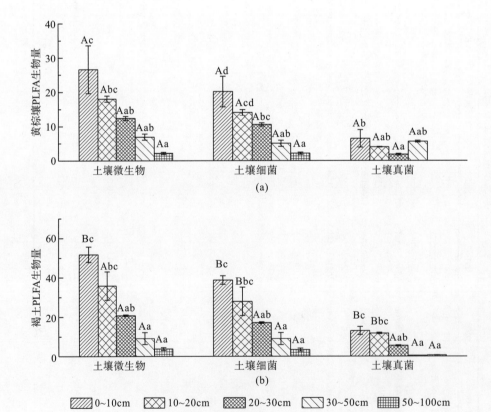

图 6.1　不同土壤类型及土层深度土壤微生物 PLFA 含量

注：表中不同大写字母表示相同土层不同土壤类型之间差异显著($P<0.05$)，

不同小写字母表示同一土壤类型不同土层之间差异显著($P<0.05$)。

3. 不同海拔梯度下的土壤微生物 PLFA 含量

利用常规实验室分析和磷脂脂肪酸(PLFA)分析法对青海省 6 个不同海拔梯度(2614 m、2705 m、2795 m、3119 m、3210 m、3300 m)表层土壤(0~20 cm)微生物群落结构的组成进行分析。研究区不同海拔梯度土壤中共检测到 11 种 PLFA 生物标记，且 PLFA 生物标记的种类不尽相同，在海拔 3119 m 种类最多，而海拔 3300 m 种类最少；6 个不同海拔梯度土壤中含量最高的 PLFA 生物标记是 16:0，最丰富的脂肪酸种类是饱和脂肪酸；土壤微生物 PLFA 总量、细菌 PLFA 含量、真菌 PLFA 含量均表现为海拔 3119 m 处最高，3300 m 最低；革兰氏阴性菌 PLFA 含量表现为海拔 3119 m 处最高，海拔 3300 m 处最低。

在所有海拔梯度中 PLFA 的主要类型均是代表革兰氏阳性菌的 a16:0、代表革兰氏阴性菌的 16:1ω9c、代表广义细菌的 16:0 和代表真菌的 18:1ω9c，这 4 种类型之和占海拔 2614 m 处 PLFA 总含量的 52.61%，占海拔 2705 m 处 PLFA 总含量的 62.84%，占海拔 2795 m 处 PLFA 总含量的 64.42%，占海拔 3119 m 处 PLFA 总含量的 59.32%，占海拔 3210 m 处 PLFA 总含量的 63.19%，占海拔 3300 m 处 PLFA 总含量的 58.03%。在所有检测的土壤样品中，16:0 的检测值均为最大，其含量为 8.57~29.31 nmol/g(表 6.7)。

表 6.7　不同海拔梯度土壤微生物的 PLFA 含量　　　　　　　(单位：nmol/g)

生物标记	2614 m	2705 m	2795 m	3119 m	3210 m	3300 m
14:0	2.10±0.02a	3.10±0.30b	2.46±0.10ab	6.36±0.41d	3.89±0.35c	2.55±0.03ab
15:0	10.42±0.34c	5.37±0.15a	7.84±0.36b	24.76±1.15d	11.67±0.48c	3.69±0.37a
16:0	14.12±0.57b	20.78±0.80c	14.46±0.71b	29.31±0.84e	23.40±0.50d	8.57±0.17a
17:0	1.84±0.15d	1.16±0.06ab	1.23±0.05ab	1.49±0.24bc	1.55±0.12bc	1.05±0.04a
18:0	1.57±0.12a	5.35±0.37c	1.76±0.11a	2.90±0.08b	2.93±0.21b	1.28±0.16a
a16:0	2.36±0.17c	0.76±0.05a	1.02±0.06a	1.57±0.12b	1.40±0.11b	0.94±0.03a
16:1ω7c	—	—	—	0.96±0.09	—	—
16:1ω9c	6.59±0.38cd	2.96±0.30b	5.89±0.12c	17.51±0.90e	7.62±0.39d	1.36±0.26a
cy16:0	0.63±0.04b	0.41±0.02a	0.60±0.03b	1.60±0.06d	0.87±0.02c	0.39±0.02a
18:1ω9c	4.57±0.35b	2.56±0.38a	4.12±0.38b	8.24±0.69c	4.87±0.14b	1.53±0.24a
18:2ω9,12t	0.38±0.03b	0.62±0.06c	0.18±0.02a	0.77±0.07d	0.80±0.05d	—

注：不同小写字母代表差异显著($P < 0.05$)。

由图 6.2 可知，不同海拔梯度土壤微生物各菌群 PLFA 含量和微生物总量均有差异。海拔 3119 m 处土壤微生物生物量、细菌生物量和真菌生物量均显著高于其他海拔，在海拔 3300 m 处土壤微生物生物量、细菌生物量和真菌生物量均显著低于其他海拔。不同海拔梯度的微生物总量表现为 3119 m >3210 m >2614 m >2705 m >2795 m >3300 m，土壤细菌含量表现为 3119 m >3210 m >2705 m >2614 m >2795 m >3300 m。土壤真菌则表现为

3119 m >3210 m >2614 m >2795 m >2705 m >3300 m。总的来说，土壤微生物 PLFA 含量随海拔增加呈现先增加后显著降低的趋势。

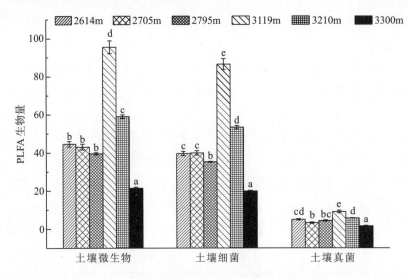

图 6.2　不同海拔梯度土壤微生物 PLFA 含量

注：不同小写字母代表差异显著（$P < 0.05$）。

4. 小结

在 7 种不同林分中，大通白桦次生林（B）的 PLFA 总含量、细菌 PLFA 含量及真菌 PLFA 含量均显著高于其他林分；在两种不同土壤类型中，褐土的土壤微生物 PLFA 总含量、细菌 PLFA 含量及真菌 PLFA 含量均高于黄棕壤，且土壤微生物 PLFA 总含量、细菌 PLFA 含量及真菌 PLFA 含量随土层深度的增加不断降低；在 6 个不同海拔梯度下，海拔 3119 m 处土壤微生物 PLFA 总含量、细菌 PLFA 含量及真菌 PLFA 含量均显著高于其他海拔，海拔 3300 m 处土壤微生物 PLFA 总含量、细菌 PLFA 含量及真菌 PLFA 含量均显著低于其他海拔，土壤微生物 PLFA 总含量、细菌 PLFA 含量及真菌 PLFA 含量随海拔的升高呈现先增加后降低的趋势。

6.2.2　土壤微生物群落组成

1. 不同林分下的土壤微生物群落组成

不同林分土壤微生物群落中不同菌群 PLFA 比值不同，各菌群的 PLFA 比值可反映微生物不同菌群相对含量和种群相对丰度的变化（表 6.8）。其中，细菌与真菌的 PLFA 比值表现为大通青海云杉天然林（A）>乐都落叶松白桦天然混交林（D）>民和山杨人工林（E）>尖扎青海云杉天然林（G）>循化山杨白桦次生林（F）>湟中白桦青海云杉天然混交林（C）>

大通白桦次生林(B)，大通白桦次生林(B)的细菌与真菌脂肪酸比值最低，为 8.87，大通青海云杉天然林(A)的细菌与真菌脂肪酸比值则最高，为 38.51；饱和脂肪酸与不饱和脂肪酸的比值表现为乐都落叶松白桦天然混交林(D)>民和山杨人工林(E)>循化山杨白桦次生林(F)>尖扎青海云杉天然林(G)>大通青海云杉天然林(A)>湟中白桦青海云杉天然混交林(C)>大通白桦次生林(B)，其中在乐都落叶松白桦天然混交林(D)最高，大通白桦次生林(B)最低；革兰氏阳性菌与革兰氏阴性菌的比值则表现为乐都落叶松白桦天然混交林(D)>湟中白桦青海云杉天然混交林(C)>大通白桦次生林(B)>民和山杨人工林(E)>大通青海云杉天然林(A)>尖扎青海云杉天然林(G)>循化山杨白桦次生林(F)，且循化山杨白桦次生林(F)显著小于其他林分类型。

表 6.8 不同林分下土壤微生物不同菌群 PLFA 比值

林分	细菌/真菌	饱和脂肪酸/不饱和脂肪酸	革兰氏阳性菌/革兰氏阴性菌
A	38.51±3.88a	3.50±0.30a	1.51±0.14ae
B	8.87±0.66b	2.30±0.21b	1.73±0.17ac
C	11.53±0.95bc	3.09±0.36abc	2.08±0.34cd
D	18.72±4.73d	6.29±1.54d	2.27±0.39d
E	17.77±3.88d	5.65±1.07d	1.60±0.37a
F	14.94±3.50cd	3.69±0.64c	0.24±0.05f
G	16.07±1.51d	3.58±0.24c	1.20±0.15e

注：不同小写字母代表差异显著($P < 0.05$)。

数据显示，由云杉、白桦、落叶松和山杨 4 种常见树种组成的 7 种不同林分的土壤微生物群落结构和组分含量存在显著差异。一方面是不同林分类型的土壤有机碳的积累和储存是不同的(丁访军等，2012；向泽宇等，2014)，从而造成养分含量差异，而土壤微生物群落的代谢活性以及组成在很大程度上是由生物地球化学循环、土壤有机物的代谢过程以及土壤的肥力和质量等因素决定(胡雷等，2015b)。另一方面，土壤微生物的群落特征受植物物种、植物根系及根系分泌物等因素的影响(Zak et al., 2003)，而本书正是在不同林分条件下进行的研究，林分组成存在差异，进而造成微生物群落结构的差异。此外，不同的土壤环境条件和林分特征(植被属性)形成不同功能群的土壤微生物，并以特定的方式影响土壤微生物群落的组成。树木影响林下植被群落的组成，林下植被群落也可以和土壤微生物相互作用，从而间接影响土壤微生物(Prescott and Grayston, 2013)。总结来说，林分类型越接近，其土壤微生物群落组成也越相近。

2. 不同土壤类型及土层的土壤微生物群落组成

不同土壤类型土壤微生物群落中不同菌群 PLFA 比值不同，各菌群的比值可反映微生物不同菌群相对含量和种群相对丰度的变化(表 6.9)。其中，细菌与真菌的比值表现为褐土 30～50 cm 土层>黄棕壤 20～30 cm 土层>褐土 50～100 cm 土层>褐土 10～20 cm 土层>黄棕壤 0～10 cm 土层>黄棕壤 10～20 cm 土层>褐土 20～30 cm 土层>褐土 0～10 cm 土层>黄棕壤 30～50 cm 土层，在褐土 30～50 cm 土层的细菌/真菌最高，为 6.94，黄棕壤 50～100 cm 土层未检测出真菌，所以没有细菌与真菌的比值，其中仅 30～50 cm 土层处黄棕壤和褐土之间有显著差异；饱和脂肪酸与不饱和脂肪酸的比值表现为褐土 10～20 cm 土层>黄棕壤 20～30 cm 土层>褐土 30～50 cm 土层>褐土 20～30 cm 土层>黄棕壤 30～50 cm 土层>黄棕壤 0～10 cm 土层>褐土 50～100 cm 土层>褐土 0～10 cm 土层>黄棕壤 10～20 cm 土层，在褐土 10～20 cm 土层饱和脂肪酸/不饱和脂肪酸最高，为 0.98，黄棕壤 50～100 cm 土层未检测出饱和脂肪酸，故没有饱和脂肪酸与不饱和脂肪酸的比值，且仅 10～20 cm 土层两种不同类型的土壤之间差异显著；革兰氏阳性菌与革兰氏阴性菌的比值表现为褐土 30～50 cm 土层>黄棕壤 50～100 cm 土层>褐土 20～30 cm 土层>褐土 50～100 cm>褐土 10～20 cm 土层>褐土 0～10 cm 土层，在褐土 30～50 cm 土层中革兰氏阳性菌/革兰氏阴性菌最高，为 1.13，在黄棕壤中，0～10 cm 土层、10～20 cm 土层、20～30 cm 土层和 30～50 cm 土层均未检测出革兰氏阳性菌，所以均没有比值，在 50～100 cm 土层，两种不同土壤类型之间革兰氏阳性菌与阴性菌比值差异显著，在褐土中，随着土层的增加，革兰氏阳性菌与阴性菌的比值先增加再降低，且不同土层间变化显著。

表 6.9　不同土壤类型及土层土壤微生物不同菌群 PLFA 比值

	细菌/真菌	饱和脂肪酸/不饱和脂肪酸	革兰氏阳性菌/革兰氏阴性菌
HaL#1	3.61±0.65Aab	0.50±0.14Ab	—
HaL#2	3.53±0.37Aab	0.21±0.05Aa	—
HaL#3	6.91±2.51Ab	0.85±0.02Ac	—
HaL#4	1.39±0.01Ba	0.51±0.04Ab	—
HaL#5	—	—	0.65±0.12Ba
EuC#1	3.08±0.46Aa	0.27±0.07Aa	0.01±0.003Aa
EuC#2	4.93±0.11Aab	0.98±0.41Ba	0.08±0.01Ab
EuC#3	3.35±0.19Aab	0.56±0.14Aa	0.30±0.01Ac
EuC#4	6.94±1.23Ab	0.67±0.28Aa	1.13±0.01Ad
EuC#5	5.00±2.18ab	0.47±0.14a	0.28±0.02Ac

注：不同大写字母表示相同土层不同土壤类型之间差异显著（$P < 0.05$），不同小写字母表示同一土壤类型不同土层之间差异显著（$P < 0.05$）。

3. 不同海拔梯度的土壤微生物群落组成

不同海拔梯度土壤微生物群落中不同菌群 PLFA 比值不同，各菌群的比值可反映微生物不同菌群相对含量和种群相对丰度的变化（表 6.10）。其中，细菌与真菌的比值表现为

3300 m>2705 m>3119 m>3210 m>2795 m>2614 m，海拔 2614 m 处的细菌/真菌最低，为 8.06，海拔 3300 m 处的细菌/真菌最高，为 13.64 m；饱和脂肪酸/不饱和脂肪酸的比值表现为 3300 m>2705 m>3210 m>2795 m>2614 m>3119 m，其中在海拔 3300 m 处饱和脂肪酸/不饱和脂肪酸最高，为 6.77，在海拔 3119 m 处最低，为 2.48；革兰氏阳性菌/革兰氏阴性菌的比值则表现为 3300 m>2614 m>2705 m>2795 m＝3210 m>3119 m，其中在海拔 3300 m 处革兰氏阳性菌/革兰氏阴性菌最高，为 0.55，在海拔 3119 m 处最低，为 0.08。

表 6.10　不同海拔梯度土壤微生物不同菌群 PLFA 比值

海拔	细菌/真菌	饱和脂肪酸/不饱和脂肪酸	革兰氏阳性菌/革兰氏阴性菌
2614 m	8.06±0.36a	2.88±0.13a	0.33±0.04c
2705 m	12.76±0.93b	6.01±0.20b	0.23±0.02b
2795 m	8.29±0.61a	2.89±0.11a	0.16±0.01ab
3119 m	9.66±0.53b	2.48±0.08a	0.08±0.01a
3210 m	9.41±0.20a	3.44±0.15a	0.16±0.02ab
3300 m	13.64±1.97b	6.77±1.07b	0.55±0.05d

注：不同小写字母代表差异显著（$P < 0.05$）。

4. 小结

在 7 种不同林分中，大通白桦次生林(B)的微生物丰富度最高，大通青海云杉天然林(A)的细菌与真菌 PLFA 比值最高，乐都落叶松白桦天然混交林(D)的革兰氏阳性菌和革兰氏阴性菌 PLFA 比值及饱和脂肪酸/不饱和脂肪酸最高；在两种不同土壤类型中，褐土的微生物丰富度大于黄棕壤，在 10～20 cm 及 20～30 cm 土层土壤微生物丰富度高于其他土层，黄棕壤 20～30 cm 土层细菌/真菌、饱和脂肪酸/不饱和脂肪酸均为最高，褐土 30～50 cm 土层细菌/真菌、革兰氏阳性菌/革兰氏阴性菌高于其他土层，10～20 cm 土层饱和脂肪酸/不饱和脂肪酸高于其他土层；在 6 个不同的海拔梯度下，海拔 3119 m 处土壤微生物丰富度最高，海拔 3300 m 处细菌/真菌、饱和脂肪酸/不饱和脂肪酸及革兰氏阳性菌/革兰氏阴性菌最大。

6.2.3　土壤微生物多样性

1. 不同林分下土壤微生物多样性

用 Simpson 指数和 Shannon-Wiener 指数综合描述不同林分土壤微生物群落特征，结果见图 6.3。从图 6.3 可以看出循化山杨白桦次生林(F)和尖扎青海云杉天然林(G)在多样性指数上显著小于其他林分（$P < 0.05$），但大通青海云杉天然林(A)、大通白桦次生林(B)、湟中白桦青海云杉天然混交林(C)、乐都落叶松白桦天然混交林(D)和民和山杨人工林(E)之间差异不显著（$P>0.05$）。

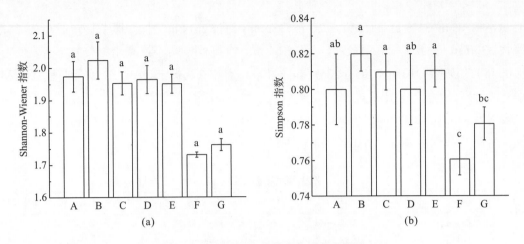

图 6.3　不同林分土壤微生物群落多样性

注：不同小写字母代表差异显著($P<0.05$)。

由表 6.11 可知，Simpson 指数和 Shannon-Wiener 指数与磷脂脂肪酸总量、细菌 PLFA 含量、真菌 PLFA 含量、革兰氏阳性菌 PLFA 含量、革兰氏阴性菌 PLFA 含量以及革兰氏阳性菌 PLFA 含量与革兰氏阴性菌 PLFA 含量比值、饱和脂肪酸 PLFA 含量、不饱和脂肪酸 PLFA 含量呈显著正相关，Simpson 指数与细菌 PLFA 含量/真菌 PLFA 含量及饱和脂肪酸/不饱和脂肪酸 PLFA 含量呈负相关，但不显著。

表 6.11　不同林分土壤微生物群落特征指标和多样性指数相关性

项目	Simpson 指数	Shannon-Wiener 指数
PLFA 总量	0.84**	0.84**
革兰氏阳性菌	0.78**	0.77**
革兰氏阴性菌	0.71**	0.70**
革兰氏阳性菌/革兰氏阴性菌	0.63**	0.67**
细菌	0.84**	0.85**
真菌	0.70**	0.61**
细菌/真菌	−0.14	0.11
饱和脂肪酸	0.84**	0.86**
不饱和脂肪酸	0.73**	0.70**
饱和脂肪酸/不饱和脂肪酸	−0.13	−0.03

注：*$P<0.05$；**$P<0.01$；***$P<0.001$。

植物与土壤微生物之间存在相互依存关系，如植物通过其凋落物、根系分泌物为土壤微生物提供营养，这导致了植物和微生物之间的协同进化，促进了土壤微生物的多样性。例如，阔叶和针叶植被的生化组成、植被物种间的差异、植物多样性的改变能够引起植物生物量、凋落物量及其有机组分的变化，会影响微生物群落组成和功能(蒋婧和宋明华，

2010；De Deyn et al.，2008）。本书研究也发现，针叶林（如 A 和 G）的真菌生物量最低，阔叶林（如 B、C 和 E）细菌生物量最高，说明了针叶林和阔叶林间土壤微生物群落组成存在差异，其原因可能是有些植物凋落物中含有抑制细菌活动的酚、醛等成分，从而间接地影响凋落物的分解率（Gordon，1998）。另外，富含低分子酚类化合物的凋落物进入土壤后控制着真菌占优势的微生物对氮的固持，加剧了低养分的状况（Wilson and Agnew，1992）；而富含碳水化合物和糖类的凋落物促进了细菌占优势的食物网，提高了生境的养分状况，会促进细菌的生长（Bardgett et al.，2005）。因此，林分（针叶林、阔叶林和针阔混交林）不同，植物组成不同引起凋落物及其分解速率的变化，造成回归土壤中养分的质量和数量产生差异，从而影响了微生物群落的组成和多样性。结果显示，不同林分类型其土壤微生物群落结构多样性存在显著差异。

2. 不同土壤类型及土层土壤微生物多样性

用 Simpson 指数和 Shannon-Wiener 指数综合描述不同土壤类型土壤微生物群落特征，结果见图 6.4。从图 6.4 可以看出对于黄棕壤和褐土两种不同类型土壤，仅 20～30 cm 两种土壤的多样性差异显著；对于同一种土壤类型不同土层的 Shannon-Wiener 指数和 Simpson 指数而言，两种土壤的不同土层没有显著差异。

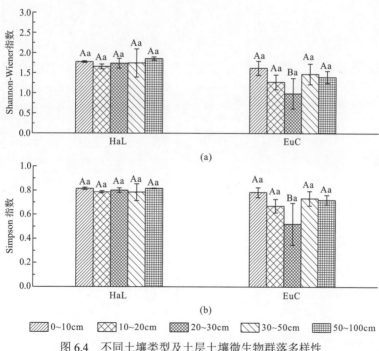

图 6.4 不同土壤类型及土层土壤微生物群落多样性

注：不同大写字母表示相同土层不同土壤类型之间差异显著（$P < 0.05$），

不同小写字母表示同一土壤类型不同土层之间差异显著（$P < 0.05$）。

由表 6.12 可知，Simpson 指数和 Shannon-Wiener 指数与磷脂脂肪酸总量、细菌 PLFA 含量、真菌 PLFA 含量、革兰氏阳性菌 PLFA 含量、革兰氏阴性菌 PLFA 含量、革兰氏阳性菌 PLFA 含量与革兰氏阴性菌 PLFA 含量比值、饱和脂肪酸 PLFA 含量、不饱和脂肪酸 PLFA 含量、细菌 PLFA 含量与真菌 PLFA 含量比值及饱和脂肪酸与不饱和脂肪酸 PLFA 含量比值均没有显著相关性。

表 6.12   不同类型土壤微生物群落特征指标和多样性指数相关性

项目	Simpson 指数	Shannon-Wiener 指数
PLFA 总量	−0.10	−0.13
革兰氏阳性菌	0.04	0.11
革兰氏阴性菌	0.10	0.07
革兰氏阳性菌/革兰氏阴性菌	0.05	0.11
细菌	−0.02	−0.07
真菌	0.04	0.11
细菌/真菌	−0.10	−0.15
饱和脂肪酸	−0.13	−0.16
不饱和脂肪酸	0.06	0.03
饱和脂肪酸/不饱和脂肪酸	−0.23	−0.26

3. 不同海拔梯度土壤微生物多样性

用 Simpson 指数和 Shannon-Wiener 指数综合描述不同海拔梯度土壤微生物群落特征，结果见图 6.5。从图 6.5 可以看出，海拔 2705 m 处土壤微生物多样性显著低于其他海拔，海拔 2614 m 处土壤微生物多样性显著高于其他海拔。随着海拔的增加，土壤微生物多样性呈现先降低后升高的趋势，最后趋于稳定，当海拔达到一定的高度时，土壤微生物多样性不再有显著的变化。

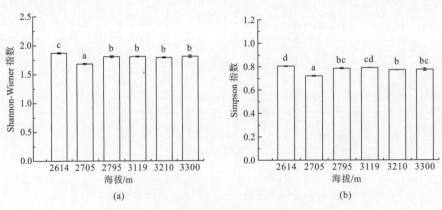

图 6.5   不同海拔梯度土壤微生物群落多样性

注：不同小写字母代表差异显著（$P < 0.05$）。

由表 6.13 可知，Simpson 指数与革兰氏阳性菌 PLFA 含量呈显著正相关，而和细菌 PLFA 含量与真菌 PLFA 含量比值及饱和脂肪酸与不饱和脂肪酸 PLFA 含量比值呈显著负相关，与磷脂脂肪酸总含量、革兰氏阴性菌 PLFA 含量、革兰氏阳性菌 PLFA 含量与革兰氏阴性菌 PLFA 含量比值、细菌 PLFA 含量、真菌 PLFA 含量、饱和脂肪酸 PLFA 含量及不饱和脂肪酸 PLFA 含量相关性均不显著。

表6.13　不同海拔梯度土壤微生物群落特征指标和多样性指数相关性

项目	Simpson 指数	Shannon-Wiener 指数
PLFA 总量	0.04	0.21
革兰氏阳性菌	0.73**	0.70**
革兰氏阴性菌	0.24	0.42
革兰氏阳性菌/革兰氏阴性菌	0.15	−0.61**
细菌	0.02	0.19
真菌	0.20	0.38
细菌/真菌	−0.51*	−0.15
饱和脂肪酸	−0.06	0.10
不饱和脂肪酸	0.23	0.41
饱和脂肪酸/不饱和脂肪酸	−0.54*	−0.67**

注：$*P < 0.05$；$**P < 0.01$；$***P < 0.001$。

4. 小结

在 7 种不同林分中，大通白桦次生林(B)土壤微生物多样性最大，循化山杨白桦次生林(F)土壤微生物多样性最低；在两种不同土壤类型中，仅在 20～30 cm 土层，黄棕壤土壤微生物多样性显著高于褐土，对于同一土壤类型，在土层间没有显著变化；在 6 个不同海拔梯度下，海拔 2705 m 处土壤微生物多样性显著低于其他海拔，海拔 2614 m 处土壤微生物多样性显著高于其他海拔，随着海拔的增加，土壤微生物多样性呈现先降低后升高的趋势。

6.3　土壤微生物 16S/ITS 测序分析

6.3.1　不同林分下土壤微生物群落组成

研究区位于青藏高原东部的青海省境内。云杉林采样点位于青海省同仁县(102°56′E、35°20′N)，平均海拔 2890 m，年平均温度为 5.3℃，年平均降水量为 340 mm，主要植物种为青海云杉、圆柏、银露梅、珠芽蓼、野草莓、老鹳草、羊茅。圆柏林采样点位于青海省同德县(100°48′E、34°46′N)，平均海拔 3300 m，年平均温度为 0.2℃，年平均降水量为 429 mm，主要植物种为圆柏、银露梅、珠芽蓼、薹草、矮生嵩草、银莲花、风毛菊、黄耆、早熟禾、黄帚橐吾。2011 年 7～8 月，根据典型抽样原则，在云杉林和圆柏林中分别选取 3 块（30 m×20 m）标准样地（每块样地间隔大于 50 m），用测绳按规格将样地拉好。对样地内的全部乔木鉴别树种名称并对胸径大于 5 cm 的乔木进行每木检尺。样地内随机选取 2 m×2 m 作为灌木样方，于灌木样方内设置草本样方（1 m×1 m）。对样方内灌木、草本进行鉴别并记录每个种类的个体数、高度、盖度等相关数据，并对样方内灌木、草本、凋落物全收获带回实验室用于测定生物量。

在每个 1 m×1 m 的草本样方中用土钻按 S 形钻取 5 个位点，按 0～10 cm、10～20 cm、20～30 cm、30～50 cm 深度钻取土壤样品。将同一土层土壤混合，采用四分法选取土壤样品并带回实验室。在实验室将土样过 1 mm 土壤筛，将过筛后的土壤一部分风干后用于养分含量测定，另一部分分装后于-20℃保存，用于土壤微生物多样性测定。采用环刀法测定 0～10 cm、10～20 cm、20～30 cm 和 30～50 cm 四个土层土壤容重（soil bulk density，SBD）。

1.不同林分下土壤细菌群落组成

云杉林土壤样品共获得细菌序列 443161 条，单个样品获得序列数为 20653～55373，平均每个样品序列条数为 36930。相对丰度位于前十名的细菌门类分别为 Acidobacteria（21.61%）、Verrucomicrobia（19.17%）、Proteobacteria（18.89%）、Planctomycetes（14.33%）、Bacteroidetes（9.64%）、Actinobacteria（6.75%）、Chloroflexi（5.45%）、Gemmatimonadetes（2.40%）、Nitrospirae（0.78%）和 WS3（0.23%）。Verrucomicrobia 在云杉林 10～20 cm、20～30 cm 土层相对丰度最高；Acidobacteria 在 0～10 cm、20～30 cm 土层中相对丰度最高（图6.6）。

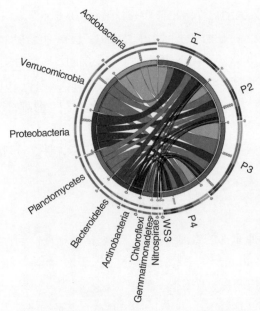

图 6.6　青海省云杉林不同土层细菌群落组成

注：P1.云杉林 0～10 cm 土层；P2.云杉林 10～20 cm 土层；P3.云杉林 20～30 cm 土层；P4.云杉林 30～50 cm 土层。

　　圆柏林土壤样品共获得细菌序列 480261 条，单个样品获得序列数为 27830～64894，样品平均序列条数为 40021。相对丰度位于前十名的细菌门类分别为 Acidobacteria（23.60%）、Proteobacteria（21.16%）、Planctomycetes（15.37%）、Verrucomicrobia（15.17%）、Bacteroidetes（10.93%）、Actinobacteria（5.24%）、Chloroflexi（4.15%）、Gemmatimonadetes（1.69%）、OD1（0.78%）和 Nitrospirae（0.76%）。Acidobacteria 在圆柏林各土层中相对丰度总和最高。Proteobacteria 在圆柏林 0～10 cm、20～30 cm 土层相对丰度最高；Acidobacteria 在 20～30 cm、30～50 cm 土层中相对丰度最高（图 6.7）。

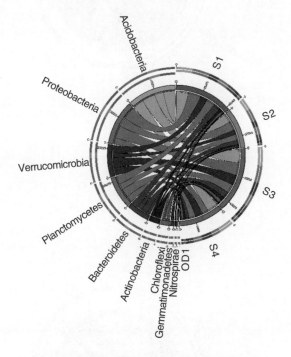

图 6.7　青海省圆柏林不同土层细菌群落组成

注：S1.圆柏林 0～10 cm 土层；S2.圆柏林 10～20 cm 土层；S3.圆柏林 20～30 cm 土层；S4.圆柏林 30～50 cm 土层。

　　0～10 cm 土层，在优势菌门中仅 Planctomycetes 及 Bacteroidetes 在云杉林的相对丰度高于圆柏林，其他优势菌门在圆柏林的相对丰度均高于在云杉林的相对丰度。云杉林与圆柏林细菌相对丰度最高的均为 Proteobacteria（图 6.8）。

　　10～20 cm 土层，云杉林 Verrucomicrobia、Actinobacteria、Chloroflexi 及 Gemmatimonadetes 相对丰度高于圆柏林，圆柏林 Proteobacteria、Acidobacteria、Planctomycetes、OD1 相对丰度高于云杉林。且云杉林细菌相对丰度最高的为 Verrucomicrobia，圆柏林细菌相对丰度最高的为 Proteobacteria（图 6.8）。

　　在云杉林与圆柏林 20～30 cm 土层中，Acidobacteria 及 Verrucomicrobia 相对丰度在云杉林土壤中高于圆柏林，其余优势菌门均表现为圆柏林高于云杉林。在云杉林与圆柏林 20～30 cm 土层中相对丰度最高的均为 Acidobacteria（图 6.9）。

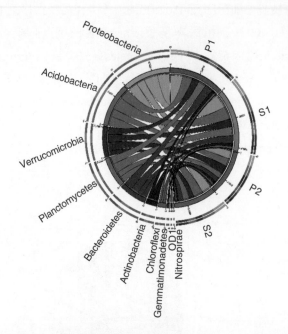

图 6.8　青海省云杉林与圆柏林 0～10 cm、10～20 cm 土层细菌关系图

注：P1. 云杉林 0～10 cm 土层；P2. 云杉林 10～20 cm 土层；S1. 圆柏林 0～10 cm 土层；S2. 圆柏林 10～20 cm 土层。

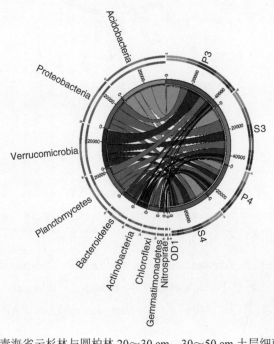

图 6.9　青海省云杉林与圆柏林 20～30 cm、30～50 cm 土层细菌关系图

注：P3. 云杉林 20～30 cm 土层；P4. 云杉林 30～50 cm 土层；S3. 圆柏林 20～30 cm 土层；S4. 圆柏林 30～50 cm 土层。

在云杉林与圆柏林 30～50 cm 土层中，Actinobacteria、Chloroflexi、Gemmatimonadetes 相对丰度在云杉林土壤中高于圆柏林，其余优势菌门均表现为圆柏林高于云杉林。在云杉林与圆柏林 30～50 cm 土层中相对丰度最高均为 Acidobacteria（图 6.9）。

通过 LEfSe 分析不同土层云杉林土壤细菌群落的生物标记类群（图 6.10），土壤细菌群落生物标记评价采用线性判别分析（linear discriminant analysis，LDA），评价标准为 LDA 值大于 2 且 $P < 0.05$。结果表明，0～10 cm 土层有 19 个细菌类群可作为云杉林 0～10 cm 土层的生物标记；10～20 cm 土层没有可作为生物标记的细菌类群；20～30 cm 土层仅 1 个细菌类群可作为生物标记；30～50 cm 土层有 10 个细菌类群可作为生物标记。

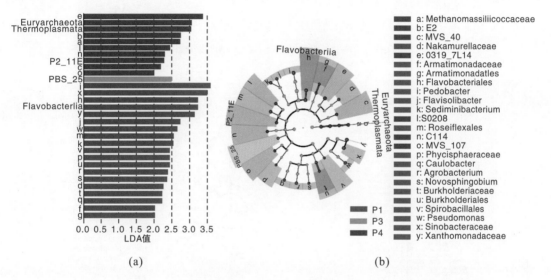

图 6.10　青海省云杉林不同土层细菌群落生物标记类群

注：图(a)为生物标记类群的 LDA 值，图(b)为生物标记类群的进化分枝树图；P1. 0～10 cm 土层；

P2. 10～20 cm 土层；P3. 20～30 cm 土层；P4. 30～50 cm 土层。

通过 LEfSe 分析不同土层圆柏林土壤细菌群落的生物标记类群（图 6.11）。结果表明，0～10 cm 土层有 8 个细菌类群可作为圆柏林 0～10 cm 土层的生物标记；10～20 cm 土层有 2 个细菌类群可作为生物标记；20～30 cm 土层没有可作为生物标记的细菌类群；30～50 cm 土层仅有 1 个细菌类群可作为生物标记。

通过 LEfSe 分析不同林型 0～10 cm 土层土壤细菌群落的生物标记类群（图 6.12）。结果表明，0～10 cm 土层有 11 个细菌类群可作为云杉林土壤生物标记，有 15 个细菌类群可作为圆柏林土壤生物标记。

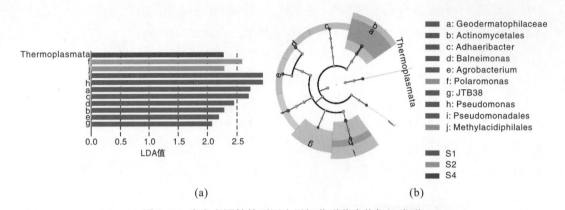

(a)　　　　　　　　　　　　　　　　(b)

图 6.11　青海省圆柏林不同土层细菌群落生物标记类群

注：图(a)为生物标记类群的 LDA 值，图(b)为生物标记类群的进化分枝树图；S1. 0～10 cm 土层；

S2. 10～20 cm 土层；S3. 20～30 cm 土层；S4. 30～50 cm 土层。

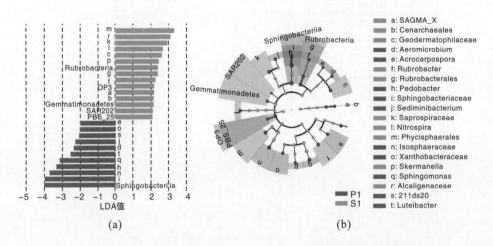

(a)　　　　　　　　　　　　　　　　(b)

图 6.12　青海省云杉林、圆柏林 0～10 cm 土层细菌群落生物标记类群

注：图(a)为生物标记类群的 LDA 值，图(b)为生物标记类群的进化分枝树图；P1. 云杉林 0～10 cm 土层；

S1. 圆柏林 0～10 cm 土层。

通过 LEfSe 分析不同林型 10～20 cm 土层土壤细菌群落的生物标记类群(图 6.13)。结果表明，10～20 cm 土层有 5 个细菌类群可作为云杉林土壤生物标记，有 19 个细菌类群可作为圆柏林土壤生物标记。

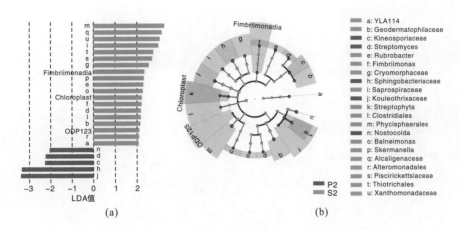

图 6.13　青海省云杉林、圆柏林 10～20 cm 土层细菌群落生物标记类群

注：图 (a) 为生物标记类群的 LDA 值，图 (b) 为生物标记类群的进化分枝树图；

P2. 云杉林 10～20 cm 土层；S2. 圆柏林 10～20 cm 土层。

通过 LEfSe 分析不同林型 20～30 cm 土层土壤细菌群落的生物标记类群 (图 6.14)。结果表明，20～30 cm 土层有 13 个细菌类群可作为云杉林土壤生物标记，有 4 个细菌类群可作为圆柏林土壤生物标记。

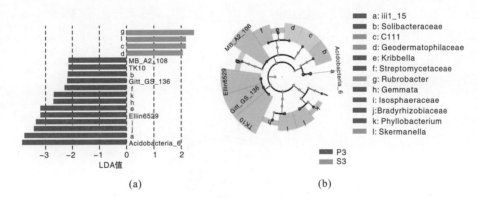

图 6.14　青海省云杉林、圆柏林 20～30 cm 土层细菌群落生物标记类群

注：图 (a) 为生物标记类群的 LDA 值，图 (b) 为生物标记类群的进化分枝树图；

P3. 云杉林 20～30 cm 土层；S3. 圆柏林 20～30 cm 土层。

通过 LEfSe 分析不同林型 30～50 cm 土层土壤细菌群落的生物标记类群 (图 6.15)。结果表明，30～50 cm 土层有 25 个细菌类群可作为云杉林土壤生物标记，有 5 个细菌类群可作为圆柏林土壤生物标记。

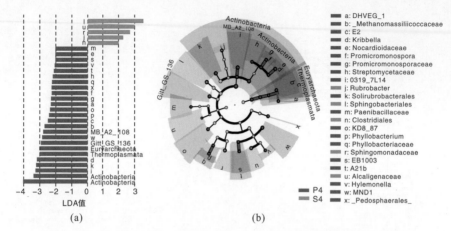

图 6.15　青海省云杉林、圆柏林 30～50 cm 土层细菌群落生物标记类群

注：图(a)为生物标记类群的 LDA 值，图(b)为生物标记类群的进化分枝树图；

P4. 云杉林 30～50 cm 土层；S4. 圆柏林 30～50 cm 土层。

2. 不同林分下土壤真菌群落组成

云杉林土壤样品共获得真菌序列 760928 条，单个样品获得序列数为 40487～88235，样品平均序列条数为 64310。在门的水平上，相对丰度由高到低依次为 Ascomycota (36.32%)、Basidiomycota(35.28%)、Zygomycota(1.52%)。在云杉林土壤 0～10 cm、10～20 cm、20～30 cm 及 30～50 cm 土层中，0～10 cm 土层真菌相对丰度最高，10～20 cm 土层真菌相对丰度最低，Ascomycota 在云杉林各土层中相对丰度总和最高。Ascomycota 在云杉林 0～10 cm、10～20 cm 土层相对丰度最高；Basidiomycota 在 0～10 cm、30～50 cm 土层中相对丰度最高(图 6.16)。

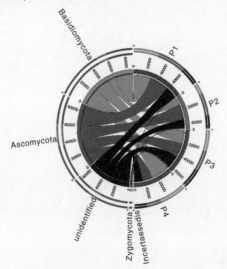

图 6.16　青海省云杉林不同土层真菌群落组成

注：P1.云杉林 0～10 cm 土层；P2.云杉林 10～20 cm 土层；P3.云杉林 20～30 cm 土层；P4.云杉林 30～50 cm 土层。

　　圆柏林土壤样品共获得真菌序列 903056 条，单个样品获得序列数为 47798～135585，样品平均序列条数为 75254。在门的水平上，相对丰度由高到低依次为 Ascomycota（45.90%）、Basidiomycota（13.44%）、Zygomycota（1.20%）、Chytridiomycota（0.07%）。Ascomycota 在圆柏林各土层中相对丰度总和最高。Ascomycota 在圆柏林 0～10 cm、10～20 cm、30～50 cm 土层相对丰度最高（图 6.17）。

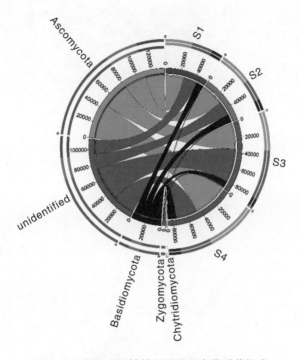

图 6.17　青海省圆柏林不同土层真菌群落组成

注：S1.圆柏林 0～10 cm 土层；S2.圆柏林 10～20 cm 土层；S3.圆柏林 20～30 cm 土层；S4.圆柏林 30～50 cm 土层。

　　0～10 cm 土层，圆柏林土壤中的 Zygomycota 相对丰度高于云杉林，其余优势菌门均表现为云杉林高于圆柏林。Ascomycota 相对丰度在云杉林与圆柏林 0～10 cm 土层均为最高（图 6.18）。

　　10～20 cm 土层，云杉林土壤中 Basidiomycota、Zygomycota 真菌相对丰度高于圆柏林，其余优势菌门相对丰度云杉林低于圆柏林。云杉林与圆柏林相对丰度最高的真菌同为 Ascomycota（图 6.18）。

　　20～30 cm 土层，圆柏林土壤中的 Ascomycota 及未知种真菌相对丰度高于云杉林，其余优势菌门相对丰度云杉林高于圆柏林。Basidiomycota 真菌相对丰度在云杉林中最高，圆柏林中相对丰度最高的是未知种及 Ascomycota（图 6.19）。

　　30～50 cm 土层，云杉林土壤中 Basidiomycota 真菌相对丰度高于圆柏林，其余优势菌门相对丰度云杉林低于圆柏林。云杉林土壤中相对丰度最高的真菌为 Basidiomycota，圆柏林中相对丰度最高的为 Ascomycota（图 6.19）。

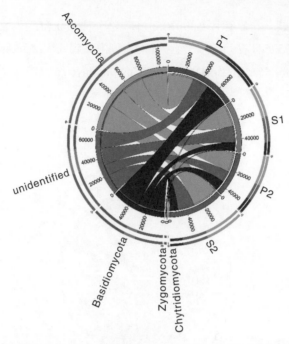

图 6.18　青海省云杉林与圆柏林 0～10 cm、10～20 cm 土层真菌关系图

注：P1.云杉林 0～10 cm 土层；P2.云杉林 10～20 cm 土层；S1.圆柏林 0～10 cm 土层；S2.圆柏林 10～20 cm 土层。

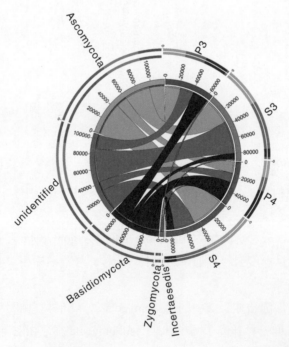

图 6.19　青海省云杉林与圆柏林 20～30 cm、30～50 cm 土层真菌关系图

注：P3.云杉林 20～30 cm 土层；P4.云杉林 30～50 cm 土层；S3.圆柏林 20～30 cm 土层；S4.圆柏林 30～50 cm 土层。

通过 LEfSe 分析云杉林不同土层土壤真菌群落的生物标记类群（图 6.20），本书中土壤真菌群落生物标记的评价标准为 LDA 值大于 2 且 $P < 0.05$。结果表明，有 5 个真菌类群

可作为云杉林 0～10 cm 土层的生物标记；20～30 cm 土层仅有 2 个真菌类群可作为生物标记；10～20 cm 与 30～50 cm 土层没有可作为生物标记的真菌类群。

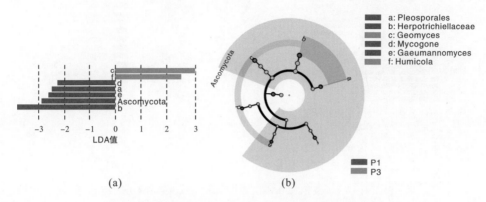

图 6.20　青海省云杉林不同土层真菌群落生物标记类群

注：图(a)为生物标记类群的 LDA 值，图(b)为生物标记类群的进化分枝树图；

P1. 0～10 cm 土层；P3. 20～30 cm 土层。

通过 LEfSe 分析不同土层圆柏林土壤真菌群落的生物标记类群(图 6.21)。结果表明，仅 0～10 cm 与 10～20 cm 土层各有一个真菌类群可作为生物标记；20～30 cm 与 30～50 cm 土层没有可作为生物标记的真菌类群。

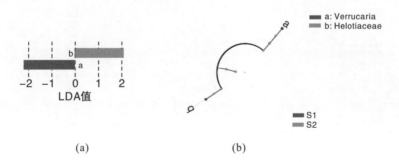

图 6.21　青海省圆柏林不同土层真菌群落生物标记类群

注：图(a)为生物标记类群的 LDA 值，图(b)为生物标记类群的进化分枝树图；

S1. 0～10 cm 土层；S2. 10～20 cm 土层。

通过 LEfSe 分析不同林型 0～10 cm 土层土壤真菌群落的生物标记类群(图 6.22)。结果表明，0～10 cm 土层有 10 个真菌类群可作为云杉林土壤生物标记，有 7 个真菌类群可作为圆柏林土壤生物标记。

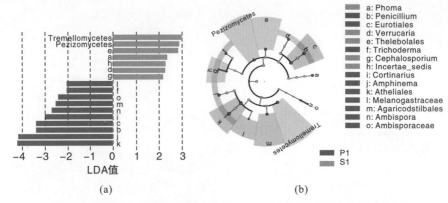

图 6.22　青海省云杉林、圆柏林 0～10 cm 土层真菌群落生物标记类群

注：图(a)为生物标记类群的 LDA 值，图(b)为生物标记类群的进化分枝树图；

P1. 云杉林 0～10 cm 土层；S1. 圆柏林 0～10 cm 土层。

通过 LEfSe 分析不同林型 10～20 cm 土层土壤真菌群落的生物标记类群（图 6.23）。结果表明，10～20 cm 土层有 14 个真菌类群可作为云杉林土壤生物标记，有 13 个真菌类群可作为圆柏林土壤生物标记。

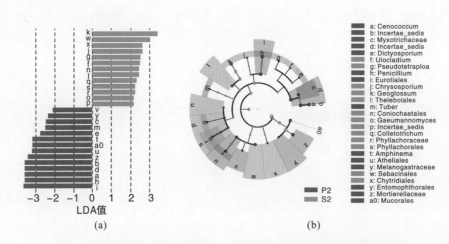

图 6.23　青海省云杉林、圆柏林 10～20 cm 土层真菌群落生物标记类群

注：图(a)为生物标记类群的 LDA 值，图(b)为生物标记类群的进化分枝树图；

P2. 云杉林 10～20 cm 土层；S2. 圆柏林 10～20 cm 土层。

通过 LEfSe 分析不同林型 20～30 cm 土层土壤真菌群落的生物标记类群（图 6.24）。结果表明，20～30 cm 土层有 27 个真菌类群可作为云杉林土壤生物标记，有 3 个真菌类群可作为圆柏林土壤生物标记。

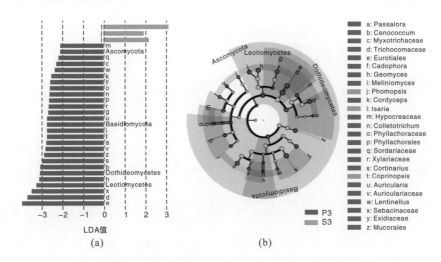

图 6.24　青海省云杉林、圆柏林 20～30 cm 土层真菌群落生物标记类群

注：图(a)为生物标记类群的 LDA 值，图(b)为生物标记类群的进化分枝树图；

P3. 云杉林 20～30 cm 土层；S3. 圆柏林 20～30 cm 土层。

通过 LEfSe 分析不同林型 30～50 cm 土层土壤真菌群落的生物标记类群(图 6.25)。结果表明，30～50 cm 土层有 14 个真菌类群可作为云杉林土壤生物标记；有 9 个真菌类群可作为圆柏林土壤生物标记。

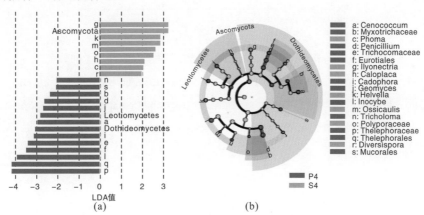

图 6.25　青海省云杉林、圆柏林 30～50 cm 土层真菌群落生物标记类群

注：图(a)为生物标记类群的 LDA 值，图(b)为生物标记类群的进化分枝树图；

P4. 云杉林 30～50 cm 土层；S4. 圆柏林 30～50 cm 土层。

3. 青海省云杉林、圆柏林土壤细菌群落组成与环境因子的关系

分析显示，Verrucomicrobia 相对丰度与土壤全钾含量(TK)、土壤容重(SBD)呈正相关，与灌木生物量(Shurb)、草本生物量(Herb)、凋落物生物量(Litter)、土壤全氮含量(TN)呈负相关；Acidobacteria 相对丰度与土壤全钾含量(TK)、土壤容重(SBD)、土壤

碳氮比（C/N）呈正相关，与凋落物生物量（Litter）、灌木生物量（Shurb）、土壤全氮（TN）
呈负相关；Actinobacteria 相对丰度与土壤碳氮比 C/N 呈正相关，与土壤 pH 呈负相关；
Planctomycetes 相对丰度与土壤 pH 呈负相关；Proteobacteria、Bacteroidetes 相对丰度与
土壤全碳含量（TC）、乔木生物量（Tree）呈正相关；OD1 相对丰度与土壤全磷（TP）、速
效磷（AP）含量呈正相关，与土壤碳氮比（C/N）、土壤全钾含量呈（TK）负相关；WS3、
Nitrospirae 与土壤全碳含量（TC）呈负相关；Chloroflexi、Gemmatimonadetes 相对丰度与
土壤速效磷（AP）含量呈负相关（图 6.26）。

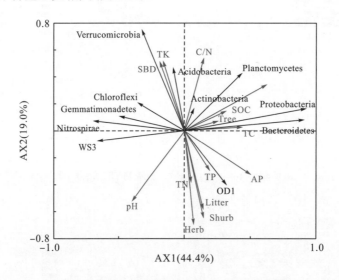

图 6.26　青海省云杉林与圆柏林不同土壤细菌门与环境因子间关系

注：Tree.乔木生物量；Herb.草本生物量；Shurb.灌木生物量；Litter.凋落物生物量；pH.土壤 pH；

SBD.土壤容重；SOC.土壤有机碳含量；TC.土壤全碳含量；TN.土壤全氮含量；TP.土壤全磷含量；

TK.土壤全钾含量；AP.土壤速效磷含量；C/N.土壤碳氮比。后同。

4. 小结

在两种不同林分下，土壤细菌相对丰度均在 20～30 cm 土层最高，在 30～50 cm 土层
最低；在 0～10 cm 土层，圆柏林细菌相对丰度高于云杉林，在 10～20 cm 土层，两种林
分细菌相对丰度相当，在 20～30 cm 土层，云杉林细菌相对丰度高于圆柏林，在 30～50 cm
土层，圆柏林细菌相对丰度高于云杉林，其中，云杉林和圆柏林 0～10cm 土层与其他土
层相比存在差异的细菌最多。在两种不同林分下，云杉林土壤真菌相对丰度在 0～10 cm
土层最高，在 10～20 cm 土层最低，圆柏林土壤真菌相对丰度在 20～30 cm 土层最高，在
0～10 cm 土层最低；在 0～10 cm 土层，云杉林细菌相对丰度高于圆柏林，在 10～20 cm、
20～30 cm 和 30～50 cm 土层，圆柏林细菌相对丰度高于云杉林。

6.3.2　不同林分下土壤微生物多样性

1. 不同林分下土壤细菌和真菌多样性

所有土壤样品中细菌 OTUs 为 1990～2406 个，真菌 OTUs 为 764～919 个。在 0～10 cm 和 10～20 cm 土层，云杉林与圆柏林细菌、真菌的 OTUs、Chao1 指数、Shannon-Wiener 指数、Simpson 指数及 Faith's PD 指数均无显著差异；在 20～30 cm 土层，云杉林与圆柏林细菌的 OTUs、Chao1 指数、Shannon-Wiener 指数、Simpson 指数及 Faith's PD 指数均无显著差异；在 30～50 cm 土层，圆柏林细菌的 Faith's PD 指数高于云杉林，但 OTUs、Chao1 指数、Shannon-Wiener 指数及 Simpson 指数无显著差异，云杉林与圆柏林真菌的 OTUs、Chao1 指数、Shannon-Wiener 指数、Simpson 指数及 Faith's PD 指数均无差异(表 6.14)。

2. 土壤微生物多样性影响因子

分析显示，青海省云杉林和圆柏林土壤细菌 Chao1 指数、Faith's PD 指数与土壤速效磷含量(AP)、土壤全磷含量(TP)呈正相关，与土壤容重(SBD)呈负相关；OTUs 与土壤速效磷含量(AP)、土壤全碳(TC)正相关程度较高；Shannon-Wiener 指数与土壤全碳含量(TC)、土壤速效钾含量(AK)呈正相关，与土壤 pH 呈负相关；Simpson 指数与土壤全碳含量(TC)、土壤有机碳含量(SOC)、乔木生物量(Tree)正相关程度较高，与土壤 pH 呈负相关(图 6.27)。

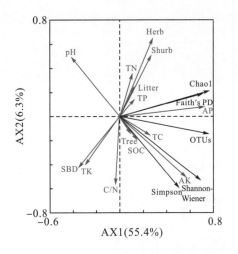

图 6.27　青海省云杉林与圆柏林土壤细菌群落多样性指数与环境因子间关系

表 6.14 青海省云杉林和圆柏林不同土层细菌、真菌群落多样性指数

多样性指数		0~10 cm 云杉林	0~10 cm 圆柏林	10~20 cm 云杉林	10~20 cm 圆柏林	20~30 cm 云杉林	20~30 cm 圆柏林	30~50 cm 云杉林	30~50 cm 圆柏林
OTUs	细菌	2363.4±306.1Aa	2406.3±71.8Aa	2197.5±187.3Aa	2346.9±111.6Aab	2189.2±205.4Aa	2128.8±147.2Abc	2011±51.0Aa	1989.9±66.6Ac
	真菌	883.1±83.0Aa	918.7±103.7Aa	776.2±36.5Aa	828.9±44.6Aa	862.0±112.3Aa	786.3±62.3Aa	763.6±101.4Aa	770.4±28.6Aa
Chao1	细菌	4083.8±452.2Aa	4210.8±180.46Aa	3805.9±324.3Aa	4183.0±245.1Aab	3911.2±272.5Aa	3867.3±222.7Aab	3538.6±26.7Aa	3670.7±116.5Ab
	真菌	1445.2±130.2Aa	1458.9±117.6Aa	1276.1±69.4Aa	1377.2±56.8Aa	1409.9±172.4Aa	1302.1±75.3Aa	1258.8±143.5Aa	1276.5±54.6Aa
Shannon-Wiener	细菌	9.02±0.36Aa	8.19±0.05Aa	8.58±0.15Aab	8.84±0.31Aa	8.38±0.36Aab	8.07±0.62Aa	8.21±0.14Ab	7.87±0.28Aa
	真菌	6.21±0.17Aa	6.40±0.69Aa	6.11±0.61Aa	5.60±0.64Aa	6.46±0.50Aa	5.58±0.37Aa	5.86±0.91Aa	5.62±0.04Aa
Simpson	细菌	0.99±0.00Aa	0.99±0.00Aa	0.98±0.00Aa	0.99±0.00Aa	0.98±0.00Aa	0.97±0.01Aa	0.98±0.00Aa	0.97±0.00Aa
	真菌	0.95±0.00Aa	0.95±0.01Aa	0.96±0.00Aa	0.94±0.03Aa	0.94±0.04 Aa	0.91±0.05 Ba	0.91±0.01Aa	0.93±0.01Aa
Faith's PD	细菌	145.86±17.32Aa	153.55±8.55Aa	139.34±12.71Aa	153.67±10.64 Aa	139.33±10.78 Aa	143.91±10.11 Aa	131.67±5.46Ba	134.91±1.19Aa
	真菌	192.32±14.99Aa	203.65±22.03Aa	163.73±9.56 Aa	177.22±13.35 Aa	181.90±27.95Aa	185.17±13.18Aa	165.23±19.55 Aa	175.67±7.84 Aa

注：大写字母不同代表相同土层上下两林分间差异显著（$P<0.05$），小写字母不同代表在该林分下两土层间差异显著（$P<0.05$）。

　　加权主坐标(Pco)分析显示，云杉林细菌在土层间没有重叠[图 6.28(a)]，说明细菌群落结构在云杉林土层中差异明显。云杉林中真菌、圆柏林中真菌和细菌在土层间具有明显重叠，说明在土层间没有群落结构多样性差异[图 6.28(b)～图 6.28(d)]。

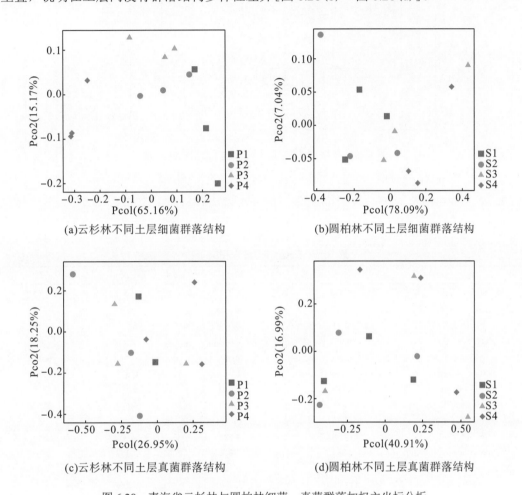

(a)云杉林不同土层细菌群落结构　　(b)圆柏林不同土层细菌群落结构

(c)云杉林不同土层真菌群落结构　　(d)圆柏林不同土层真菌群落结构

图 6.28　青海省云杉林与圆柏林细菌、真菌群落加权主坐标分析

注：P1.云杉林 0～10 cm 土层；P2.云杉林 10～20 cm 土层；P3.云杉林 20～30 cm 土层；P4.云杉林 30～50 cm 土层；S1.圆柏林 0～10 cm 土层；S2.圆柏林 10～20 cm 土层；S3.圆柏林 20～30 cm 土层；S4.圆柏林 30～50 cm 土层。

　　基于卡方检验($P>0.05$)、残差均方根(RMSEA $<$ 0.08)得到结构方程模型。模型显示，土壤全量养分(TC、TN、TP)对土壤细菌 OTUs 有直接影响；土壤有机碳(SOC)、pH 显著影响土壤细菌 Chao1 指数；土壤速效钾(AK)和全量养分显著影响土壤细菌 Shannon-Wiener 指数；凋落物(Litter)不仅直接影响土壤细菌 Chao1 指数和 Shannon-Wiener 指数，也会通过影响土壤有机碳含量和 pH 间接影响土壤细菌 Chao1 指数(图 6.29，表 6.15)。

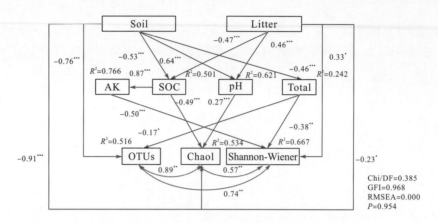

图 6.29　环境因子与细菌各项多样性指数间关系

注：Soil.土层；Litter.凋落物生物量；AK.土壤速效钾含量；SOC.土壤有机碳含量；pH.土壤 pH；Total.土壤全碳含量、土壤全氮含量、土壤全磷含量主坐标分析降维后的第一轴。红色箭头代表显著影响路径，蓝色双箭头代表两因子间显著相关（$P < 0.05$）。后同。

表 6.15　细菌结构方程相关参数

	估计值	标准差	C.R.	P
SOC ← Soil	-0.825	0.231	-3.572	***
SOC ← Litter	-110.030	33.133	-3.321	***
pH ← Soil	0.021	0.004	5.014	***
TOTAL ← Soil	-0.032	0.012	-2.652	**
AK ← Soil	-0.169	0.091	-1.860	0.063
TOTAL ← Litter	1.020	1.781	0.573	0.567
pH ← Litter	2.199	0.620	3.550	***
AK ← SOC	0.366	0.075	4.879	***
OTUs ← TOTAL	-34.357	16.182	-2.123	*
Chao1 ← Soil	-18.563	4.291	-4.327	***
Shannon-Wiener ← AK	0.033	0.010	3.352	***
Shannon-Wiener ← pH	-0.208	0.127	-1.634	0.102
Chao1 ← pH	171.406	52.740	3.250	**
Shannon-Wiener ← Litter	1.619	0.649	2.495	*
Chao1 ← Litter	-684.545	313.567	-2.183	*
Shannon-Wiener ← TOTAL	-0.192	0.063	-3.035	**
Chao1 ← SOC	-6.431	2.401	-2.679	**
OTUs ← Soil	-10.663	2.041	-5.225	***
Shannon-Wiener ← Soil	-0.010	0.006	-1.512	0.131
Chao1 ← AK	7.863	9.483	0.829	0.407
SOC ↔ TOTAL	5.571	2.884	1.932	0.053
SOC ↔ AK	-37.666	23.290	-1.617	0.106
Chao1 ↔ Shannon-Wiener	33.471	14.048	2.383	*
OTUs ↔ Shannon-Wiener	29.327	10.019	2.927	**
Chao1 ↔ OTUs	25760.009	7880.442	3.269	**
OTUs ↔ AK	160.814	101.746	1.581	0.114

注：C.R.表示临界比；***：$P < 0.001$，**：$P < 0.01$，*：$P < 0.05$；A ← B 表示 B 作用于 A，A ↔ B 表示 AB 相关。后同。

真菌多样性控制因素模型显示,土壤有机碳含量(SOC)对土壤真菌Chao1指数具有显著正效应;土层深度改变会直接导致土壤有机碳含量、土壤真菌 OTUs、Chao1 指数和 Shannon-Wiener 指数改变;凋落物(Litter)不仅直接影响土壤真菌 Chao1 指数和 Shannon-Wiener 指数,也会通过影响土壤有机碳含量间接影响土壤真菌 Chao1 指数(图 6.30,表 6.16)。

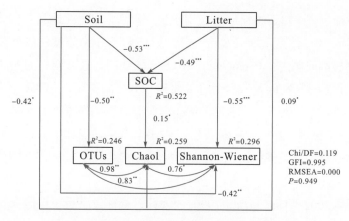

图 6.30　环境因子与真菌各项多样性指数间关系

表 6.16　真菌结构方程相关参数

	估计值	标准差	C.R.	P
SOC ← Soil	-0.825	0.226	-3.648	***
SOC ← Litter	-114.972	33.511	-3.431	***
OTUs ← Soil	-2.820	1.029	-2.742	**
Chao1 ← Soil	-3.341	1.439	-2.321	*
Shannon -Wiener ← Litter	-3.018	0.667	-4.524	***
Chao1 ← SOC	0.734	0.277	2.651	**
Shannon-Wiener ← SOC	-0.006	0.003	-1.920	0.055
Shannon-Wiener ← Soil	-0.017	0.007	-2.341	*
Chao1 ← Litter	107.711	54.686	1.970	*
Chao1 ↔ Shannon-Wiener	35.300	12.186	2.897	**
OTUs ↔ Shannon-Wiener	27.896	9.125	3.057	**
OTUs ↔ Chao1	7189.379	2144.612	3.352	***

3. 小结

在两种林分下,土壤真菌多样性仅云杉林的 Simpson 指数在 20~30 cm 土层显著大于圆柏林,圆柏林的细菌 Faith's PD 指数在 30~50 cm 土层显著大于云杉林;对于同一林分的不同土层而言,云杉林细菌 Shannon-Wiener 指数在 30~50 cm 土层与其他土层有显著差异,圆柏林仅细菌 OTUs 和 Chao1 指数在 30~50 cm 土层与其他土层差异显著。

第7章　青海省森林碳库功能

自从工业革命以来，化石燃料广泛应用于生产生活，加之土地利用方式改变，导致大气中的 CO_2 等温室气体浓度不断升高。因此，影响大气 CO_2 浓度的碳循环过程成为全球气候变化研究的核心问题之一(Luan et al., 2011)。陆地圈与大气圈之间的碳循环通常被认为处于平衡状态，但研究发现人为活动造成部分 CO_2 去向不明，这种现象被人们称为"失汇"(方精云等, 2007)。为了寻找这部分 CO_2，需要对不同的生态系统类型的碳源、碳汇功能进行探究(李以康等, 2012；王双晶等, 2014)。其中，森林生态系统是陆地生态系统的主要碳库，占陆地生态系统地上碳库的 80%、地下碳库的 40%(关晋宏等, 2016)。针对全球"失汇"现象，多数学者认为这是对森林生态系统缺乏足够的了解所致(刘国华等, 2000；王效科等, 2002；Tans et al., 1990)，因此对森林生态系统碳储存功能进行充分研究是非常必要的。

森林生态系统是陆地上最大的生物量生产基地，是陆地生物圈的主体(曹吉鑫等, 2009)，其巨大的碳库功能和较高的生产力在调节全球碳平衡、降低大气中 CO_2 等温室气体浓度，以及维持全球气候稳定等方面具有不可替代的作用(Dixon et al., 1994；Kauppi et al., 1992；Pan et al., 2011)。有学者针对森林生态系统的碳储量和碳汇功能进行了大量研究(Akselsson et al., 2005)，我国也有不少学者发表了森林生态系统碳储量和碳密度的研究(王秀云和孙玉军, 2008；杨洪晓等, 2005；张玮辛等, 2012)，但多数研究集中在全球或国家尺度上(李银等, 2016；王效科等, 2001；赵敏和周广胜, 2004；Dixon et al., 1994)。此类研究结果存在较大的差异，主要原因是我国植被类型多样，研究区域较复杂，估算方法和基础数据存在差异(吕超群和孙书存, 2004)。同时，以往的研究主要针对乔木层，而对林下植被、凋落物和土壤的碳储量和碳密度关注较少(陈科宇等, 2018)。因此需要通过对不同省份、不同林型的各个组分进行详细的调查分析，提高我国碳储量估算的精度，进而探究不同环境和人为因素对森林生态系统碳储量的影响及其作用机制。

森林生态系统的演替作为陆地生态系统植被群落的顶级演替，不同植物呈现垂直分布结构(余新晓等, 2010)。碳储单元由上至下可分为乔木层、灌木层、草本层、凋落物和土壤。乔木是森林生态系统的主体植物，能够贡献森林生态系统植物中大部分的碳储量(81.37%～95.83%)(关晋宏等, 2016；黄晓琼等, 2016；李银等, 2016；王建等, 2016)。由于乔木生长周期长，碳储速率相对稳定，因此大量研究以乔木层的固碳速率和固碳潜力作为估算森林生态系统固碳速率和固碳潜力的指标(孙世群等, 2008；Liu et al., 2012)。灌木层、草本层作为森林生态系统中的林下植被，在森林生态系统养分循环、改善土壤肥力、为林下生物提供栖息环境和提高生态系统多样性等方面具有重要意义，是森林生态系统不可或缺的组成部分(卢振龙和龚孝生，2009；郑绍伟等，2007)。灌木层、草本层生物量在森林生态系统中占比较低，且生活史相对较短，其碳储量更多用于计算即时的森林生态系统碳储量，而不用于估算森林生态系统的固碳速率和固碳潜力。土壤作为陆地生态系统中物质与能量交换的重要场所，影响着植物群落的组成、结构、功能和生态系统的稳定性(胡亚林等，2006)。土壤贮藏着大量碳、氮、磷等养分元素，在森林生态系统中，土壤碳储量约占生态系统总碳储量的三分之二。大量研究表明土壤碳储量受气候、植被等环境、生物因素和人为因素的共同控制(杜虎等，2016)，且不同空间尺度上土壤碳储量存在较大差异(李龙等，2018)。近年来，随着国家对林业的支持力度以及重视程度不断提升，针对森林碳储量的研究大量增加，虽然方式各异，但都为我国精准评价森林碳库提供了大量基础数据。

青海省位于我国西北内陆腹地，地域辽阔，跨青藏、蒙新和黄土三大高原各一部分(刘喜梅和李海朝，2013)。受地理位置和地貌影响，青海省内气候类型多样、地形复杂，其中高原和荒漠占据了青海省的大部分面积。同时，青海省还是长江、黄河和澜沧江的发源地(邵全琴等，2017)，省内的植被群落对于全国乃至世界生态系统的稳定具有重要意义。由于地处青藏高原东北部，青海省地势呈现南高北低，水热条件的纬向分布被高原地形所削减，垂直地带叠加于水平地带之上，森林类型受其影响，在南北方向上呈现出相对一致性，即统属于寒温性针叶林，温性针阔林处于次要地位。以云杉、圆柏为主要建群种的寒温性针叶林占全省乔木林面积的67%，而以桦木和杨树为主要建群种的温性阔叶林则多为次生林，占全省乔木林面积的29%(根据2008年青海省森林资源连续清查结果)。青海省森林生态系统发挥着维持气候、环境稳定和保水碳储的重要功能，但受地形环境等因素影响，省内森林生态系统各类基础信息数据相对不全面，且森林都不同程度受人为扰动影响。已有对于省内森林生态系统碳储量的研究多集中于祁连山区，或通过青海省森林资源清查资料结合蓄积量-生物量方程估算了青海省碳储量情况(陈文年等，2003；张鹏等，2010)。采用森林资源清查资料与实地调查数据相结合的方法来估算青海省内森林生态系统碳储现状、固碳速率和固碳潜力的数据资料相对匮乏，导致对青海省森林生态系统碳汇功能了解不充分，严重影响对其生态功能进行全面了解，进而限制了森林资源的合理利用。实地调查虽受地形等因素的影响，但通过实地调查测量不但能够得出相对更精确的数据结果(Tang X et al.，2018)，而且可以对由乔木生物量与蓄积量回归方程估算的青海省碳储量进行实地验证(方精云等，1996；罗天祥等，1998；Fang et al.，2001)。因此，本章利用2008年青海省森林资源连续清查资料数据和标准样地实测数据相结合的方法评估青海省森林生态系统的碳储现状、固碳速率和固碳潜力，为我国区域尺度上的森林碳汇估算研究提供基础数据和科学参考。

7.1 研 究 方 法

7.1.1 研究区概况

青海省位于青藏高原东北部(31.36°～39.12° N，89.24°～103.04° E)，是长江、黄河、澜沧江的发源地。燕山运动造成其地形复杂多样，高山、丘陵、河谷、盆地交错分布，最低海拔 1650 m，最高海拔 6860 m，平均海拔 3000 m 以上。青海省属典型高原大陆性气候，年平均气温为-3.7～6.0℃，年日照时数为 2340～3550 h，年降水量为 16.7～776.1 mm(大部分地区在 400 mm 以下)，年蒸发量为 1118.4～3536.2 mm。

根据 2008 年青海省森林资源连续清查结果，青海省森林面积为 329.56×10^4 hm²，森林覆盖率为 4.57%。森林植被分布于 96° E 以东的主要江河及支流的河谷两岸，大多分布在海拔 2500～4200 m 地区，以寒温带常绿针叶亚林型为主，其次为落叶林植被型(多为原始林破坏后的次生类型)。该区域植被跨青藏高原、温带荒漠和温带草原 3 个植被区，具有高寒和旱生的特点，常见针叶树种有云杉、圆柏等，阔叶树种有杨树、桦木等(张永利等，2007)。林下灌木有金露梅、鲜卑花、野蔷薇、银露梅等，主要的森林土壤类型有棕色针叶林土、暗棕壤、褐土。

7.1.2 采样点设置

云杉林、圆柏林、桦木林、杨树林和松树林是青海省森林生态系统的主要林分类型，总面积为 35.15×10^4 hm²(表 3.2)，占青海省乔木林面积的 98%。本章针对以上 5 种主要林分类型，通过划分幼龄林、中龄林、近熟林、成熟林和过熟林，研究各主要林分类型在不同林龄下的乔木层碳储量、灌木层碳储量、草本层碳储量、凋落物碳储量和土壤碳储量，进而估算青海省森林生态系统总碳储量及其分配特征、固碳速率和固碳潜力。样地设置采用普遍调查与典型调查相结合的方法。依据青海省 2008 年森林清查资料提供的各林分类型面积和蓄积量等信息，综合考虑各林分类型在全省森林中面积和蓄积量的不同权重，并以此为标准，兼顾调查的全面性、均匀性和可行性来进行样地设置。共设置野外调查样地80 个，每块样地设置 3 个重复样方，共计 240 个样方，其中云杉林样方 137 个，桦木林样方 40 个，圆柏林样方 36 个，杨树林样方 24 个，松树林样方 3 个。在上述乔木样方内采用对角线设置 3 个灌木样方和 3 个草本样方。

7.1.3 调查方法

每个样点设置 3 个乔木重复样方(50 m×20 m 或 30 m×20 m)，样点间距为 100 m 以上。在上述乔木样方内对角线位置上设置 3 个灌木样方(2 m×2 m)，同时在乔木样方内对角线上设置 3 个草本样方(1 m×1 m)。乔木样方调查记录的指标有地理位置、海拔、坡度、坡向、树种组成、投影面积、郁闭度、人为活动事件描述、人为活动影响程度等。对样地内胸径大于 5 cm 的乔木全部测定树高。采集乔木层优势种各部分器官鲜质量约 300 g 带回实验室,烘干。灌木样方记录灌木名称、株丛数、总盖度、平均高度和平均基径。将样方内的灌木植被全部收获,同时按灌木不同部位(叶、枝干、根)进行分类混合后带回实验室,烘干。草本样方记录草本植物的种类、盖度、株数和平均高度,地上部分采用全收获法,地下部分根系测定采用土钻法,将全部草本样品带回实验室,烘干。凋落物样品取自草本样方,对样方内全部凋落物进行收获,带回实验室,烘干。在每个草本样方内用土钻法(内径 5 cm)分五个土层(0~10 cm、10~20 cm、20~30 cm、30~50 cm、50~100 cm)分别钻取土壤样品(不够 100 cm 至基岩为止),相同样方、相同土层的土壤样品混合为 1 个土壤样品。取各土壤样品鲜土若干,风干、磨碎、过筛(2 mm 筛)后用于土壤碳的测定。采用重铬酸钾-硫酸氧化法测定样品碳含量(陈科宇等,2018)。

7.1.4　数据处理

1. 青海省森林碳储量计算

根据实地乔木样方中测量得到的乔木胸径(D)和树高(H),结合表 7.1 中的生物量异速生长方程,计算样方中每株乔木的器官生物量,并乘以相应的器官含碳率,加和得到单株乔木的碳储量,再累加样方内所有乔木的碳储量,得到样方内乔木层的总碳储量,除以该样方面积得到乔木层碳密度。将同一林分类型且同一龄级(林龄划分标准见表 7.2)的样方碳密度进行归类求出平均值,作为该林分类型在此龄级的碳密度。根据现有不同龄级林分类型的碳密度,结合青海省森林资源连续清查第五次复查结果(2008 年)提供的对应林地面积,估算出青海省 2011 年乔木层植被总碳储量 C_F(王建等,2016):

$$C_F = \sum_{i=1}^{i} \sum_{i=1}^{i} (C_{Fj,i} \times A_{Fj,i}) / 1000000$$

式中,$C_{Fj,i}$ 为第 i 种林分类型第 j 个林龄的森林生态系统碳密度(Mg/hm^2);$A_{Fj,i}$ 为第 i 种林分类型第 j 个林龄的分布面积(hm^2)。

表 7.1　青海省优势树种生物量异速生长方程

林分类型	器官	生物量异速生长方程	R^2	胸径
云杉林	干	$W_S = 0.0447(D^2H)^{0.8564}$	0.986	1.0~88.0
	枝	$W_B = 0.0184(D^2H)^{0.8539}$	0.988	
	叶	$W_L = 0.0120(D^2H)^{0.8654}$	0.992	
	根	$W_R = 0.0084(D^2H)^{0.9405}$	0.992	
杨树林	干	$W_S = 0.0417(D^2H)^{0.8660}$	0.992	7.2~21.0
	枝	$W_B = 0.0095(D^2H)^{0.8951}$	0.986	

林分类型	器官	生物量异速生长方程	R^2	胸径
杨树林	叶	$W_L = 0.0035\,(D^2H)^{0.8774}$	0.990	
	根	$W_R = 0.0289\,(D^2H)^{0.7860}$	0.886	
针叶混交林	干	$W_S = 0.0373\,(D^2H)^{0.9758}$	0.784	3.0~178.5
	枝	$W_B = 0.0082\,(D^2H)^{1.0842}$	0.662	
	叶	$W_L = 0.0207\,(D^2H)^{0.8481}$	0.619	
	根	$W_R = 0.0379\,(D^2H)^{0.7321}$	0.542	
阔叶混交林	干	$W_S = 0.0401\,(D^2H)^{0.8514}$	0.933	1.4~67.5
	枝	$W_B = 0.0079\,(D^2H)^{1.0070}$	0.901	
	叶	$W_L = 0.0075\,(D^2H)^{0.8592}$	0.846	
	根	$W_R = 0.0176\,(D^2H)^{0.8841}$	0.917	
针阔混交林	干	$W_S = 0.0287\,(D^2H)^{0.9953}$	0.801	1.4~178.5
	枝	$W_B = 0.0067\,(D^2H)^{1.0999}$	0.696	
	叶	$W_L = 0.0130\,(D^2H)^{0.8888}$	0.656	
	根	$W_R = 0.0299\,(D^2H)^{0.7547}$	0.609	

注：引自生态系统固碳项目技术规范编写组(2015)。D.胸径(cm)；H.树高(m)；W_S.树干生物量(kg)；W_B.树枝生物量(kg)；W_L.树叶生物量(kg)；W_R.树根生物量(kg)。

表7.2　青海省主要林分类型林龄划分标准 （单位：a）

林分类型	幼龄林	中龄林	近熟林	成熟林	过熟林
云杉林	≤60	61~100	101~120	121~160	≥161
圆柏林	≤60	6~100	101~120	121~160	≥161
桦木林	≤30	31~50	51~60	61~80	≥81
杨树林	≤10	11~15	16~20	21~30	≥31

　　灌木层、草本层和凋落物的生物量通过称重烘干后的样品得到。生物量乘以相应器官（灌木枝、叶、根）或整体（草本、凋落物）的含碳率，分别得到样方内灌木、草本和凋落物的碳储量。将同一乔木样方内的灌木、草本和凋落物碳储量分别相加除以面积之和，分别得到该乔木样方中灌木层、草本层和凋落物的平均碳密度。将同一林分类型且同一龄级的样方灌木、草本、凋落物碳密度进行归类求出平均值，作为该林分类型在此龄级的灌木层、草本层和凋落物碳密度。灌木层、草本层和凋落物总碳储量的计算方式如下：根据现有不同龄级林分类型的灌木层、草本层和凋落物碳密度，结合青海省森林资源连续清查第五次复查结果(2008年)的对应林地面积，估算出青海省2011年灌木层、草本层植被和凋落物总碳储量 C_S。

$$C_S = \sum_{i=1}^{i} \sum_{j=1}^{j} (C_{Sj,i} \times A_{Fj,i}) / 1000000$$

式中，$C_{Sj,i}$ 为第 i 种林分类型第 j 个林龄的灌木层（或草本层、凋落物）碳密度(Mg/hm^2)；

$A_{Fj,i}$ 为第 i 种林分类型第 j 个林龄的分布面积(hm^2)。

土壤碳密度计算通过测定土壤容重和土壤碳含量后计算求得，不同土层土壤碳密度（Cs，kg/m^2）计算公式如下：

$$Cs = 0.1 \times SOC_i \times \gamma \times H_i \times \left(1 - \frac{\delta_{2mm}}{100}\right)$$

式中，i 表示不同土层；SOC 表示土壤有机碳含量(%)；γ 表示土壤容重(g/cm^3)；H 表示土层厚度(cm)；δ_{2mm} 表示土壤中直径＞2 mm 的石砾含量(%)。各层土壤碳储量通过不同土层土壤碳密度乘以相应面积求得，各层土壤碳的平均值累加即得到整个剖面(深度为 1 m)的土壤碳储量。土壤碳储量乘以该林分类型和龄级下的占地面积，求得各层土壤碳储量，各层土壤碳储量累加即得到整个森林生态系统的土壤碳储量。

根据现有样地调查估算出的碳储量各项数据，结合两次青海省森林资源连续清查资料(2003 年、2008 年)，估算出 2003 年各林分类型碳储量以及总碳储量，进而算出该年各林分类型碳密度以及总碳密度。通过不同时期乔木层植被碳密度变化量来估算青海省乔木层的总体碳储速率 ΔC_F($Mg \cdot hm^{-2} \cdot a^{-1}$)，并对云杉林、圆柏林、桦木林和杨树林的碳储速率分别进行估算。

$$\Delta C_F = \frac{C_{Ft2} - C_{Ft1}}{t_2 - t_1}$$

式中，C_{Ft1}、C_{Ft2} 分别为 t_1、t_2 时间的碳密度(Mg/hm^2)。

2. 青海省固碳潜力及主要林分类型固碳潜力的估算

本书估算的固碳潜力为天然林理论最大固碳潜力，即假定在森林面积不变的前提下，根据森林演替理论把各林分类型成熟林碳密度的平均值作为该林分类型演替终点碳密度，并作为该林分类型理论最大固碳潜力的参照系来估算单位面积固碳潜力。

单位面积固碳潜力=演替终点碳密度–平均碳密度

固碳潜力由单位面积固碳潜力与该林分类型占地面积相结合计算得出。

7.2　青海省森林乔木层碳储量现状

据估算，2011 年青海省森林乔木层总碳储量为 16.30 Tg，青海省森林生态系统乔木层平均碳密度为 52.80 Mg/hm^2。

7.2.1　云杉林乔木层碳储量现状

云杉林是青海省森林生态系统中主要的寒温性针叶林林型之一，约占乔木林总面积的 33.62%。其中幼龄林面积为 16800 hm^2，占云杉林总面积的 16.18%；中龄林面积为 34600 hm^2，占云杉林总面积的 33.33%；近熟林面积为 18800 hm^2，占云杉林总面积的 18.11%；成熟林面积为 10800 hm^2，占云杉林总面积的 10.40%；过熟林面积为 22800 hm^2，占云杉林总占地面积的 21.97%。青海省云杉林乔木层总碳储量为 7.54 Tg，在青海省森林生态系统乔木层整体碳储量中占比最高，达总碳储量的 46.26%。不同林龄下云杉林乔木层平均碳密度为：幼龄林 29.94 Mg/hm^2、中龄林 50.59 Mg/hm^2、近熟林 71.81 Mg/hm^2、成熟林 89.53 Mg/hm^2、过熟林 130.34 Mg/hm^2（图 7.1）。因此青海省云杉林不同林龄乔木层碳储量为：幼龄林 0.50 Tg、中龄林 1.75 Tg、近熟林 1.35 Tg、成熟林 0.97 Tg、过熟林 2.97 Tg。

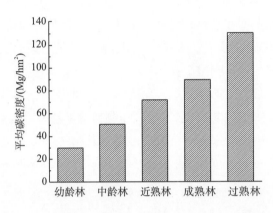

图 7.1　青海省不同林龄云杉林乔木层平均碳密度

除海拔 3100～3400 m 外，青海省云杉林乔木层碳密度随海拔上升整体呈下降趋势，海拔 2500 m 以下地区云杉林乔木层平均碳密度为 81.94 Mg/hm^2；在海拔 2500～2800 m 云杉林乔木层平均碳密度为 66.52 Mg/hm^2；在海拔 2800～3100 m 云杉林乔木层平均碳密度为 51.45 Mg/hm^2；在海拔 3100～3400 m 云杉林乔木层平均碳密度为 77.64 Mg/hm^2；在海拔 3400～3700 m 云杉林乔木层平均碳密度为 42.72 Mg/hm^2；在海拔 3700 m 以上地区云杉林乔木层平均碳密度为 31.28 Mg/hm^2（图 7.2）。

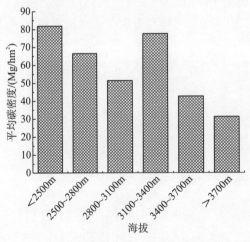

图 7.2　青海省不同海拔梯度云杉林乔木层平均碳密度

7.2.2　圆柏林乔木层碳储量现状

圆柏林是青海省森林生态系统寒温性针叶林林型之一，占乔木林总面积的 22.45%。其中幼龄林面积为 30800 hm^2，占圆柏林总面积的 31.72%；中龄林面积为 56300 hm^2，占圆柏林总面积的 57.98%；过熟林面积为 10000 hm^2，占圆柏林总面积的 10.30%。圆柏林乔木层总碳储量为 3.66 Tg，占青海省森林生态系统乔木层总碳储量的 22.45%。不同林龄下圆柏林乔木层平均碳密度为：幼龄林 15.40 Mg/hm^2、中龄林 24.58 Mg/hm^2、过熟林 180.94 Mg/hm^2（图 7.3）。因此，青海省圆柏林不同林龄乔木层碳储量为：幼龄林 0.47 Tg、中龄林 1.38 Tg、过熟林 1.81 Tg。

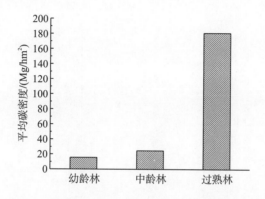

图 7.3　青海省不同林龄圆柏林乔木层平均碳密度

青海省圆柏林乔木层碳密度随海拔上升整体呈现先下降后上升的趋势，在海拔 3100～3400 m 圆柏林乔木层平均碳密度为 130.64 Mg/hm^2；在海拔 3400～3700 m 圆柏林乔木层平均碳密度为 63.61 Mg/hm^2；在海拔 3700 m 以上的地区圆柏林乔木层平均碳密度为 135.09 Mg/hm^2（图 7.4）。

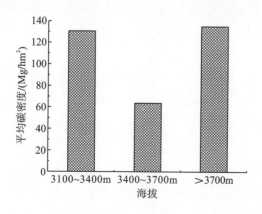

图 7.4　青海省不同海拔梯度圆柏林乔木层平均碳密度

7.2.3　松树林乔木层碳储量现状

松树林是青海省森林生态系统中占比相对较低的针叶林型，约占乔木林总面积的
1.81%。其中，中龄林面积为 4800 hm²，占松树林总面积的 85.71%；过熟林面积为 800 hm²，
占松树林总面积的 14.29%。松树林乔木层总碳储量为 0.50 Tg，占青海省森林生态系统
乔木层碳储量的 3.07%。不同林龄下松树林乔木层平均碳密度为：中龄林 78.61 Mg/hm²、
过熟林 150.99 Mg/hm²（图 7.5）。因此青海省松树林不同林龄乔木层碳储量为：中龄林
0.38 Tg、过熟林 0.12 Tg。青海省松树林基本均分布于海拔 2500～2800 m，其平均碳密度
为 162.87 Mg/hm²。

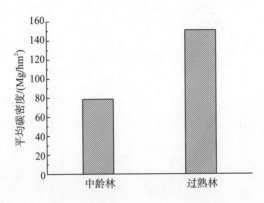

图 7.5　青海省不同林龄松树林乔木层平均碳密度

7.2.4　桦木林乔木层碳储量现状

桦木林是青海省森林生态系统中主要的温性阔叶林型，约占青海省乔木林总面积的
19.63%。其中，幼龄林面积为 6700 hm²，占桦木林总面积的 11.06%；中龄林面积为
15900 hm²，占桦木林总面积的 26.24%；近熟林面积为 10000 hm²，占桦木林总面积的
16.50%；成熟林面积为 18000 hm²，占桦木林总面积的 29.70%；过熟林面积为 10000 hm²，
占桦木林总面积的 16.50%。桦木林乔木层总碳储量为 3.53 Tg，占青海省森林生态系统乔木
层总碳储量的 21.66%。不同林龄下桦木林乔木层平均碳密度为：幼龄林 25.82 Mg/hm²、中
龄林 42.97 Mg/hm²、近熟林 60.24 Mg/hm²、成熟林 63.13 Mg/hm²、过熟林 94.08
Mg/hm²（图 7.6）。因此青海省桦木林不同林龄乔木层碳储量为：幼龄林 0.17 Tg、中龄
林 0.68 Tg、近熟林 0.60 Tg、成熟林 1.14 Tg、过熟林 0.94 Tg。

青海省桦木林乔木层碳密度随海拔上升整体呈上升趋势，海拔 2500 m 以下地区桦木
林乔木层平均碳密度为 22.18 Mg/hm²；在海拔 2500～2800 m 桦木林乔木层平均碳密度为
46.70 Mg/hm²；在海拔 2800～3100 m 桦木林乔木层平均碳密度为 43.35 Mg/hm²（图 7.7）。

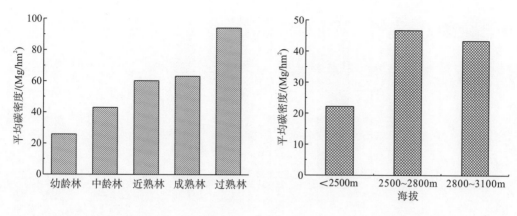

图 7.6 青海省不同林龄桦木林乔木层平均碳密度　图 7.7 青海省不同海拔梯度桦木林乔木层平均碳密度

7.2.5 杨树林乔木层碳储量现状

杨树林是温性阔叶林型，约占青海省乔木林总面积的 13.48%。其中，幼龄林面积为 6000 hm²，占杨树林总面积的 14.32%；中龄林面积为 12800 hm²，占杨树林总面积的 30.77%；近熟林面积为 9200 hm²，占杨树林总面积的 22.12%；成熟林面积为 8800 hm²，占杨树林总面积的 21.14%；过熟林占地面积 4800 hm²，占杨树林总面积的 11.51%。杨树林乔木层碳储量为 1.07 Tg，占青海省森林生态系统乔木层总碳储量的 6.56%。不同林龄下杨树林乔木层平均碳密度为：幼龄林 36.06 Mg/hm²、中龄林 18.68 Mg/hm²、近熟林 31.01 Mg/hm²、成熟林 17.29 Mg/hm²、过熟林 35.90 Mg/hm²(图 7.8)。因此，青海省杨树林不同林龄乔木层碳储量为：幼龄林 0.22 Tg、中龄林 0.24 Tg、近熟林 0.29 Tg、成熟林 0.15 Tg、过熟林 0.17 Tg。

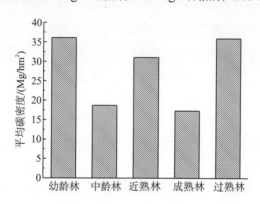

图 7.8 青海省不同林龄杨树林乔木层平均碳密度

青海省杨树林乔木层碳密度随海拔变化趋势不明显，海拔 2500 m 以下地区杨树林乔木层平均碳密度为 36.17 Mg/hm²；在海拔 2500～2800 m 杨树林乔木层平均碳密度为 37.00 Mg/hm²；在海拔 2800～3100 m 杨树林乔木层平均碳密度为 32.71 Mg/hm²(图 7.9)。

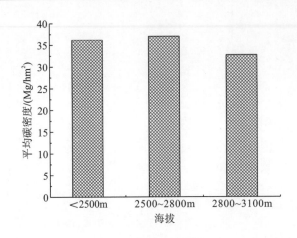

图 7.9　青海省不同海拔梯度杨树林乔木层平均碳密度

7.2.6　小结

青海省地处青藏高原东北部，受气候、地形影响，境内林木稀少，森林覆盖率仅为 4.57%（2008 年森林清查成果），相比我国其他省级行政地区仅略高于新疆（4.24%）。青海省特殊的地理位置带来的生态效益极大，虽然该地区占地面积较小，碳汇功能相对其他省份较弱，但其森林生态功能不可忽视（陈科宇等，2018）。青海省森林生态系统中林分类型相对单一，以云杉林、圆柏林、松树林、桦木林、杨树林为主体。不同林分类型乔木层碳密度随林龄增长的变化趋势有较大差异，其中针叶林乔木层碳密度呈现随林龄增加而上升的趋势，而阔叶林随林龄变化则没有显著的变化趋势。针叶林的成林周期较长，而阔叶林成林周期较短（陈青青等，2012）。针对森林生态系统的碳固存功能，持续地保护针叶林，会使其对青海省森林生态系统未来的碳储量提升做出较大贡献，而阔叶林则适合在短期内提升森林生态系统碳储量。青海省位于青藏高原东部，省内不同地区海拔差异较大，通过实地调查发现，云杉林是一种能够较好适应不同海拔梯度环境的林分类型，具有较宽的生态位。而同为针叶林的圆柏林则主要分布于海拔 3100 m 以上的地区，该林型对高海拔的高寒、高旱气候具有更好的适应性，特别是在人为扰动程度较低的海拔 3700 m 以上地区其平均碳密度能达到最大值。松树林作为针叶林在我国广泛分布，但青海省特殊的气候地理条件使其生长发育受到限制，从而相对较难占据优势地位。在高海拔高寒地区，松树林的耐受程度要弱于云杉、圆柏等高大乔木，而在海拔较低地区其又受生长周期限制，在与阔叶林的竞争中处于劣势地位。桦木林和杨树林两类阔叶林分类型在不同海拔梯度的碳密度变化范围较小，且以该两种乔木为优势种的森林生态系统均位于海拔 3100 m 以下。因此综合考虑上述因素，本书对于提升青海省森林生态系统乔木层碳储量提出以下几点建议：①云杉、圆柏、松树等针叶林碳储量会随林龄增加不断提升，因此对未达到成熟龄级的针叶林应加强保护措施，降低砍伐利用程度，且建议在较为偏远的地区开展以针叶林为主的造林工程，降低人为扰动对其造成的影响，使其为森林生态系统碳储量的长期提升做出贡献；②阔叶林对人为活动干扰的适应能力相对较强，且其成林周期相对较短，短期造林工作就能够使其碳密度较大提升，因此建议在人为扰动频繁的地区开展以种植阔叶林为主的造林活动；③针对不同海拔梯度状况选择适合其生长的造林树种，以提升其成活率和造林效率，海拔 3100 m 以上地区建议以圆柏、云杉等针叶树种为主要造林树种，海拔 3100 m 以下地区建议以桦木、杨树等阔叶树种为主要造林树种。

7.3　青海省森林灌木层碳储量现状

据估算，2011 年青海省森林生态系统中灌木层总碳储量为 0.55 Tg。青海省森林生态系统灌木层平均碳密度为 1.78 Mg/hm^2。

7.3.1　云杉林灌木层碳储量现状

青海省云杉林下灌木层通常以金露梅、银露梅、锦鸡儿、高山柳、小檗、刺梅等为优势种，云杉林灌木层总碳储量为 0.20Tg，占青海省森林生态系统灌木层总碳储量的 36.27%。云杉林不同林龄灌木层平均碳密度为：幼龄林 2.22 Mg/hm^2、中龄林 3.69 Mg/hm^2、近熟林 0.44 Mg/hm^2、成熟林 0.56 Mg/hm^2、过熟林 0.89 Mg/hm^2（图 7.10）。因此，青海省云杉林不同林龄灌木层碳储量为：幼龄林 372.96×10^{-4} Tg、中龄林 1276.74×10^{-4} Tg、近熟林 82.72×10^{-4} Tg、成熟林 60.48×10^{-4} Tg、过熟林 202.92×10^{-4} Tg。

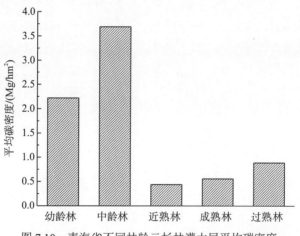

图 7.10　青海省不同林龄云杉林灌木层平均碳密度

青海省云杉林灌木层碳密度随海拔上升整体呈先上升后下降趋势，海拔 2500 m 以下地区云杉林灌木层平均碳密度为 0.72 Mg/hm^2；海拔 2500～2800 m 云杉林灌木层平均碳密度为 0.89 Mg/hm^2；海拔 2800～3100 m 云杉林灌木层平均碳密度为 0.53 Mg/hm^2；海拔 3100～3400 m 云杉林灌木层平均碳密度为 5.02 Mg/hm^2；海拔 3400～3700 m 云杉林灌木层平均碳密度为 5.67 Mg/hm^2；海拔 3700 m 以上的地区云杉林灌木层平均碳密度为 1.21 Mg/hm^2（图 7.11）。

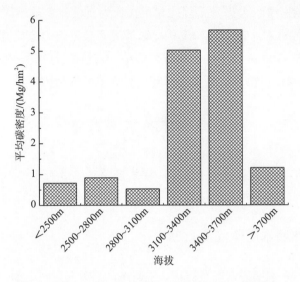

图 7.11   青海省不同海拔梯度云杉林灌木层平均碳密度

7.3.2   圆柏林灌木层碳储量现状

青海省圆柏林下灌木层通常以银露梅、高山柳等为优势种，圆柏林灌木层碳储量约为 0.05 Tg，碳储量占青海省森林生态系统灌木层总碳储量的 9.07%。不同林龄圆柏林灌木层平均碳密度为：幼龄林 0.52 Mg/hm^2、过熟林 3.32 Mg/hm^2（图 7.12）。因此，青海省圆柏林不同林龄灌木层碳储量为：幼龄林 160.16×10^{-4} Tg、过熟林 332.00×10^{-4} Tg。

青海省圆柏林灌木层碳密度随海拔上升呈下降趋势，在海拔 3100～3400 m 灌木层平均碳密度为 3.47 Mg/hm^2；在海拔 3400～3700 m 灌木层平均碳密度为 1.87 Mg/hm^2（图 7.13）。

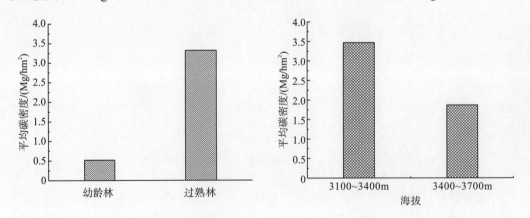

图 7.12   青海省不同林龄圆柏林灌木层平均碳密度   图 7.13   青海省不同海拔梯度圆柏林灌木层平均碳密度

7.3.3 松树林灌木层碳储量现状

青海省松树林下灌木层通常以银露梅为优势种，松树林灌木层总碳储量为 14.56×10^{-4} Tg，占青海省森林生态系统灌木层总碳储量的 0.26%。不同林龄下松树林灌木层平均碳密度为：中龄林 0.26 Mg/hm²、过熟林 0.26 Mg/hm²（图 7.14）。因此，青海省松树林不同林龄灌木层碳储量为：中龄林 12.48×10^{-4} Tg、过熟林 2.08×10^{-4} Tg。在海拔 2500～2800 m 松树林灌木层平均碳密度为 0.26 Mg/hm²。

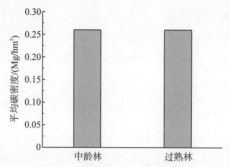

图 7.14　青海省不同林龄松树林灌木层平均碳密度

7.3.4 桦木林灌木层碳储量现状

青海省桦木林下灌木层通常以锦鸡儿、金露梅、银露梅等为优势种。桦木林灌木层总碳储量约为 0.28 Tg，占青海省森林生态系统灌木层总碳储量的 50.78%。不同林龄下桦木林灌木层平均碳密度为：幼龄林 1.73 Mg/hm²、中龄林 2.04 Mg/hm²、近熟林 11.82 Mg/hm²、成熟林 3.46 Mg/hm²、过熟林 5.83 Mg/hm²（图 7.15）。因此，青海省桦木林不同林龄灌木层碳储量为：幼龄林 115.91×10^{-4} Tg、中龄林 324.36×10^{-4} Tg、近熟林 1182.00×10^{-4} Tg、成熟林 622.80×10^{-4} Tg、过熟林 583.00×10^{-4} Tg。

青海省桦木林灌木层碳密度随海拔上升整体呈上升趋势，海拔 2500 m 以下地区桦木林灌木层平均碳密度为 0.90 Mg/hm²；在海拔 2500～2800 m 桦木林灌木层平均碳密度为 2.74 Mg/hm²；在海拔 2800～3100 m 桦木林灌木层平均碳密度为 5.93 Mg/hm²（图 7.16）。

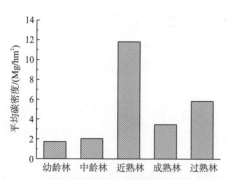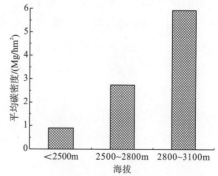

图 7.15　青海省不同林龄桦木林灌木层平均碳密度　　图 7.16　青海省不同海拔梯度桦木林灌木层平均碳密度

7.3.5　杨树林灌木层碳储量现状

青海省杨树林下灌木层通常以小檗、银露梅等为优势种。青海省杨树林灌木层总碳储量为 0.02 Tg，占青海省森林生态系统灌木层碳储量的 3.63%。不同林龄杨树林灌木层平均碳密度为：幼龄林 0.47 Mg/hm²、近熟林 0.28 Mg/hm²、成熟林 0.36 Mg/hm²、过熟林 2.37 Mg/hm²（图 7.17）。因此，青海省杨树林不同林龄灌木层碳储量为：幼龄林 28.20×10⁻⁴ Tg、近熟林 25.76×10⁻⁴ Tg、成熟林 31.68×10⁻⁴ Tg、过熟林 113.76×10⁻⁴ Tg。

青海省杨树林灌木层碳密度随海拔上升整体呈上升趋势，海拔 2500 m 以下地区杨树林灌木层平均碳密度为 0.21 Mg/hm²；在海拔 2500～2800 m 杨树林灌木层平均碳密度为 0.30 Mg/hm²；在海拔 2800～3100 m 杨树林灌木层平均碳密度为 2.31 Mg/hm²（图 7.18）。

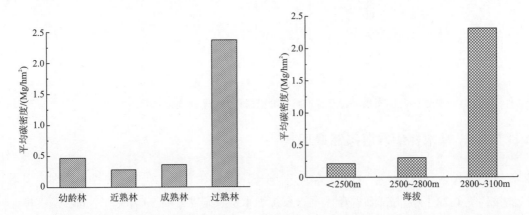

图 7.17　青海省不同林龄杨树林灌木层平均碳密度　图 7.18　青海省不同海拔梯度杨树林灌木层平均碳密度

7.3.6　小结

森林生态系统中，灌木层不仅为提升生态系统碳储量做出贡献，更在维持生态系统稳定中扮演重要角色。在青海省森林生态系统中，不同林分类型下灌木层碳密度存在较大差异。其中桦木林灌木层碳密度最高，松树林灌木层碳密度最低。同时，不同林分类型林下灌木层碳密度随林龄的变化趋势不同，云杉林灌木层碳密度随林龄上升呈下降趋势，而圆柏林、桦木林和杨树林灌木层碳密度则随林龄上升呈上升趋势。云杉林随林龄上升其郁闭度逐渐上升，云杉过熟林郁闭度可以达到 90% 以上，而圆柏等其他林分类型在达到过熟林龄级的时候其郁闭度仅为 60%。云杉林较高的郁闭度减少了林下植被可获得的降水和光照，进而限制了其生物量积累，导致碳密度相对较低。在其他林分类型中，乔木层对光照和水分的限制程度相对较低，同时随着其生态系统不断趋于稳定，灌木层比草本层生活史更长，有利于占据更多的生态位，在资源竞争中的优势不断提升。海拔变化主要改变了降水和温度，而降水和温度是影响生态系统碳储量和碳密度分布的关键（吕超群和孙书存，2004；黄从德等，2009b）。在不同海拔梯度，各林分类型灌木层碳密度变化趋势基本一致，即在中海拔地区（2800～3400 m），灌木层碳密度达到最大值。在青海省，由于海拔跨度较大，因此海拔变化导致的环境因素变化对森林生态系统灌木层碳密度的影响要比林分类型和林龄等因素的影响更强。

7.4　青海省森林草本层碳储量现状

据估算，2011 年青海省森林生态系统中草本层总碳储量约为 0.22 Tg。青海省森林生态系统草本层平均碳密度为 0.71 Mg/hm²。

7.4.1　云杉林草本层碳储量现状

青海省云杉林下草本层通常以珠芽蓼、早熟禾、紫菀、草玉梅等为优势种。云杉林草本层总碳储量约为 0.08 Tg，占青海省森林生态系统草本层总碳储量的 36.15%。不同林龄下云杉林草本层平均碳密度为：幼龄林 0.78 Mg/hm²、中龄林 0.89 Mg/hm²、近熟林 0.33 Mg/hm²、成熟林 0.72 Mg/hm²、过熟林 0.81 Mg/hm²（图 7.19）。因此，青海省云杉林不同林龄草本层碳储量为：幼龄林 131.04×10^{-4} Tg、中龄林 307.94×10^{-4} Tg、近熟林 62.04×10^{-4} Tg、成熟林 77.76×10^{-4} Tg、过熟林 184.68×10^{-4} Tg。

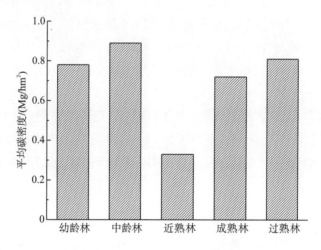

图 7.19　青海省不同林龄云杉林草本层平均碳密度

青海省云杉林碳密度随海拔上升整体呈上升趋势，海拔 2500 m 以下地区云杉林草本层平均碳密度为 0.73 Mg/hm²；在海拔 2500～2800 m 云杉林草本层平均碳密度为 0.53 Mg/hm²；在海拔 2800～3100 m 云杉林草本层平均碳密度为 0.73 Mg/hm²；在海拔 3100～3400 m 云杉林草本层平均碳密度为 1.14 Mg/hm²；在海拔 3400～3700 m 云杉林草本层平均碳密度为 0.93 Mg/hm²；在海拔 3700 m 以上的地区云杉林草本层平均碳密度为 1.20 Mg/hm²（图 7.20）。

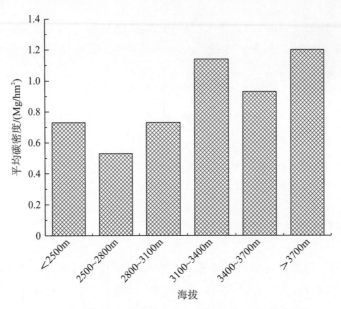

图 7.20　青海省不同海拔梯度云杉林草本层平均碳密度

7.4.2　圆柏林草本层碳储量现状

青海省圆柏林下草本层通常以珠芽蓼、高山嵩草、薹草等为优势种，圆柏林草本层总碳储量为 0.06 Tg，占青海省森林生态系统草本层总碳储量的 27.11%。不同林龄下圆柏林草本层平均碳密度为：幼龄林 0.76 Mg/hm^2、中龄林 0.26 Mg/hm^2、过熟林 1.91 Mg/hm^2（图 7.21）。因此，青海省圆柏林不同林龄草本层碳储量为：幼龄林 $234.08×10^{-4}$ Tg、中龄林 $146.38×10^{-4}$ Tg、过熟林 $191.00×10^{-4}$ Tg。

青海省圆柏林草本层碳密度随海拔上升整体呈上升趋势，在海拔 3100～3400 m 圆柏林草本层平均碳密度为 0.99 Mg/hm^2；在海拔 3400～3700 m 圆柏林草本层平均碳密度为 0.93 Mg/hm^2；在海拔 3700 m 以上的地区圆柏林草本层平均碳密度为 2.78 Mg/hm^2（图 7.22）。

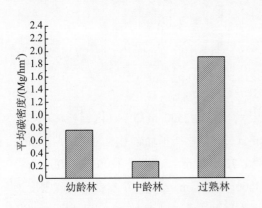

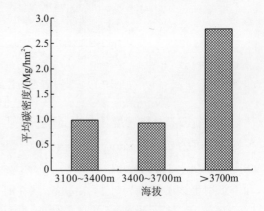

图 7.21　青海省不同林龄圆柏林草本层平均碳密度　　图 7.22　青海省不同海拔梯度圆柏林草本层平均碳密度

7.4.3　松树林草本层碳储量现状

青海省松树林下草本层通常以早熟禾为优势种，松树林草本层总碳储量为 13.28×10^{-4} Tg，占青海省森林生态系统草本层总碳储量的 0.60%。不同林龄下松树林草本层平均碳密度为：中龄林 0.23 Mg/hm^2、过熟林 0.28 Mg/hm^2（图 7.23）。因此，青海省松树林不同林龄草本层碳储量为：中龄林 11.04×10^{-4} Tg、过熟林 2.24×10^{-4} Tg。在海拔 2500～2800 m 松树林草本层平均碳密度为 0.53 Mg/hm^2。

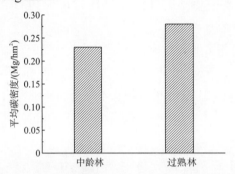

图 7.23　青海省不同林龄松树林草本层平均碳密度

7.4.4　桦木林草本层碳储量现状

青海省桦木林下草本层通常以珠芽蓼、早熟禾、薹草等为优势种。桦木林草本层碳储量为 0.05 Tg，占青海省森林生态系统草本层总碳储量的 22.59%。不同林龄桦木林草本层平均碳密度为：幼龄林 0.77 Mg/hm^2、中龄林 0.47 Mg/hm^2、近熟林 2.12 Mg/hm^2、成熟林 0.72 Mg/hm^2、过熟林 0.78 Mg/hm^2（图 7.24）。因此，青海省桦木林不同林龄草本层碳储量为：幼龄林 51.59×10^{-4} Tg、中龄林 74.73×10^{-4} Tg、近熟林 212.00×10^{-4} Tg、成熟林 129.60×10^{-4} Tg、过熟林 78.00×10^{-4} Tg。

青海省桦木林草本层碳密度随海拔上升整体呈上升趋势，海拔 2500 m 以下地区桦木林草本层平均碳密度为 0.73 Mg/hm^2；在海拔 2500～2800 m 内桦木林草本层平均碳密度为 0.81 Mg/hm^2；在海拔 2800～3100 m 桦木林草本层平均碳密度为 1.04 Mg/hm^2（图 7.25）。

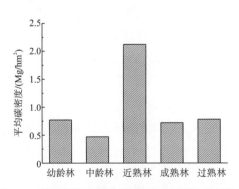

图 7.24　青海省不同林龄桦木林草本层平均碳密度　　图 7.25　青海省不同海拔梯度桦木林草本层平均碳密度

7.4.5 杨树林草本层碳储量现状

青海省杨树林下草本层通常以珠芽蓼、早熟禾、薹草等为优势种，杨树林草本层总碳储量为 0.03 Tg，占青海省森林生态系统草本层总碳储量的 13.55%。不同林龄杨树林草本层平均碳密度为：幼龄林 0.63 Mg/hm^2、中龄林 0.68 Mg/hm^2、近熟林 1.43 Mg/hm^2、成熟林 0.44 Mg/hm^2、过熟林 0.78 Mg/hm^2（图 7.26）。因此，青海省杨树林不同林龄草本层碳储量为：幼龄林 37.80×10^{-4} Tg、中龄林 87.04×10^{-4} Tg、近熟林 131.56×10^{-4} Tg、成熟林 38.72×10^{-4} Tg、过熟林 37.44×10^{-4} Tg。

青海省杨树林草本层碳密度随海拔上升整体呈上升趋势，海拔 2500 m 以下地区杨树林草本层平均碳密度为 0.60 Mg/hm^2；在海拔 2500～2800 m 杨树林草本层平均碳密度为 0.75 Mg/hm^2；在海拔 2800～3100 m 杨树林草本层平均碳密度为 0.92 Mg/hm^2（图 7.27）。

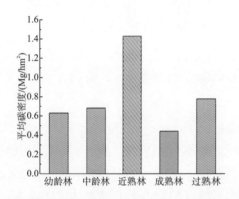 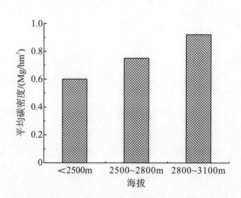

图 7.26 青海省不同林龄杨树林草本层平均碳密度 图 7.27 青海省不同海拔梯度杨树林草本层平均碳密度

7.4.6 小结

草本层植物是森林生态系统中碳储量的重要组成部分，对森林生态系统的碳循环过程具有重要意义（程瑞希等，2019）。青海省森林生态系统草本层平均碳密度要高于甘肃省森林草本层碳密度（0.81 Mg/hm^2）和青藏高原高寒区阔叶林草本层碳密度（0.40 Mg/hm^2）（关晋宏等，2016；王建等，2016）。青海省森林生态系统不同林分类型草本层碳密度随林龄增长变化趋势不同，其中松树林草本层碳密度在不同龄级上差异较小，同为针叶林的云杉林和圆柏林草本层碳密度分别在近熟林和中龄林龄级上出现最低值，而桦木、杨树阔叶林则在近熟林龄级上草本层碳密度出现最大值。因为在中龄、近熟阶段针叶林和阔叶林草本层优势种存在较大差异，针叶林草本层以矮生嵩草为主要优势种，生物量相对较低，而在阔叶林草本层则以薹草为主要优势种，生物量相对较高。其他龄级下的草本群落组成则较为多样，不同样方内优势种差异较大，群落生物量相对稳定，导致林龄对其影响相对不明显。因此，在中龄林和近熟林阶段，由于处于森林生态系统发展的中间阶段，林下草本层组成会趋于单一化，导致草本植物优势种积累生物量的能力决定了草本层的总生物量，进而决定草本层碳储量。青海省森林生态系统草本层碳密度随海拔上升而上升的趋势已被大多数研究所证实(马维玲等,2010;唐朋辉等,2016),海拔升高造成降水量和气温下降,使乔木、灌木等对环境条件要求更高的植被类型的优势地位下降,为草本植物提供了更多的生存空间和可利用资源。

7.5　青海省森林凋落物碳储量现状

据估算,2011 年青海省森林凋落物总碳储量为 0.73 Tg,青海省森林生态系统中凋落物平均碳密度为 2.36 Mg/hm^2。

7.5.1　云杉林凋落物碳储量现状

青海省云杉林凋落物总碳储量为 0.24 Tg,占青海省森林生态系统凋落物总碳储量的 32.92%。不同林龄云杉林凋落物平均碳密度为:幼龄林 2.59 Mg/hm^2、中龄林 2.68 Mg/hm^2、近熟林 2.86 Mg/hm^2、成熟林 1.52 Mg/hm^2、过熟林 1.56 Mg/hm^2(图 7.28)。因此,青海省云杉林不同林龄凋落物碳储量为:幼龄林 435.12×10^{-4} Tg、中龄林 927.28×10^{-4} Tg、近熟林 537.68×10^{-4} Tg、成熟林 164.16×10^{-4} Tg、过熟林 355.68×10^{-4} Tg。

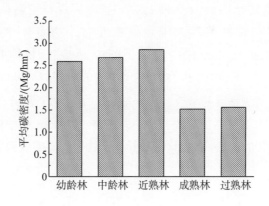

图 7.28　青海省不同林龄云杉林凋落物平均碳密度

青海省云杉林凋落物碳密度随海拔上升整体呈上升趋势,海拔 2500 m 以下地区云杉林凋落物平均碳密度为 1.39 Mg/hm^2;在海拔 2500~2800 m 云杉林凋落物平均碳密度为 1.53 Mg/hm^2;在海拔 2800~3100 m 云杉林凋落物平均碳密度为 1.30 Mg/hm^2;在海拔 3100~3400 m 云杉林凋落物平均碳密度为 1.85 Mg/hm^2;在海拔 3400~3700 m 云杉林凋落物平均碳密度为 4.34 Mg/hm^2;在海拔 3700 m 以上的地区云杉林凋落物平均碳密度为 5.31 Mg/hm^2(图 7.29)。

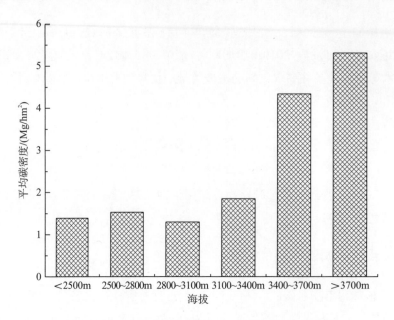

图 7.29　青海省不同海拔梯度云杉林凋落物平均碳密度

7.5.2　圆柏林凋落物碳储量现状

青海省圆柏林凋落物碳储量为 0.32 Tg，占青海省森林生态系统凋落物总碳储量的43.89%。不同林龄下圆柏林凋落物平均碳密度为：幼龄林 3.68 Mg/hm²、中龄林3.36 Mg/hm²、过熟林 1.90 Mg/hm²（图 7.30）。因此，青海省圆柏林不同林龄凋落物碳储量为：幼龄林 1133.44×10⁻⁴ Tg、中龄林 1891.68×10⁻⁴ Tg、过熟林 190.0×10⁻⁴ Tg。

青海省圆柏林凋落物碳密度随海拔上升呈先上升后下降趋势，在海拔 3100～3400 m 圆柏林凋落物平均碳密度为 1.51 Mg/hm²；在海拔 3400～3700 m 圆柏林凋落物平均碳密度为4.21 Mg/hm²；在海拔 3700 m 以上的地区圆柏林凋落物平均碳密度为 2.45 Mg/hm²（图 7.31）。

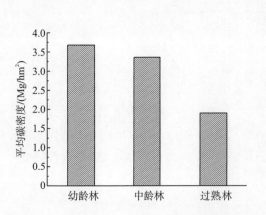
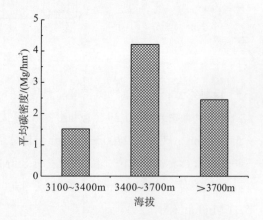

图 7.30　青海省不同林龄圆柏林凋落物平均碳密度　　图 7.31　青海省不同海拔梯度圆柏林凋落物平均碳密度

7.5.3　松树林凋落物碳储量现状

青海省松树林凋落物碳储量为 $290.56×10^{-4}$ Tg，占青海省森林生态系统凋落物总碳储量的 3.98%。不同林龄松树林凋落物平均碳密度为：中龄林 5.68 Mg/hm^2、过熟林 2.24 Mg/hm^2（图 7.32）。因此，青海省松树林不同林龄凋落物碳储量为：中龄林 $272.64×10^{-4}$ Tg、过熟林 $17.92×10^{-4}$ Tg。在海拔 2500～2800 m 松树林凋落物平均碳密度为 3.39 Mg/hm^2。

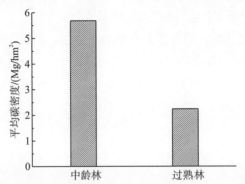

图 7.32　青海省不同林龄松树林凋落物平均碳密度

7.5.4　桦木林凋落物碳储量现状

青海省桦木林凋落物碳储量为 0.10 Tg，占青海省森林生态系统凋落物总碳储量的 13.72%。不同林龄桦木林凋落物平均碳密度为：幼龄林 1.43 Mg/hm^2、中龄林 1.20 Mg/hm^2、近熟林 1.41 Mg/hm^2、成熟林 2.15 Mg/hm^2、过熟林 1.99 Mg/hm^2（图 7.33）。因此，青海省桦木林不同林龄凋落物碳储量为：幼龄林 $95.81×10^{-4}$ Tg、中龄林 $190.80×10^{-4}$ Tg、近熟林 $141.00×10^{-4}$ Tg、成熟林 $387.00×10^{-4}$ Tg、过熟林 $199.00×10^{-4}$ Tg。

青海省桦木林凋落物碳密度随海拔上升呈先下降后上升趋势，海拔 2500 m 以下地区桦木林凋落物平均碳密度为 1.45 Mg/hm^2；在海拔 2500～2800 m 桦木林凋落物平均碳密度为 1.37 Mg/hm^2；在海拔 2800～3100 m 桦木林凋落物平均碳密度为 1.78 Mg/hm^2（图 7.34）。

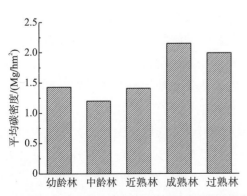 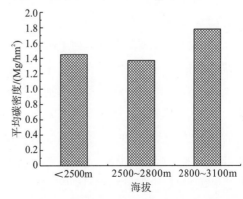

图 7.33　青海省不同林龄桦木林凋落物平均碳密度　图 7.34　青海省不同海拔梯度桦木林凋落物平均碳密度

7.5.5　杨树林凋落物碳储量现状

　　青海省杨树林凋落物碳储量为 0.04 Tg，占青海省森林生态系统凋落物总碳储量的 5.49%。不同林龄杨树林凋落物平均碳密度为：幼龄林 1.21 Mg/hm²、中龄林 0.97 Mg/hm²、近熟林 1.11 Mg/hm²、成熟林 0.96 Mg/hm²、过熟林 0.79 Mg/hm²（图 7.35）。因此，青海省杨树林不同林龄凋落物碳储量为：幼龄林 72.60×10^{-4} Tg、中龄林 124.16×10^{-4} Tg、近熟林 102.12×10^{-4} Tg、成熟林 84.48×10^{-4} Tg、过熟林 37.92×10^{-4} Tg。

　　青海省杨树林凋落物碳密度随海拔上升呈上升趋势，海拔 2500 m 以下地区杨树林凋落物平均碳密度为 0.60 Mg/hm²；在海拔 2500～2800 m 杨树林凋落物平均碳密度为 0.75 Mg/hm²；在海拔 2800～3100 m 杨树林凋落物平均碳密度为 0.92 Mg/hm²（图 7.36）。

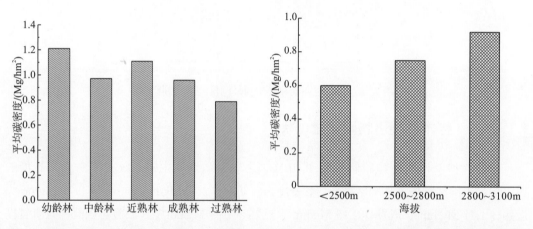

图 7.35　青海省不同林龄杨树林凋落物平均碳密度　　图 7.36　青海省不同海拔梯度杨树林凋落物平均碳密度

7.5.6　小结

　　凋落物是森林生态系统功能过程中的重要组成部分，是林木自身的代谢产物，也是土壤养分的重要来源，对土壤肥力、土壤理化性质、植物生产力及森林生态系统碳循环等方面具有重要意义。同时，凋落物在涵养水源、水土保持等方面具有决定性作用（Fife et al., 2008）。因此森林凋落物是维持土壤养分库、影响植物初级生产力、调节森林生态系统物质循环与能量流动的物质基础。凋落物碳密度主要由凋落物生物量决定，而凋落物生物量则主要由生成量及分解速率控制。凋落物生成量主要受地上植被类型和龄级影响，凋落物分解速率主要受凋落物质量和水热条件控制（张增信等，2011）。本书中，青海省森林生态系统针叶林型凋落物碳密度相对高于阔叶林，其原因为针叶类凋落物相比阔叶类较难分解，且针叶林型主要分布于高海拔地区，降水少、温度低等因素使分解者活力相对较低，凋落物的分解更加缓慢，从而形成了针叶林下凋落物碳密度更高的现状。一般认为，随森林龄级的变化，林下凋落物碳密度会发生明显改变（马祥庆等，1997）。

植被在生长发育过程中，为满足自身需求，会在资源条件满足的情况下增加叶和花果的生产量，进而提升凋落物生物量。在不同海拔梯度上，不同林分类型林下凋落物碳密度整体上随海拔梯度上升而上升，其原因首先是高海拔地区凋落物的分解速率较低，同时在高海拔地区人为扰动的影响也相对较小，特别是放牧活动减少使凋落物受牛羊采食的损耗减少，现存量增加。

7.6　青海省森林土壤碳储量现状

据估算，2011 年青海省土壤总碳储量为 104.53 Tg，青海省森林生态系统土壤平均碳密度为 338.61 Mg/hm²。

7.6.1　云杉林土壤碳储量现状

青海省云杉林土壤通常以黄棕壤、暗棕壤和褐棕壤为主，云杉林土壤碳储量为 29.87 Tg，占青海省森林生态系统土壤总碳储量的 28.58%。不同林龄云杉林土壤平均碳密度为：幼龄林 391.75 Mg/hm²；中龄林 328.53 Mg/hm²；近熟林 220.87 Mg/hm²；成熟林 231.87 Mg/hm²；过熟林 321.05 Mg/hm²（图 7.37）。因此，青海省不同林龄云杉林土壤碳储量为：幼龄林 6.58 Tg；中龄林 11.37 Tg；近熟林 4.15 Tg；成熟林 2.50 Tg；过熟林 5.27 Tg。

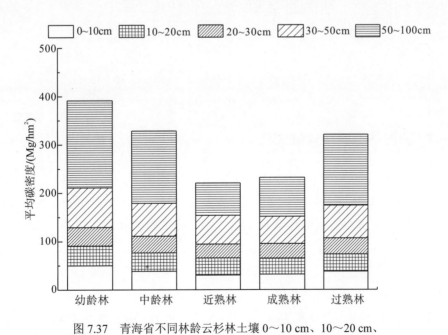

图 7.37　青海省不同林龄云杉林土壤 0～10 cm、10～20 cm、
20～30 cm、30～50 cm、50～100 cm 土层平均碳密度

青海省云杉林碳密度随海拔上升呈先上升后下降再上升趋势，海拔 2500 m 以下地

区云杉林土壤碳密度为 256.63 Mg/hm²；在海拔 2500～2800 m 云杉林土壤碳密度为
296.32 Mg/hm²；在海拔 2800～3100 m 云杉林土壤碳密度为 348.21 Mg/hm²；在海拔
3100～3400 m 云杉林土壤碳密度为 207.39 Mg/hm²；在海拔 3400～3700 m 云杉林土壤
碳密度为 316.18 Mg/hm²；在海拔 3700 m 以上的地区云杉林土壤碳密度为
591.44 Mg/hm²（图 7.38）。

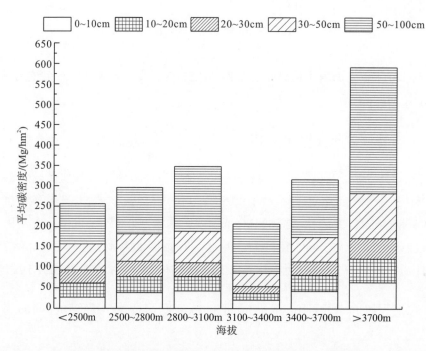

图 7.38　青海省不同海拔梯度云杉林土壤 0～10 cm、10～20 cm、
20～30 cm、30～50 cm、50～100 cm 土层平均碳密度

7.6.2　圆柏林土壤碳储量现状

青海省圆柏林土壤通常以黄棕壤、暗棕壤和褐棕壤为主，圆柏林土壤碳储量为
40.99 Tg，占青海省森林生态系统土壤总碳储量的 39.21%。不同林龄下圆柏林土壤平均碳
密度为：幼龄林 415.58 Mg/hm²；中龄林 426.72 Mg/hm²；过熟林 417.43 Mg/hm²（图 7.39）。
因此，青海省不同林龄圆柏林土壤碳储量为：幼龄林 12.80 Tg；中龄林 24.02 Tg；过熟林
4.17 Tg。

青海省圆柏林土壤碳密度随海拔上升呈上升趋势，在海拔 3100～3400 m 圆柏林土壤
碳密度为 281.96 Mg/hm²；在海拔 3400～3700 m 圆柏林土壤碳密度为 394.82 Mg/hm²；在
海拔 3700 m 以上的地区圆柏林土壤碳密度为 421.48 Mg/hm²（图 7.40）。

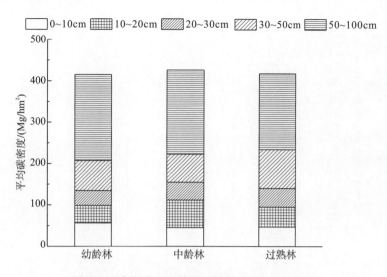

图 7.39　青海省不同林龄圆柏林土壤 0～10 cm、

10～20 cm、20～30 cm、30～50 cm、50～100 cm 土层平均碳密度

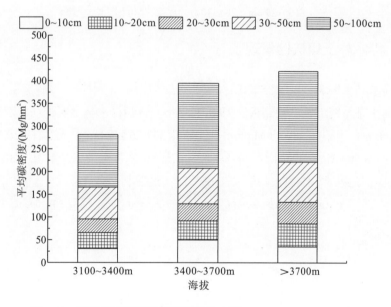

图 7.40　青海省不同海拔梯度圆柏林土壤 0～10 cm、10～20 cm、

20～30 cm、30～50 cm、50～100 cm 土层平均碳密度

7.6.3　松树林土壤碳储量现状

青海省松树林土壤通常以黄棕壤为主，松树林土壤碳储量为 0.74 Tg，占青海省森林生态系统土壤总碳储量的 0.71%。不同林龄松树林平均土壤碳密度为：中龄林 131.55 Mg/hm²；过熟林 139.45 Mg/hm²（图 7.41）。因此，青海省松树林不同林龄土壤碳储量为：中龄林 0.63 Tg；过熟林 0.11 Tg。

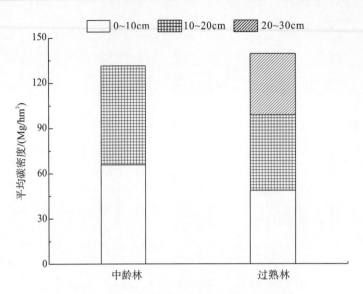

图 7.41　青海省不同海拔梯度松树林土壤 0～10 cm、

10～20 cm、20～30 cm 土层平均碳密度

7.6.4　桦木林土壤碳储量现状

青海省桦木林土壤通常以黄棕壤、暗棕壤和褐棕壤为主,桦木林土壤碳储量为 20.80 Tg,占青海省森林生态系统土壤总碳储量的 19.90%。不同林龄桦木林土壤平均碳密度为:幼龄林 296.81 Mg/hm^2;中龄林 389.88 Mg/hm^2;近熟林 377.76 Mg/hm^2;成熟林 328.16 Mg/hm^2;过熟林 292.09 Mg/hm^2(图 7.42)。因此,青海省不同林龄桦木林土壤碳储量为:幼龄林 1.99 Tg;中龄林 6.20 Tg;近熟林 3.78 Tg;成熟林 5.91 Tg;过熟林 2.92 Tg。

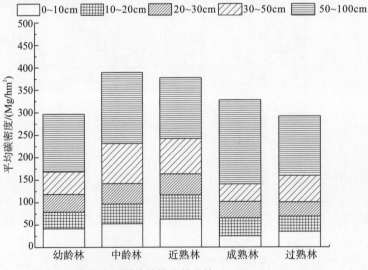

图 7.42　青海省不同林龄桦木林土壤 0～10 cm、10～20 cm、

20～30 cm、30～50 cm、50～100 cm 土层平均碳密度

青海省桦木林土壤碳密度随海拔上升呈上升趋势，海拔 2500 m 以下地区桦木林土壤碳密度为 258.03 Mg/hm²；在海拔 2500～2800 m 桦木林土壤碳密度为 314.09 Mg/hm²；在海拔 2800～3100 m 桦木林土壤碳密度为 342.32 Mg/hm²（图 7.43）。

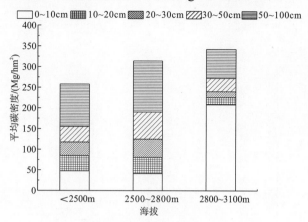

图 7.43　青海省不同海拔梯度桦木林土壤 0～10 cm、10～20 cm、
20～30 cm、30～50 cm、50～100 cm 土层平均碳密度

7.6.5　杨树林土壤碳储量现状

青海省杨树林土壤通常以黄棕壤、暗棕壤和褐棕壤为主，杨树林土壤总碳储量为 12.13 Tg，占青海省森林生态系统土壤总碳储量的 11.60%。不同林龄杨树林土壤平均碳密度为：幼龄林 276.76 Mg/hm²；中龄林 318.25 Mg/hm²；近熟林 388.74 Mg/hm²；成熟林 191.25 Mg/hm²；过熟林 237.56 Mg/hm²（图 7.44）。因此，青海省不同林龄杨树林土壤碳储量为：幼龄林 1.66 Tg；中龄林 4.07 Tg；近熟林 3.58 Tg；成熟林 1.68 Tg；过熟林 1.14 Tg。

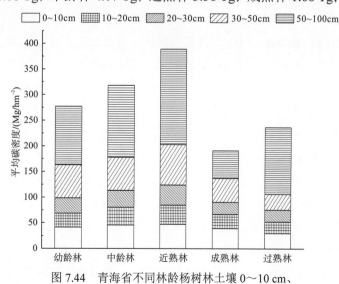

图 7.44　青海省不同林龄杨树林土壤 0～10 cm、
10～20 cm、20～30 cm、30～50 cm、50～100 cm 土层平均碳密度

青海省杨树林土壤碳密度随海拔上升呈先下降后上升趋势，海拔 2500 m 以下地区杨树林土壤平均碳密度为 333.52 Mg/hm^2；在海拔 2500～2800 m 杨树林土壤平均碳密度为 217.15 Mg/hm^2；在海拔 2800～3100 m 杨树林土壤平均碳密度为 236.49 Mg/hm^2（图 7.45）。

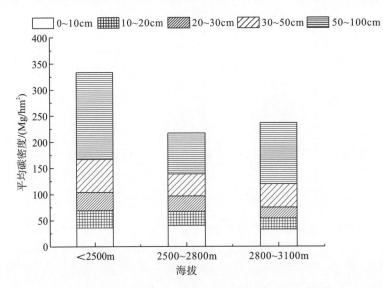

图 7.45　青海省不同海拔梯度杨树林土壤 0～10 cm、
10～20 cm、20～30 cm、30～50 cm、50～100 cm 土层平均碳密度

7.6.6　小结

土壤碳库是陆地生态系统中最大的碳库（唐朋辉等，2016）。提高土壤碳库储量估算的准确性，对正确评价土壤在陆地生态系统碳循环、全球碳循环以及全球环境变化中的作用具有重要意义（刘世荣等，2011；Batjes，1996）。森林是陆地生态系统的主体，是陆地上最大的碳储库（Post and Kwon，2000）。青海省森林生态系统中，圆柏林和松树林随林龄上升土壤碳密度变化趋势不明显；桦木林随林龄上升土壤碳密度呈下降趋势；云杉林在幼龄林和成熟林过渡阶段土壤碳密度整体上呈下降趋势，而在过熟林阶段呈上升趋势。深层土壤与林龄间呈负相关趋势（王洪岩等，2012），表层土壤碳的积累依赖于有机质分解的积累，而有机质分解后的无机养分被植被重新吸收利用。林龄上升使植被生物量上升，回归到土壤的有机质增加，但植被的养分吸收使表层土壤碳密度没有明显变化。从幼龄林到成熟林的过程是乔木植被最主要的生长阶段，对养分的需求量较大（Klopatek，2002）。在成熟林到过熟林的过程中植被生长速率逐渐减缓，植被对土壤养分的需求逐渐下降，使土壤养分重新累积，进而提升土壤碳储量，而桦木林土壤持续降低可能是因为大部分过熟林未达到土壤碳开始累积的拐点。森林土壤碳主要来自凋落物的转化累积与矿化分解（张广帅等，2016）。海拔影响温度和水分，从而影响植被分布、土壤微生物多样性及人为活动等，导致土壤有机碳存在差异。本书中青海省森林土壤有机碳含量、密度均随海拔增加呈单峰曲

线变化，这与太白山土壤有机碳含量随海拔(1700~3500 m)变化趋势一致(李丹维等，2017)，其原因可能与植被的分布、凋落物的分解、土壤理化性质及人为活动等有关。在中低海拔区域，随着海拔升高，植被类型也由山地落叶阔叶林过渡到寒温性针叶林，不同林型凋落物质量和数量截然不同，且阔叶相较于针叶更易被微生物分解利用，减少了回归于土壤的有机质的量(李相楹等，2016)，导致寒温性针叶林土壤碳密度大于落叶阔叶林土壤(周玉荣等，2000)。另外在高海拔区域，受海拔影响，气温普遍偏低，低温限制了土壤微生物活性，导致凋落物的分解速率减弱，土壤有机质积累变少最终促使土壤有机碳含量减少。土壤作为植被赖以生存的载体，其理化性质在时间和空间上是异质性分布的。低海拔区域降水量适宜，可以影响土壤的导电率和含水率，致使土壤吸水溶胀，因而低海拔处土壤容重较小，土壤碳储量较低(乔宇鑫等，2016)；高海拔区域，土壤容重随着海拔的升高而减小，提升了土壤碳储量(王荣新和车宗玺，2012)。人为活动对土壤的影响具有双向性，合理利用能够使土壤质量、肥力等形成良性发展。青海省森林中海拔地区适度的人为扰动，如放牧、旅游产生的践踏作用将植物凋落物碾碎，使其与土壤充分接触，加快凋落物的分解，有助于土壤有机碳的增加(李凤霞等，2015)。

7.7　青海省森林生态系统固碳速率及固碳潜力

7.7.1　青海省植被固碳速率

根据 2003 年青海省森林资源清查资料求得 2003 年青海省乔木层碳储量为 21.80 Tg。即 2003~2011 年青海省乔木层的固碳速率为 1.06 Mg/(hm²·a)。2003 年青海省云杉林碳储量为 14.00 Tg；圆柏林为 3.00 Tg；桦木林为 4.50 Tg；杨树林为 0.30 Tg。经计算云杉林固碳速率为 0.34 Mg/(hm²·a)；圆柏林固碳速率为 0.44 Mg/(hm²·a)；桦木林固碳速率为 -1.06 Mg/(hm²·a)；杨树林固碳速率为 0.27 Mg/(hm²·a)。在 2003~2011 年圆柏林固碳速率最高，其中仅桦木林的固碳速率为负值(表 7.3)。

表 7.3　2003~2011 年青海省森林生态系统年均固碳量和固碳速率

林分类型	碳储量/Tg		固碳速率/[Mg/(hm²·a)]	碳增量/(Tg/a)	固碳潜力/Tg
	2003 年	2011 年			
云杉林	14.00	14.78	0.34	0.09	3.40
圆柏林	3.00	5.29	0.44	0.10	2.97
桦木林	4.50	2.63	-1.06	-0.04	1.19
杨树林	0.30	0.40	0.27	0.01	0.04

7.7.2　青海省植被固碳潜力

固碳潜力作为评估森林生态固碳能力的常用指标，被森林碳储量相关研究广泛应用。固碳潜力指标能够反映森林生态系统未来能够储存的碳量。2011 年青海省乔木植被单位面积固碳潜力为 23.77 Mg/hm^2，总固碳潜力为 8.50 Tg。各林型单位面积固碳潜力和总固碳潜力分别为：云杉林（32.80 Mg/hm^2；3.40 Tg）>圆柏林（22.26 Mg/hm^2；2.97 Tg）>桦木林（19.58 Mg/hm^2；1.19 Tg）>杨树林（0.97 Mg/hm^2；0.04 Tg）（表 7.3）。

7.7.3　小结

2003～2011 年青海省森林生态系统固碳速率为 1.06 Mg/（hm^2·a），高于青藏高原高寒区阔叶林固碳速率[2001～2006 年，0.19 Mg/（hm^2·a）；王建等，2016]，也高于甘肃省[1996～2011 年，0.91 Mg/（hm^2·a）；关晋宏等，2016]，但略低于四川省的固碳速率[1999～2003 年，1.10 Mg/（hm^2·a）；黄从德等，2009a]。一方面因为青海省幼龄林和中龄林占地面积比例为 52.49%，超过了全省森林生态系统占地面积的一半；另一方面青海省 2003～2011 年森林面积增加了 1.59×10^{4}hm^2，使青海省乔木层固碳速率相比周边地区的更高。其中，青海省圆柏林固碳速率最高，其原因有两方面，一方面是圆柏林的整体面积不断增加，另一方面是随着全球气候变化的影响，年均地表温度不断升高，圆柏林所处的 3100 m 以上高海拔地区由于温度较低，植物生长普遍受低温限制，气候变暖对植物的低温限制具有缓解作用，进而提升植物的生物量（黄健和季枫，2014；徐满厚等，2016）。因此，在面积增加和生物量积累能力提升的共同作用下，圆柏林呈现较高的固碳速率。桦木林作为青海省原生乔木种，与杨树林分布的海拔梯度基本一致，而大规模的杨树造林活动使杨树林与桦木林形成竞争关系，使其优势地位逐渐丧失，进而固碳量下降。在固碳潜力方面，青海省森林生态系统中云杉林、圆柏林等针叶类林固碳潜力要相对高于阔叶林。本次估算是以森林生态系统不受到大幅扰动，且乔木生长发育时间充足为前提的，因此针叶林成林周期较长，在时间充足的条件下其碳储量会不断上升。阔叶林成林周期较短，能够在短期快速提升森林生态系统的碳储量。为了提升青海省森林碳汇功能，建议相关部门对针叶类低龄级森林以合理利用、减少砍伐为主，而针对阔叶类森林则应该侧重于植树造林工作，且还应注意造林工作更多地使用当地原有树种来完成，以降低造林所带来的对原生生态环境破坏的影响。就目前情况来看，随着大量低龄林逐渐发展为成熟林，这部分林木将对青海省森林生态系统碳储量做出重要贡献。

第8章 青海省森林可持续发展建议

可持续发展要求能够满足当今的需要，而又不削弱子孙后代满足其需要的能力。只有资源、经济、社会和环境始终处于协调状态，社会才能持续不断地向有序状态演化，向着可持续方向发展。森林作为陆地生态系统的主体，在优化环境方面具有不可替代的关键作用；同时，森林又是再生性资源的重要组成部分，担负着资源供给的重要使命(沈国舫，2000)。因此，森林的可持续发展是人类社会可持续发展的重要基础和关键保障。

森林的可持续发展要求长期保持森林生产能力和再生能力，保持森林生态系统的生物多样性和生态多样性，维持森林的平衡状态，以满足当代和子孙后代在社会、经济、文化和精神方面的需要(关百钧和施昆山，1995)。这些需要就是林产品和服务，包括木材和木质产品、水、粮食、饲料、医药、燃料、住房、就业、娱乐、野生动物栖息地、景观多样性和其他林产品。地区森林的可持续发展应考虑地区地理位置、地质、地貌、水文、气候以及植被构成、经济社会生产等特点，立足地区森林资源历史与现状，尊重森林发展的生态规律，合理定位和规划地区森林可持续发展方向，因地制宜地制定地区森林可持续发展的对策和措施(郭晋平，2001；张贺全，2014；张引娥，2003)。

8.1 青海省森林发展历史与现状

8.1.1 青海省森林发展历史

1. 地质时期

喜马拉雅运动是青海地质历史上的关键过程，塑造了青海地形，决定了青海森林分布。在此之前，青海省大多数地区海拔不高，季风环流系统尚未建立，纬向地带性起主导作用，属热带、亚热带-暖温带气候，森林繁茂。之后由于高原隆起，冰期来临，气候剧烈变迁，森林发生多次进退，最后大面积消失，高原面上和荒漠地带基本上无乔木林。

2. 1949 年以前

在 1949 年以前的漫长历史时期，青海森林在人类活动的影响下，经历了深刻的变化过程，森林资源普遍沿着减少甚至消失的方向发展。以青海东部的三河(黄河、湟水、大通河)地带为例，在地质时代后期这些地带覆盖了大面积的森林和灌丛，至少灌丛草甸等植被是集中连片的，而由于人为破坏，森林面积剧烈缩小，呈宽度不等的带状分布。总体而言,森林演替按照原始林—次生林—灌丛—草地—荒山的方向发展,在数量上按照集中连片—断续状态—进一步缩小—残骸状态—彻底消失的方向减少,造成青海省生态失调、环境恶变。

3. 1949 年以后

1949 年以后,特别是十一届三中全会以后,随着"四化"任务的提出,森林保护和林业现代化提上了日程。青海省也以此为契机,着力发展林业建设,青海森林踏上了保护和发展之路。国家林业工程的落地实施,森林资源连续清查体系的建立和完善以及科研项目的理论支撑是中华人民共和国成立后青海省森林,乃至青海省整体发展的重要推动力。

1) 林业建设

"三北"防护林体系建设工程、长江中上游防护林体系建设工程、治沙工程等国家重点生态工程相继在青海实施,使青海省林业生产开始向规模化、基地化的生态治理方向转变。青海省相继实施了东部川水农田林网建设、湟水流域水源涵养用材林基地建设、沙棘薪炭林建设、拉脊山-青沙山封山育林工程、山地农田林网建设、西宁南北山绿化等多项重点林业工程。"九五"期间,在继续建设好"三北"防护林三期工程、防沙治沙工程、长江中上游防护林体系建设工程的同时,青海省又启动了退耕还林还草试点工程、"保护母亲河"绿色工程国家重点生态工程示范县建设等国家重点项目。1998 年青海省开展天然林保护工程的试点工程,全部停止对省内一切形式的天然林采伐,对伐区实行永久性封禁,禁止一切毁林开垦行为。国有林区实行战略性调整,以生产木材为目的的商业性采伐全面停止,加大森林资源管护力度,集中力量开展封山护林、封山育林、更新造林,设立封禁标志,实行永久性封禁。2005 年三江源生态保护和建设工程全面实施。截至 2008 年,青海省累计人工造林 $80×10^4$ hm^2,封山育林 $103×10^4$ hm^2,治理水土流失面积 7634 km^2,建立国家级和省级自然保护区 11 处。

2) 森林资源连续清查体系的建立

青海省在 1979 年正式建立森林资源连续清查(简称一类清查)体系,分别于 1988 年、1993 年、1998 年、2003 年、2008 年及 2013 年进行了六次森林资源的清查工作,目前正进行森林资源的第七次清查工作(2018 年至今)。森林资源连续清查是了解青海省森林资源与生长状况,制定和调整林业方针政策、规划、计划,监督检查各地森林资源消长的重要依据。建立、巩固和完善森林资源连续清查体系成为实现林业可持续发展和进行森林资源管理的一项重要和长期的林业基本建设工作。同时,随着国家对生态建设的重视,对青海森林战略地位重要性的认识逐步加强,更多科研项目的实施为青海森林的保护和发展提供了重要支撑。

3) 1979 年森林资源清查总体情况

根据 1979 年青海省森林资源清查结果,森林面积为 303.4×10⁴ hm²,森林覆盖率仅为 2.50%,总体分布格局为东部森林,南部高寒灌丛,西北部荒漠灌丛。青海森林资源具有三个突出特点。①森林资源少,树种单纯,单位面积蓄积量较高。青海省作为我国面积较大的省(区),森林覆盖率极低,活立木总蓄积量和有林地面积占全国活立木总蓄积量及有林地面积的 0.31% 和 0.16%。青海省有树种约 80 种,占全国乔木树种的 2.7%。从单位面积蓄积量来看,青海省平均每公顷蓄积量为 125 m³,仅次于西藏自治区、四川省和新疆维吾尔自治区,位列全国第四位。②森林分布不均匀,各地类镶嵌性强。青海省东经 96° 以西的广大地区基本上没有天然森林分布,森林覆盖率最高的海东地区(含西宁市)也只有 3.55%,黄南藏族自治州为 1.58%,玉树、果洛、海北和海南四个藏族自治州为 0.1%～1.0%,海西蒙古族藏族自治州则不足 0.1%。而在林区范围内,森林也呈不连续的块状分布,与农田、疏林、灌木林地、草山、石质山地和高山荒漠等地类呈一定规律复合或镶嵌在一起。③林分结构单纯,龄组比例失调,主要表现为以下方面。(a)林分结构比较单纯,一般是同龄林多,异龄林少;单层林多,复层林少;纯林多,混交林少。(b)灌木林多,乔木林少。青海省灌木林地面积与乔木林地面积比约为 9∶1,而且灌木林的分布范围远远超过乔木林,垂直分布上限也比乔木林高得多。(c)在乔木林中,疏林地比例相当大。疏林地占全省有林地的 33%。在原始林中,疏林地比例更高,达 45%。柴达木盆地东缘的原始祁连圆柏林,几乎大部分为疏林地。(d)各林龄组结构失调。中龄林和成熟林占 92%,幼龄林极少,后续森林资源贫乏,不利于森林生态效应的发挥和永续利用。

4) 森林资源发展

在国家政策指引下,青海省森林资源得到恢复和不断增长,森林资源总量和质量明显提高,生态系统功能增强。青海省林地面积从 1979 年的 303.4×10⁴ hm² 不断增长,1998 年为 337.95×10⁴ hm²,2003 年为 556.28×10⁴ hm²,2008 年为 634×10⁴ hm²。林地面积的增加主要来自生态项目将非林地规划为林地,可见国家生态项目的实施对青海森林发展的关键推动作用。同时,青海省森林覆盖率稳步上升,1978 年森林覆盖率不到 1%,1993 年为 2.6%,1998 年为 3.1%,2003 年为 4.4%,2008 年为 4.6%,2013 年为 5.6%,2018 年为 5.8%。但即便森林覆盖率持续增长,乔木林覆盖率仍很低。1978 年乔木林覆盖率为 0.26%,1993 年为 0.35%,1998 年为 0.43%,2003 年为 0.48%,2008 年乔木林覆盖率也仅为 0.50%。

8.1.2　青海省森林现状

党的十八大以来,青海省进一步加大生态环境保护力度,深入贯彻落实习近平总书记"扎扎实实推进生态环境保护"重大要求,生态优先、绿色发展理念深入人心。三江源、祁连山国家公园体制逐步建立,河长制全面施行,《青海省生态保护红线划定和管理工作方案》出台实施，环境保护制度建设初见成效，生态文明建设迈上新台阶。2017 年末青海省国土绿化全面提速，共完成营造林 26.9×10^4 hm^2，建设自然保护区 11 个，保护区面积为 2177×10^4 hm^2，比 1998 年增加 1675×10^4 hm^2，其中国家级自然保护区 7 个，面积为 2074×10^4 hm^2，占全国国家级自然保护区面积的 14.8%，仅次于西藏自治区；拥有森林公园 18 处，总面积为 48×10^4 hm^2，其中国家级森林公园 7 处，省级森林公园 11 处。青海省森林得到了很好保护，取得了较大发展，森林生态功能进一步发挥。

1. 森林面积和组成

根据 2008 年青海省森林资源连续清查结果，青海省森林面积为 329.56×10^4 hm^2，占林地面积的 51.98%，森林覆盖率为 4.57%，森林蓄积量为 3915.64×10^4 m^3，占活立木总蓄积量的 88.71%。青海森林面积按林种划分，以防护林为主，为 217.20×10^4 hm^2，占 65.91%；其次为特用林，面积为 111.28×10^4 hm^2，占 33.76%；用材林和经济林很少，分别为 0.72×10^4 hm^2 和 0.36×10^4 hm^2，占比仅为 0.22% 和 0.11%。

青海省森林中，乔木林为 35.78×10^4 hm^2，占 10.86%；特灌林为 293.78×10^4 hm^2，占 89.14%。乔木林以特用林为主，面积为 22.29×10^4 hm^2，占 62.30%；防护林次之，面积为 12.49×10^4 hm^2，占 34.91%；用材林和经济林较少，分别仅占 2.01% 和 0.78%。天然乔木林是乔木林的主体，面积为 31.42×10^4 hm^2，占乔木林面积的 87.81%。天然乔木林中针叶林比例最大，占天然乔木林面积的 76.80%，其中圆柏林所占比例最高，占天然乔木针叶林的 57.31%。天然阔叶林占天然乔木林面积的 23.20%，其中桦木类比例最大，占天然阔叶林的 83.13%。人工乔木林也是乔木林的重要组成部分，面积为 4.36×10^4 hm^2，占乔木林面积的 12.19%，以防护林为主，其次为用材林。

2. 森林结构

1)群落结构

群落结构按乔木层、下木层、地被物层(含草本、苔藓、地衣)三个层次的垂直分布，划分为完整结构(具有三层次)、较完整结构(具有乔木层和其他一个植被层)和简单结构(仅有乔木层)。全省乔木林 55.37% 具有完整群落结构，39.38% 具有较完整结构，5.25% 仅具有乔木层，结构简单。整体而言，全省森林具有完整和较完整结构的乔木林面积占 94.75%，结构较好。

2)树种结构

青海地处高原地带，寒冷的气候条件使树种构成相对单一。全省乔木林以纯林为主，其中又以针叶林最多，占乔木林总面积的 57.97%，阔叶纯林占乔木林总面积的 21.10%。针叶纯林、阔叶纯林、针叶混交林、针阔混交林、阔叶混交林所占比例分别为 6.34%、5.11%、

1.68%，5.37%和 2.43%。而人工林以阔叶纯林为主，占人工乔木林面积的 70.64%。

3）龄组结构

天然乔木林以中龄林所占比例最高，占天然乔木林面积的 35.36%，其次为成熟林和过熟林。人工乔木林目前的龄组结构为幼龄林、中龄林、近熟林比例较大，分别占人工乔木林面积的 32.11%、28.44%和 22.94%。

3. 森林生物多样性

青海省植被跨越青藏高原、温带荒漠和温带草原 3 个植被区域，占有植被区的个数仅次于新疆、西藏和内蒙古，植被组成较复杂。全省有种子植物资源 2600 余种，隶属于 97 科 620 属。全省具有国家一级保护野生动物 21 种、二级保护野生动物 53 种、省级重点保护野生动物 36 种，但对土壤微生物的研究相对较少。

通过对青海省典型青海云杉天然林、白桦次生林、白桦青海云杉天然混交林、落叶松白桦天然混交林、山杨人工林和山杨白桦次生林进行磷脂脂肪酸(PLFA)分析，共检测到 17 种 PLFA 生物标记，以 16:0 的 PLFA 生物标记含量最高，广义细菌和革兰氏阳性菌是土壤微生物类群的主要成分。而不同林分类型土壤 PLFA 生物标记物类型各不相同，在大通县的青海云杉林和白桦次生林具有更高丰度的 PLFA 生物标记种类(字洪标等，2017；Hu et al., 2019)。

对青海省云杉和圆柏两大主要针叶林土壤的微生物群落测序分析表明，青海省云杉和圆柏林 0～50 cm 土壤具有细菌 OTUs 1990～2406 个，真菌 OTUs 764～919 个。不同林型下各土层土壤细菌、真菌群落多样性没有显著差异，而随土壤深度增加土壤细菌、真菌多样性均呈下降趋势。Acidobacteria、Verrucomicrobia 和 Proteobacteria 是云杉林土壤细菌群落主要优势菌门，而圆柏林土壤细菌群落的主要优势菌门为 Acidobacteria、Proteobacteria、Planctomycetes 和 Verrucomicrobia；Ascomycota 和 Basidiomycota 是云杉林土壤真菌群落的主要优势菌门，而在圆柏林土壤真菌群落 Ascomycota 菌门占据了绝对优势。

4. 森林生态系统功能

青海省森林生态系统功能中等，生态功能指数为 0.4296。生态功能等级为优、中、差的森林面积分别为 1.80×10^4 hm^2、234.17×10^4 hm^2 和 93.59×10^4 hm^2，分别占 0.55%、71.05%和 28.40%。处于健康状态的森林面积占 96.85%，处于亚健康状态的森林面积占 1.60%，中等健康水平的森林面积占 1.42%，处于不健康状态的森林面积占 0.13%。总体来看，青海省森林资源总量相对不足，生态环境仍然比较脆弱。其中，碳库功能和土壤养分供给能力是目前关注的焦点，也是森林可持续发展的重要基础，下面就这两方面进行具体介绍。

1) 碳库功能

青海森林生态系统碳库储量为 122.33 Tg，平均碳密度为 396.27 Mg/hm²，是重要的陆地生态系统碳库(陈科宇等，2018)。青海森林生态系统中的碳主要储存在土壤中，土壤碳储量为 104.53 Tg，乔木层碳储量 16.30 Tg，灌木层和凋落物层碳储量较低，分别为 0.55 Tg 和 0.73 Tg，最低为草本层碳储量 0.22 Tg。青海森林生态系统发挥着较强的碳库功能，2003～2011 年固碳速率为 1.06 Mg/(hm²·a)，其中，圆柏林固碳速率最高，而桦木林则为负值。青海省 2003～2011 年年均固碳速率高于青藏高原高寒区阔叶林固碳速率(2001～2006 年，每年为 0.19Mg/hm²，王建等，2016)，同时也高于甘肃省(1996～2011 年，每年为 0.91 Mg/hm²，关晋宏等，2016)，但略低于四川省的固碳速率(1999～2003 年，每年为 1.10 Mg/hm²，黄从德等，2009b)。一方面因为青海省的幼龄林和中龄林占地面积比例为 52.49%，超过了全省森林生态系统占地面积的一半，另一方面青海省 2003～2011 年森林面积增加了 1.59×10⁴ hm²。未来，在森林面积不变的前提下，由于森林的演替和不断成熟，青海森林还能持续固碳。2011 年青海省乔木植被单位面积固碳潜力为 23.77 Mg/hm²，总固碳潜力为 8.50 Tg。云杉林固碳潜力最高，单位面积固碳潜力为 32.80 Mg/hm²，总固碳潜力为 3.40 Tg。圆柏林次之，单位面积固碳潜力为 22.26 Mg/hm²，总固碳潜力为 2.97 Tg。杨树林最低，单位面积固碳潜力为 0.97 Mg/hm²，总固碳潜力为 0.04 Tg。

2) 土壤养分供给能力

青海省森林土壤氮储量为 73.21 Tg，青海森林以中国森林面积的 2.56%，储藏着全国森林土壤氮储量的 9.51%，说明青海省森林土壤氮库是中国土壤氮库的重要组成部分。青海省森林磷储量为 1.741 Tg，低于全国平均水平。青海省森林土壤 N/P 较低，且均小于临界点 14，普遍受 N 限制。针叶林土壤磷储量占青海省森林土壤磷总储量的 71.35%，在青海森林土壤磷库中占有重要位置。表层土壤在养分供给中起关键作用，青海森林土壤 0～10 cm 氮、磷含量最高，深层土壤(50～100 cm)中含量最低。土壤类型和优势树种对全氮、全磷含量有显著影响。同时，随海拔梯度的上升，土壤氮、磷含量表现出一定差异。

8.2　可持续发展建议

8.2.1　高效实施国家生态建设工程，持续推动青海森林建设

青海省在"十三五"期间实施了 17 项生态保护和建设重大工程，包括三江源生态保护和建设工程二期工程、祁连山生态保护与建设综合治理工程、柴达木地区生态环境综合治理工程、河湟地区生态环境治理项目、环青海湖地区生态保护与环境综合治理工程、沙化封禁保护区建设项目、水土保持建设项目、自然保护区建设工程、天然林资源保护工程二期工程、"三北"防护林及长江流域防护林体系建设三期工程、退牧还草工程、退耕还

林工程、三江源国家公园、国家良好湖泊生态保护建设专项工程、湿地保护与建设工程、水生态保护与修复、饮用水水源地保护和重点区域人工增雨工程。青海省应通过各项生态保护和建设工程的实施，带动林业大发展，推动森林建设，改善整体生态状况（张贺全，2014；张引娥，2003）。

1. 加大培育力度，提高人工造林质量，增加森林资源总量

青海省森林覆盖率处于全国末位，全省现有无林地和宜林地 250 多万公顷，林业发展空间仍然较大。青海省森林建设应紧紧围绕生态保护和建设工程，进一步加大人工造林力度，尤其是针对生态脆弱区的森林培育力度。由于现有无林地和宜林地多分布在干旱、生态脆弱地区和高海拔地区，立地条件差，造林难度大，未来的森林培育应严格按照因地制宜、适地适树的原则，分区突破。对 25° 以上坡耕地和严重沙化耕地继续开展退耕还林，发挥青海省生态文明先行示范区作用，增强森林、湿地、草原等生态系统服务功能（张贺全，2014）。以乡土树种为主，宜草则草，宜灌则灌，逐步恢复森林植被，将人工培育和自然恢复有机结合起来，确保造林成效。更新培育技术，加强科学指导，在人工林的管护和培植上下足功夫，提高人工造林成林率，加大人工林对森林总量的贡献，增加森林资源总量。

2. 继续加强森林资源保护

青海是黄河、长江、澜沧江的发源地，也是黄土高原、青藏高原、蒙新高原的相交地带，境内具有高寒、干旱等特点，自然环境条件差，水土流失、土地沙化、草原退化和耕地盐渍化问题较为突出。经过多年的治理和建设，森林资源得到有效增长，森林的防护功能得到加强，全省的生态状况得到初步改善，但并没有从根本上得到治理。同时，森林资源匮乏且分布严重不均的状况与经济社会可持续发展的需求相距甚远。因此，今后林业建设的重点应继续坚持以生态建设为主，坚持最严格的生态保护制度，加强森林资源保护，促进森林资源提质、增效。通过布局合理、类型齐全、功能完备的生态保护体系和科学经营理念，保障森林资源的发展，提高森林质量，增强森林生态系统服务功能。

8.2.2　生态效益的保障和提升是实现青海森林可持续发展的根本

森林是陆地上最大的生态系统，能够保护和改善人类赖以生存的自然环境，在改善大气成分、净化空气、调节气候、涵养水源、净化水质、防止土壤侵蚀和防风固沙等方面体现出关键的生态效益。青海省既是青藏高原的组成部分，又是江河源头，地理位置十分重要，北部有荒漠带，东部还有黄土高原的延伸部分，水土流失相当严重，自然条件较差，因而森林的生态效益更加明显。青海森林可持续发展不仅是青海省农业发展、减少风沙危害、城镇田园保护等的需要，青海森林水源涵养和调节水文的功能更是下游地区人民生命

财产和国土安全的重要保障。同时，森林在应对青海省水土流失、地力衰退、灾害频繁等问题和改善生态环境中发挥着重大作用。青海森林的生态效益远远超过其经济效益，生态效益的保障和提升是实现青海森林可持续发展的根本。

1. 充分发挥青海森林的防护效益

1) 水源涵养

森林在水循环过程中起着调节、吞吐、净化的作用。青海森林多数分布在山地河流的大小支流、支沟上游或源头地段，在地形的作用下，这里恰是降水最集中的地区，其水源涵养效应显著。据祁连山水源涵养研究所测定，每公顷森林能涵养 $865\sim1651\ m^3$ 的水量，据此推算，全省 $406\times10^4\ hm^2$（2013 年森林清查结果）森林即可涵养 $35\times10^8\sim67\times10^8\ m^3$ 水量。森林巨大的水源涵养能力可以控制径流、稳定流量，使之达到均衡输出，从而减少洪水流量，同时降低含沙量、净化水质。森林之所以具有水源涵养功能，首先来源于林冠对雨水的截留，其次为林下苔藓和枯枝落叶层以及粗腐殖质层对降水的吮吸，同时还来源于腐殖质层和根系利于水分的渗透。因此，保护森林，不仅要保护森林中的乔灌层，还要保护地表苔藓、凋落物和腐殖质层。

2) 农田防护

农田防护林是农田网状结构的重要组成部分，具有防风固沙、调节小气候、维护生态平衡、保障农业生产等功能。同时，它也是森林的重要部分，应大力发展农田防护林，在发挥农田防护效益的同时也能提高森林覆盖率。

3) 水土保持

青海的水土流失地区主要发生在东部黄土丘陵地区，表土流失、氮磷钾肥损失严重，同时，大量的泥沙冲进黄河给下游造成极大的威胁。由于森林等植被的存在，林冠、地被层和根系可以改善和减轻水土流失，其水土保持效益非常重要。层次结构完整、树种适当混交、树种根系发达的森林水土保持效果更好。

4) 防风护沙

森林有防风、固定流沙的作用。青海西部地区有较大面积的沙漠，强劲风力使流沙移动，危害当地人民的生产和生活。保护好沙漠地区的植被，大力营造防风林和固沙林，对维护沙漠地区的生态平衡和保障人民生命财产安全都有极其重要的意义。

2. 生物多样性保护

生物多样性是指生物及其环境所形成的生态复合体及与此相关的各种生态过程的总和，它是人类社会生存和可持续发展的基础（张永利等，2007）。原生森林物种丰富，层次多样，生物链网复杂，生物关系协调，维持着生态系统平衡。森林生物多样性是森林持续发展的基础和保证，生物多样性遭破坏给森林持续发展带来了一系列的生态灾难，如病虫害加剧、地力衰退、生产力降低、水土流失加剧等。生物多样性保护已经成为森林可持续经营的重要方面。丰富的植物类群相互之间处于协调状态，维持着生态系统的结构和功能的稳定，具有更强的抗病虫害或人为干扰的能力。丰富的微生物群体可以促进林地养分循环，形成良好的土壤性质，提高林地土壤肥力。同时，青海省特殊的地理环境孕育着许多地区特有种、稀有种，对它们的保护在中国乃至全球生物多样性保护中都具有重要意义。为了确保生物多样性重要功能的保持和发挥，应加大天然林生境保护的力度，注意森林景观的连通性，减少生境破碎化。同时，在营林造林过程中，保护森林层次完整，特别是凋落物层的保护以及营林和砍伐过程中植物残体的归还，为生物提供多样化的生活场所，维持甚至提高森林生物多样性。

3. 提高碳库功能

　　未来，随着大量低龄林逐渐发展为成熟林，青海森林仍具有固碳潜力。同时，研究发现不同海拔、不同林分类型以及同一林分类型的不同林龄阶段具有各异的固碳特征，这些规律对于进一步提高青海森林碳库功能具有重要指导意义。基于青海森林碳储量规律，本书对提升青海省森林生态系统碳储量提出以下几点建议。①云杉、圆柏、松树等针叶林具有较高的碳储量，且固碳潜力高于阔叶林，因此对未达到成熟龄级的针叶林型应加强保护措施，降低砍伐利用程度，维持青海森林碳库功能的稳定。其中，云杉林的碳储存效应最为突出，且大部分的碳以较稳定的土壤碳形式储存，对于青海森林碳库功能的发挥具有重要意义。同时云杉林能够较好适应不同海拔梯度环境，具有较宽的生态位，应予以重点保护。由于针叶林生长缓慢，通过营造针叶林发挥碳库功能需要相对较长的周期，因此以针叶林为主的造林工程建议在较为偏远的地区开展，降低人为扰动对其影响，使其为长远的碳储量提升做出贡献。②圆柏、桦木和杨树等阔叶林成林周期相对较短，碳储量增长迅速，短期造林工作就能够使其碳密度出现较大提升，从森林的碳汇增长上考虑，应该适当增加其面积，但考虑到其对立地土壤养分消耗较强，为了森林的可持续发展，需要寻找一个平衡点，且还应注意造林工作更多地使用当地原有树种来完成，降低造林对原生生态环境的影响。阔叶林的另一个优势是相对更能承受人为活动的干扰，因此建议在人为扰动频繁的地区开展以种植阔叶林为主的造林活动。③针对不同海拔梯度选择适合其生长的造林树种，以提升其成活率和造林效率，海拔 3100 m 以上地区建议以圆柏、云杉等针叶树种为主要造林树种，海拔 3100 m 以下地区建议以桦木、杨树等阔叶林型为主要造林树种。④中海拔（2800～3400 m）地区，植被类型更加多样，灌木层碳密度最高，土壤有机碳含量和密度较高。因此，该区域是青海森林碳库功能发挥的关键地区，也是未来增加青海森林碳库储量最有潜力的地区。

8.2.3　林业基础建设是实现青海森林可持续发展的重要保障

青海地处我国内陆腹地的高原地带,森林资源少,而且是多民族聚居、经济欠发达地区。长期以来,林业基础建设薄弱是加快林业建设、实现林业可持续发展的极其重要的制约因素。为此,必须着力加强林业基础建设,为实现森林可持续发展提供保障。

1. 抓好林业中长期发展规划

针对全省经济社会发展以及生态建设的实际需求状况,合理规划,制定合理的中长期发展目标。实现林业有序发展,避免森林资源较大起伏。

2. 完善森林资源及效益监测

森林资源及其效益监测是反映全省森林资源与生长状况,制定和调整林业方针政策、规划、计划,监督检查各地森林资源消长任期目标责任制的重要依据。建立、巩固和完善森林资源连续清查体系是实现林业可持续发展和进行森林资源管理的一项重要和长期的林业基本建设工作(李国兴和闫生义,2014)。进一步完善森林资源监测工作,积极开展森林多效益、多功能监测,逐步推进森林资源监测向综合监测过渡,为实现林业科学决策提供更翔实的基础数据。

3. 培养高素质专业人才队伍

人力资源是林业发展的基础,打造一支高素质的从事林业工作的干部和技术队伍是做好林业建设的重中之重。应采取切实措施稳定队伍,吸纳高层次人才,加大人才引进力度。同时,林业管理具有较强的专业性和技术性,应加强培训和交流学习,通过学习切实提升人才队伍的专业素质。

4. 加强宣传

进一步加强宣传,扩大林业在经济社会发展和生态建设中的影响力,提高全社会对实现森林资源可持续发展重要性的认识,提高全民环境意识,切实杜绝森林资源的人为破坏。

5. 加强科技支撑

科学研究是实现林业现代化,科学造林、营林,提高造林成功率和森林资源质量的重要技术保障。国家对基础研究的重视也为林业科技化提供了重要契机。林业发展应充分利用科研成果,用科研成果指导林业实践,更要用科研成果指导林业发展方向。

8.2.4　科学经营、加强管理是实现青海森林可持续发展的重要途径

1. 明确土地主导利用方向

由县级以上人民政府明确土地主导利用方向，经营者按规定的土地主导利用方向进行经营管理。根据森林生态功能在某一区域的重要程度和森林抗干扰能力，将森林分为重点生态公益林、一般生态公益林、一般商品林和集约商品林 4 个森林经营类型，并细化为林种经营区（王洪波，2004）。重点生态公益林是生态区位重要、生态敏感度脆弱，对国土安全、生物多样性保护和社会可持续发展有重要作用的区域，包括以保护森林生态系统及野生动物栖息地为目的的自然保护区、森林公园和重要的水源涵养林地、水土保持林地（乔木、灌木林、无立木林地）、湿地等。一般生态公益林是生态区位一般、生态敏感度脆弱的区域，包括以水源涵养、水土保持、防风固沙为目的的天然次生林、灌木林和山地干果经济林以及区域内的无立木林地等。一般商品林是生态区位重要、生态敏感度稳定的区域，主要包括平坡、缓坡用材林、农田林网、环境片林、林农复合经营林木、护路林等。集约商品林的生态区位一般、生态脆弱度稳定，包括工业原料林、速生丰产林、鲜果经济林等。

2. 明晰产权、分类管理

实行分级管理，明确林地使用权和林木所有权、经营权（王洪波，2004）。对生态区位重要、关系国家生态安全和国民经济发展全局利益的重要国有森林资源由中央政府直接管理；其他国有资源由省、县级政府分级管理。集体所有的林地在不改变林地用途的前提下，本着有利于森林经营水平提高，有利于资源资金技术优化组合，有利于森林资源保值增值的原则，将林地使用权、林木所有权和经营权落实到户。

3. 更新森林经营理念

科学的森林经营理念应注重充分发挥森林的生态、经济效益，使自然环境与人类的多种需求相协调，人类在其中起到积极规范、适度合理的干扰（王洪波，2004）。森林经营不应把木材生产作为唯一的价值取向，应以保持生物多样性、生产性和更新性作为经营原则，使森林发展尽量接近自然。同时，林下经济和森林游憩应作为现代森林价值开发的一个新思路，在保证森林生态功能基础上，充分开发森林附加值，发挥森林的社会效益和经济效益。比如，在青海的海东、海西等水热条件较好的地区大力推广高原特色花卉、中藏药、食用菌等进行林草间作、林药间作，林下养殖鸡、蛙等。抓住地区的地理和文化特色，依托森林环境，发展以森林娱乐、健身、探险、观光、休闲为一体的森林旅游之路。

4. 建立有效的森林分类经营补偿机制

国家通过设立生态效益补偿基金，补偿为了保护环境而损失林木经济回报的主体，从而实现森林的保护，激励森林生态效益的持续发挥，补偿形式根据森林经营方向和主体的不同应该是多样的。对国有生态公益林，补偿应以管护经费的形式划拨给国有森林经营单位，按照公益事业单位进行管理。对集体与私有生态公益林，由森林资源评估机构对其质量进行评估，分别按不同的生态公益林质量等级进行生态效益补偿，根据森林采伐限制措施的不同，确定不同的补偿标准。商品林根据市场配置资源，自行筹措建设资金，政府给予必要的扶持（王洪波，2004）。

参 考 文 献

毕建华, 苏宝玲, 于大炮, 等. 2017. 辽东山区不同森林类型生态化学计量特征[J]. 生态学杂志, 36(11): 3109-3115.

毕珍. 2009. 四川盆地森林土壤的有机碳氮存储及其空间分布特征[D]. 西安: 西安建筑科技大学.

曹吉鑫, 田赟, 王小平, 等. 2009. 森林碳汇的估算方法及其发展趋势[J]. 生态环境学报, 18(5): 2001-2005.

曹瑞, 吴福忠, 杨万勤, 等. 2016. 海拔对高山峡谷区土壤微生物生物量和酶活性的影响[J]. 应用生态学报, 27(4): 1257-1264.

岑宇, 王成栋, 张震, 等. 2018. 河北省天然草地生物量和碳密度空间分布格局[J]. 植物生态学报, 42(3): 265-276.

陈安东, 郑绵平. 2017. 柴达木盆地成盐期与青藏高原第四纪冰期及构造运动阶段的相关性[J]. 科技导报, 35(6): 36-41.

陈超. 2014. 青海大通高寒区典型林分水源涵养功能研究[D]. 北京: 北京林业大学.

陈伏生, 曾德慧, 何兴元. 2004. 森林土壤氮素的转化与循环[J]. 生态学杂志, 23(5): 126-133.

陈贵林. 2018. 祁连县森林生态系统服务功能效应研究[J]. 林业调查规划, 43(3): 107-110, 115.

陈桂琛, 彭敏. 1993. 青海湖地区植被及其分布规律[J]. 植物生态学报, 17(1): 71-81.

陈昊, 谭晓风. 2014. 基于第二代测序技术的基因资源挖掘[J]. 植物生理学报, 50(8): 1089-1095.

陈金林, 许新健, 姜志林, 等. 1999. 空青山次生栎林细根周转[J]. 南京林业大学学报(自然科学版), 23(1): 6-10.

陈劲松, 苏智先. 2001. 缙云山马尾松种群生物量生殖配置研究[J]. 植物生态学报, 25(6): 704-708.

陈科宇, 字洪标, 阿的鲁骥, 等. 2018. 青海省森林乔木层碳储量现状及固碳潜力[J]. 植物生态学报, 42(8): 831-840.

陈美领, 陈浩, 毛庆功, 等. 2016. 氮沉降对森林土壤磷循环的影响[J]. 生态学报, 36(16): 4965-4976.

陈青青, 徐伟强, 李胜功, 等. 2012. 中国南方4种林型乔木层地上生物量及其碳汇潜力[J]. 科学通报, 57(13): 1119-1125.

陈文年, 吴宁, 罗鹏, 等. 2003. 岷江上游林草交错带祁连山圆柏群落的物种多样性及乔木种群的分布格局[J]. 应用与环境生物学报, 9(3): 221-225.

陈晓萍, 郭炳桥, 钟全林, 等. 2018. 武夷山不同海拔黄山松细根碳、氮、磷化学计量特征对土壤养分的适应[J]. 生态学报, 38(1): 273-281.

陈新海. 2011. 青海地区历史经济地理研究[M]. 成都: 四川大学出版社.

陈艳. 2015. 青海大通水源涵养林降水再分配及其养分元素特征研究[D]. 北京: 北京林业大学.

陈煜, 许金石, 张丽霞, 等. 2016. 太白山森林群落和林下草本物种变化的环境解释[J]. 西北植物学报, 36(4): 784-795.

陈振翔, 于鑫, 夏明芳, 等. 2005. 磷脂脂肪酸分析方法在微生物生态学中的应用[J]. 生态学杂志, 24(7): 828-832.

陈正乐, 宫红良, 李丽, 等. 2006. 阿尔金山脉新生代隆升-剥露过程[J]. 地学前缘, 13(4): 91-102.

程欢, 宫渊波, 吴强, 等. 2018. 川西亚高山/高山典型土壤类型有机碳、氮、磷含量及其生态化学计量特征[J]. 自然资源学报, 33(1): 161-172.

程瑞希, 字洪标, 罗雪萍, 等. 2019. 青海省森林林下草本层化学计量特征及其碳储量[J]. 草业学报, 28(7): 26-37.

褚永彬. 2015. 祁连山地貌特征及对青藏高原隆升的响应[D]. 成都: 成都理工大学.

崔高阳, 曹扬, 陈云明. 2015. 陕西省森林各生态系统组分氮磷化学计量特征[J]. 植物生态学报, 39(12): 1146-1155.

崔宁洁, 陈小红, 刘洋, 等. 2014. 不同林龄马尾松人工林林下灌木和草本多样性[J]. 生态学报, 34(15): 4313-4323.

崔鹏, 贾洋, 苏凤环, 等. 2017. 青藏高原自然灾害发育现状与未来关注的科学问题[J]. 中国科学院院刊, 32(9): 985-992.

逯军锋. 2007. 不同林龄油松人工林凋落物及其对土壤理化性质的影响研究[D]. 兰州: 甘肃农业大学.

党玉琪, 尹成明, 赵东升. 2004. 柴达木盆地西部地区古近纪与新近纪沉积相[J]. 古地理学报, 6(3): 297-306.

邓仁菊, 杨万勤, 张健, 等. 2007. 川西亚高山森林土壤有机层碳、氮、磷储量特征[J]. 应用与环境生物学报, 13(4): 492-496.

丁访军, 潘忠松, 周凤娇, 等. 2012. 黔中喀斯特地区 3 种林型土壤有机碳含量及垂直分布特征[J]. 水土保持学报, 26(1): 161-164, 169.

丁绍兰, 杨宁贵, 赵串串, 等. 2010. 青海省东部黄土丘陵区主要林型土壤理化性质[J]. 水土保持通报, 30(6): 1-6.

董政博. 2016. 青海省典型环境特征研究[J]. 青海交通科技(2): 16-18, 36.

杜虎, 曾馥平, 宋同清, 等. 2016. 广西主要森林土壤有机碳空间分布及其影响因素[J]. 植物生态学报, 40(4): 282-291.

多祎帆. 2012. 亚热带 3 种森林类型土壤微生物生物量及其多样性研究[D]. 长沙: 中南林业科技大学.

范玉龙, 胡楠, 丁圣彦, 等. 2008. 伏牛山自然保护区森林生态系统草本植物功能群的分类[J]. 生态学报, 28(7): 3092-3101.

方精云, 刘国华, 徐嵩龄. 1996. 我国森林植被的生物量和净生产量[J]. 生态学报, 16(5): 497-508.

方精云, 郭兆迪, 朴世龙, 等. 2007. 1981～2000 年中国陆地植被碳汇的估算[J]. 中国科学 D 辑, 37(6): 804-812.

方晰, 陈金磊, 王留芳, 等. 2018. 亚热带森林土壤磷有效性及其影响因素的研究进展[J]. 中南林业科技大学学报, 38(12): 1-12.

伏洋, 李凤霞, 郭广, 等. 2004. 青海省自然灾害灾情与特征分析[J]. 高原地震, 16(4): 59-67.

付威波, 彭晚霞, 宋同清, 等. 2014. 不同林龄尾巨桉人工林的生物量及其分配特征[J]. 生态学报, 34(18): 5234-5241.

高巧, 阳小成, 尹春英, 等. 2014. 四川省甘孜藏族自治州高寒矮灌丛生物量分配及其碳密度的估算[J]. 植物生态学报, 38(4): 355-365.

高维森, 王佑民. 1991. 黄土丘陵区柠条林地土壤抗蚀性规律研究[J]. 西北林学院学报, 6(3): 70-78.

高志红, 张万里, 张庆费. 2004. 森林凋落物生态功能研究概况及展望[J]. 东北林业大学学报, 32(6): 79-80, 83.

苟存珑. 2016. 青海省综合治理"黑土滩"技术研究[J]. 当代畜牧(11): 33-34.

勾晓华, 陈发虎, 杨梅学, 等. 2004. 祁连山中部地区树轮宽度年表特征随海拔高度的变化[J]. 生态学报, 24(1): 172-176.

关百钧, 施昆山. 1995. 森林可持续发展研究综述[J]. 世界林业研究, 8(4): 1-6.

关晋宏, 杜盛, 程积民, 等. 2016. 甘肃省森林碳储量现状与固碳速率[J]. 植物生态学报, 40(4): 304-317.

郭宝华, 刘广路, 范少辉, 等. 2014. 不同生产力水平毛竹林碳氮磷的分布格局和计量特征[J]. 林业科学, 50(6): 1-9.

郭晋平. 2001. 森林可持续经营背景下的森林经营管理原则[J]. 世界林业研究, 14(4): 37-42.

郭钰. 2011. 四种经济林枝叶碳氮磷元素含量及其内吸收率比较[D]. 福州: 福建农林大学.

郭忠玲, 郑金萍, 马元丹, 等. 2006a. 长白山几种主要森林群落木本植物细根生物量及其动态[J]. 生态学报, 26(9): 2855-2862.

郭忠玲, 郑金萍, 马元丹, 等. 2006b. 长白山各植被带主要树种凋落物分解速率及模型模拟的试验研究[J]. 生态学报, 26(4): 1037-1046.

郭子良. 2016. 中国自然保护综合地理区划与自然保护区体系有效性分析[D]. 北京: 北京林业大学.

何永涛, 石培礼, 徐玲玲. 2009. 拉萨-林芝植被样带不同群落类型的细根生物量[J]. 林业科学, 45(10): 148-151.

何友均. 2005. 三江源自然保护区主要林区种子植物多样性及其保护研究[D]. 北京: 北京林业大学.

何友均, 崔国发, 邹大林, 等. 2007. 三江源自然保护区主要森林群落物种多样性研究[J]. 林业科学研究, 20(2): 241-245.

贺合亮, 阳小成, 李丹丹, 等. 2017. 青藏高原东部窄叶鲜卑花碳、氮、磷化学计量特征[J]. 植物生态学报, 41(1): 126-135.

贺金生, 韩兴国. 2010. 生态化学计量学: 探索从个体到生态系统的统一化理论[J]. 植物生态学报, 34(1): 2-6.

贺梅年. 2017. 青海省东部城市群建设对海东市林业建设的新要求[J]. 现代农业科技(4): 141, 145.

洪梓明, 邢亚娟, 闫国永, 等. 2020. 长白山白桦山杨次生林细根形态特征和解剖结构对氮沉降的响应[J]. 生态学报, 40(2): 608-620.

侯芳, 王克勤, 宋娅丽, 等. 2018. 滇中亚高山 5 种典型森林乔木层生物量及碳储量分配格局[J]. 水土保持研究, 25(6): 29-35.

胡芳, 杜虎, 曾馥平, 等. 2017. 广西不同林龄喀斯特森林生态系统碳储量及其分配格局[J]. 应用生态学报, 28(3): 721-729.

胡雷, 阿的鲁骥, 字洪标, 等. 2015a. 高原鼢鼠扰动及恢复年限对高寒草甸土壤养分和微生物功能多样性的影响[J]. 应用生态学报, 26(9): 2794-2802.

胡雷, 王长庭, 王根绪, 等. 2015b. 青海省森林生态系统植被固碳现状研究[J]. 西南农业学报, 28(2): 826-832.

胡卫国, 曹军骥, 韩永明, 等. 2011. 青海湖环湖区表土有机碳氮储量估算[J]. 干旱区资源与环境, 25(9): 85-88.

胡亚林, 汪思龙, 颜绍馗. 2006. 影响土壤微生物活性与群落结构因素研究进展[J]. 土壤通报, 37(1): 170-176.

黄从德, 张健, 杨万勤, 等. 2009a. 四川森林土壤有机碳储量的空间分布特征[J]. 生态学报, 29(3): 1217-1225.

黄从德, 张健, 杨万勤, 等. 2009b. 四川省森林植被碳储量的空间分异特征[J]. 生态学报, 29(9): 5115-5121.

黄健, 季枫. 2014. 温室增温和灌溉量变化对棉花产量、生物量及水分利用效率的影响[J]. 中国农学通报, 30(30): 152-157.

黄聚聪, 张炜平, 李熙波. 2007. 亚热带主要人工林乔木层生物量影响因子研究[J]. 林业勘察设计, (1): 146-150.

黄团冲, 贺康宁, 王先棒. 2018. 青海大通白桦林冠层降雨再分配与冠层结构关系研究[J]. 西北林学院学报, 33(3): 1-6, 20.

黄小波, 刘万德, 苏建荣, 等. 2016. 云南普洱季风常绿阔叶林 152 种木本植物叶片 C、N、P 化学计量特征[J]. 生态学杂志, 35(3): 567-575.

黄晓琼, 辛存林, 胡中民, 等. 2016. 内蒙古森林生态系统碳储量及其空间分布[J]. 植物生态学报, 40(4): 327-340.

黄宇, 冯宗炜, 汪思龙, 等. 2005. 杉木、火力楠纯林及其混交林生态系统 C、N 贮量[J]. 生态学报, 25(12): 3146-3154.

黄宗胜, 符裕红, 喻理飞. 2013. 喀斯特森林植被自然恢复中凋落物现存量及其碳库特征演化[J]. 林业科学研究, 26(1): 8-14.

季蕾, 亢新刚, 郭韦韦, 等. 2016. 金沟岭林场 3 种林型不同郁闭度林下灌草生物量[J]. 东北林业大学学报, 44(9): 29-33, 39.

姜红梅, 李明治, 王亲, 等. 2011. 祁连山东段不同植被下土壤养分状况研究[J]. 水土保持研究, 18(5): 166-170.

姜沛沛, 曹扬, 陈云明. 2016. 陕西省森林群落乔灌草叶片和凋落物 C、N、P 生态化学计量特征[J]. 应用生态学报, 27(2): 365-372.

姜萍, 赵光, 叶吉, 等. 2003. 长白山北坡森林群落结构组成及其海拔变化[J]. 生态学杂志, 22(6): 28-32.

蒋婧, 宋明华. 2010. 植物与土壤微生物在调控生态系统养分循环中的作用[J]. 植物生态学报, 34(8): 979-988.

康永祥, 岳军伟, 雷瑞德, 等. 2008. 陕北黄龙山辽东栎群落优势种群生态位研究[J]. 西北植物学报, 28(3): 574-581.

李单凤, 于顺利, 王国勋, 等. 2015. 黄土高原优势灌丛营养器官化学计量特征的环境分异和机制[J]. 植物生态学报, 39(5): 453-465.

李丹维, 王紫泉, 田海霞, 等. 2017. 太白山不同海拔土壤碳、氮、磷含量及生态化学计量特征[J]. 土壤学报, 54(1): 160-170.

李冬梅, 焦峰, 雷波, 等. 2014. 黄土丘陵区不同草本群落生物量与土壤水分的特征分析[J]. 中国水土保持科学, 12(1): 33-37.

李凤霞, 李晓东, 周秉荣, 等. 2015. 放牧强度对三江源典型高寒草甸生物量和土壤理化特征的影响[J]. 草业科学, 32(1): 11-18.

李国兴, 闫生义. 2014. 青海省森林资源连续清查第六次复查主要技术探析[J]. 宁夏农林科技, 55(3): 18-19.

李合生. 2002. 现代植物生理学[M]. 北京: 高等教育出版社.

李红林, 贡璐, 朱美玲, 等. 2015. 塔里木盆地北缘绿洲土壤化学计量特征[J]. 土壤学报, 52(6): 1345-1355.

李红琴, 宋成刚, 张法伟, 等. 2014. 青海高寒区域金露梅灌丛草甸灌木和草本植物固碳量的比较[J]. 植物资源与环境学报, 23(3): 1-7.

李佳佳, 樊妙春, 上官周平. 2019. 黄土高原南北样带刺槐林土壤碳、氮、磷生态化学计量特征[J]. 生态学报, 39(21): 7996-8002.

李家湘, 徐文婷, 熊高明, 等. 2017. 中国南方灌丛优势木本植物叶的氮、磷含量及其影响因素[J]. 植物生态学报, 41(1): 31-42.

李俊. 2016. 凋落物分解过程中无脊椎动物与微生物群落的相互作用随海拔的变化特征[D]. 雅安: 四川农业大学.

李龙, 姜丽娜, 白建华. 2018. 半干旱区土壤有机碳空间变异及影响因素的多尺度相关分析[J]. 中国水土保持科学, 16(5):

40-48.

李强峰. 2005. 青海省森林植被的遥感调查与可持续评价[D]. 咸阳: 西北农林科技大学.

李清河, 江泽平, 张景波, 等.2006. 灌木的生态特性与生态效能的研究与进展[J]. 干旱区资源与环境, 20(2): 159-164.

李婷, 邓强, 袁志友, 等.2015. 黄土高原纬度梯度上的植物与土壤碳、氮、磷化学计量学特征[J]. 环境科学, 36(8): 2988-2996.

李武斌, 何丙辉, 钟章成, 等.2010. 九寨沟马脑壳金矿山优势草本植物生物量的垂直分布格局[J]. 草地学报, 18(5): 643-650.

李喜霞, 杜天雨, 魏亚伟, 等.2018. 阔叶红松林生态化学计量学特征及其对纬度梯度的响应[J]. 生态学报, 38(11): 3952-3960.

李相楹, 张维勇, 刘峰, 等.2016. 不同海拔高度下梵净山土壤碳、氮、磷分布特征[J]. 水土保持研究, 23(3): 19-24.

李翔, 王忠, 赵景学, 等. 2017. 念青唐古拉山南坡高寒草甸生产力对温度和降水变化的敏感性及其海拔分异[J]. 生态学报, 37(17): 5591-5601.

李翔, 王海燕, 秦倩倩, 等. 2019. 林分密度对半分解层凋落物现存量空间异质性的影响[J]. 应用与环境生物学报, 25(4): 817-822.

李以康, 张法伟, 林丽, 等. 2012. 青海湖区紫花针茅草原封育导致的土壤养分时空变化特征[J]. 应用与环境生物学报, 18(1): 23-29.

李银, 陈国科, 林敦梅, 等.2016. 浙江省森林生态系统碳储量及其分布特征[J]. 植物生态学报, 40(4): 354-363.

李永存. 2018. 对青海东部区域森林经营模式的思考[J]. 绿色科技(17): 221-222.

林波, 刘庆, 吴彦, 等. 2004. 森林凋落物研究进展[J]. 生态学杂志, 23(1): 60-64.

林玥, 任坚毅, 岳明. 2008. 太白山红桦种群结构与空间分析[J]. 植物生态学报, 32(6): 1335-1345.

刘峰贵, 王锋, 侯光良, 等. 2007. 青海高原山脉地理格局与地域文化的空间分异[J]. 人文地理(4): 119-123.

刘广全, 杨茂生. 2013. 黄土高原红桦林分布特征之探讨[J]. 国际沙棘研究与开发, 11(1): 34-40.

刘国华, 傅伯杰, 方精云. 2000. 中国森林碳动态及其对全球碳平衡的贡献[J]. 生态学报, 20(5): 733-740

刘凯, 贺康宁, 王先棒. 2018. 青海高寒区不同密度白桦林枯落物水文效应[J]. 北京林业大学学报, 40(1): 89-97.

刘期学, 张增艺. 2004. 青海省主要耕作土壤类型及特点[J]. 青海农技推广(3): 7-10, 16.

刘倩, 郑翔, 邓邦良, 等.2017. 武功山草甸不同海拔对土壤和植物凋落物磷含量的影响[J]. 草业科学, 34(11): 2183-2190.

刘倩, 王书丽, 邓邦良, 等. 2018. 武功山山地草甸不同海拔凋落物-土壤碳、氮、磷含量及其生态化学计量特征[J]. 应用生态学报, 29(5): 1535-1541.

刘强, 彭少麟, 毕华, 等.2005. 热带亚热带森林凋落物交互分解的养分动态[J]. 北京林业大学学报, 27(1): 24-32.

刘士玲, 郑金萍, 范春楠, 等.2017. 我国森林生态系统枯落物现存量研究进展[J]. 世界林业研究, 30(1): 66-71.

刘世荣, 王晖, 栾军伟. 2011. 中国森林土壤碳储量与土壤碳过程研究进展[J]. 生态学报, 31(19): 5437-5448.

刘顺, 罗达, 杨洪国, 等.2018. 川西亚高山岷江冷杉原始林细根生物量、生产力和周转[J]. 生态学杂志, 37(4): 987-993.

刘喜梅, 李海朝. 2013. 2个地区祁连圆柏叶挥发油化学成分分析[J]. 林业科学, 49(10): 149-154.

刘彦春, 张远东, 刘世荣, 等. 2010. 川西亚高山针阔混交林乔木层生物量、生产力随海拔梯度的变化[J]. 生态学报, 30(21): 5810-5820.

刘颖, 宫渊波, 李瑶, 等. 2018. 川西高寒灌丛草地不同海拔梯度土壤化学计量特征[J]. 四川农业大学学报, 36(2): 167-174.

刘增文, 高国雄, 吕月玲, 等. 2007. 不同立地条件下沙棘种群生物量的比较与预估[J]. 南京林业大学学报(自然科学版), 31(1): 37-41.

刘战庆, 梁力杰, 李赛赛, 等. 2013. 遥感解译在西倾山地区金矿成矿预测中的应用[J]. 西北地质, 46(3): 212-221.

刘之洲, 宁晨, 闫文德, 等. 2017. 喀斯特地区 3 种针叶林林分生物量及碳储量研究[J]. 中南林业科技大学学报, 37(10): 105-111.

卢航, 刘康, 吴金鸿. 2013. 青海省近 20 年森林植被碳储量变化及其现状分析[J]. 长江流域资源与环境, 22(10): 1333-1338.

卢宏典, 靳冰洁, 钟全林, 等. 2016. 中国南方 5 个地区木本植物根及叶片 N、P 生态化学计量学特征[J]. 安徽农业大学学报, 43
    (3): 481-488.

卢同平, 张文翔, 牛洁, 等. 2017. 典型自然带土壤氮磷化学计量空间分异特征及其驱动因素研究[J]. 土壤学报, 54(3):
    682-692.

卢振龙, 龚孝生. 2009. 灌木生物量测定的研究进展[J]. 林业调查规划, 34(4): 37-40.

路翔. 2012. 中亚热带 4 种森林凋落物及土壤碳氮贮量与分布特征[D]. 长沙: 中南林业科技大学.

罗天祥, 李文华, 冷允法, 等. 1998. 青藏高原自然植被总生物量的估算与净初级生产量的潜在分布[J]. 地理研究, 17(4):
    337-344.

罗艳, 唐才富, 辛文荣, 等. 2014. 青海省云杉属(Picea)和圆柏属(Sabina)乔木含碳率分析[J]. 生态环境学报, 23(11):
    1764-1768.

吕超群, 孙书存. 2004. 陆地生态系统碳密度格局研究概述[J]. 植物生态学报, 28(5): 692-703.

吕东, 李秉新, 张宏斌, 等. 2014. 祁连圆柏林地不同除草方式对杂草群落及其多样性的影响[J]. 安徽农业科学, 42(32):
    11346-11349.

马剑, 刘贤德, 李广, 等. 2019. 祁连山中段青海云杉林土壤肥力质量评价研究[J]. 干旱区地理, 42(6): 1368-1377.

马钦彦, 陈遐林, 王娟, 等. 2002. 华北主要森林类型建群种的含碳率分析[J]. 北京林业大学学报, 24(5/6): 96-100.

马任甜, 方瑛, 安韶山. 2016. 云雾山草地植物地上部分和枯落物的碳、氮、磷生态化学计量特征[J]. 土壤学报, 53(5):
    1170-1180.

马维玲, 石培礼, 李文华, 等. 2010. 青藏高原高寒草甸植株性状和生物量分配的海拔梯度变异[J]. 中国科学 C 辑, 40(6):
    533-543.

马祥庆, 刘爱琴, 何智英, 等. 1997. 杉木幼林生态系统凋落物及其分解作用研究[J]. 植物生态学报, 21(6): 564-570.

马应龙, 马金萍. 2014. 青海省玛可河林区云杉林群落结构及组成特点分析[J]. 山东林业科技, 44(2): 48-49.

马永跃, 王维奇. 2011. 闽江河口区稻田土壤和植物的 C、N、P 含量及其生态化学计量比[J]. 亚热带农业研究, 7(3): 182-187.

马元彪, 李宁, 胡兴华, 等. 1997. 青海土壤[M]. 北京: 中国农业出版社.

马占良. 2008. 青海省大气环流分型及特点分析[J]. 青海气象(2): 8-12.

马周文, 王迎新, 王宏, 等. 2017. 放牧生态系统枯落物及其作用[J]. 草业学报, 26(7): 201-212.

孟庆权, 葛露露, 杨馨邈, 等. 2019. 滨海沙地不同人工林凋落物现存量及其持水特性[J]. 水土保持学报, 33(3): 146-152.

莫晓勇. 1986. 青海省乱扎林区森林植被调查初报[J]. 植物生态学报, 10(4): 310-315.

聂秀青, 熊丰, 李长斌, 等. 2018. 青藏高原高寒灌丛生态系统草本层生物量分配格局[J]. 生态学报, 38(18): 6664-6669.

潘复静, 张伟, 王克林, 等. 2011. 典型喀斯特峰丛洼地植被群落凋落物 C∶N∶P 生态化学计量特征[J]. 生态学报, 31(2):
    335-343.

潘裕生. 1989. 昆仑山区构造区划初探[J]. 自然资源学报, 4(3): 196-203.

庞圣江, 张培, 贾宏炎, 等. 2015. 桂西北不同森林类型土壤生态化学计量特征[J]. 中国农学通报, 31(1): 17-23.

彭少麟, 刘强. 2002. 森林凋落物动态及其对全球变暖的响应[J]. 生态学报, 22(9): 1534-1544.

戚德辉, 温仲明, 王红霞, 等. 2016. 黄土丘陵区不同功能群植物碳氮磷生态化学计量特征及其对微地形的响应[J]. 生态学报,
    36(20): 6420-6430.

齐泽民, 王开运, 张远彬, 等. 2009. 川西亚高山林线交错带土壤微生物类群及酶活性季节动态[J]. 西南师范大学学报(自然科
    学版), 34(6): 49-54.

祁得兰, 魏国才, 巨克英, 等. 2010. 青海省高温天气气候特征及成因分析[J]. 青海气象(3): 2-6.

乔宇鑫, 朱华忠, 钟华平, 等. 2016. 内蒙古地区草地表层土壤容重空间格局分析[J]. 草地学报, 24(4): 793-801.

秦娟, 唐心红, 杨雪梅. 2013. 马尾松不同林型对土壤理化性质的影响[J]. 生态环境学报, 22(4): 598-604.

《青海森林》编辑委员会. 1993. 青海森林[M]. 北京: 中国林业出版社.

青海省统计局, 国家统计局青海调查总队. 2012. 青海统计年鉴(2012)[M]. 北京: 中国统计出版社.

权伟, 徐侠, 王丰, 等. 2008. 武夷山不同海拔高度植被细根生物量及形态特征[J]. 生态学杂志, 27(7): 1095-1103.

任书杰, 于贵瑞, 姜春明, 等. 2012. 中国东部南北样带森林生态系统102个优势种叶片碳氮磷化学计量学统计特征[J]. 应用生态学报, 23(3): 581-586.

邵全琴, 樊江文, 刘纪远, 等. 2017. 基于目标的三江源生态保护和建设一期工程生态成效评估及政策建议[J]. 中国科学院院刊, 32(1): 35-44.

沈彪, 党坤良, 武朋辉, 等. 2015. 秦岭中段南坡油松林生态系统碳密度[J]. 生态学报, 35(6): 1798-1806.

沈国舫. 2000. 中国林业可持续发展及其关键科学问题[J]. 地球科学进展, 15(1): 10-18.

谌贤, 刘洋, 邓静, 等. 2017. 川西亚高山森林凋落物不同分解阶段碳氮磷化学计量特征及种间差异[J]. 植物研究, 37(2): 216-226.

生态系统固碳项目技术规范编写组. 2015. 生态系统固碳观测与调查技术规范[M]. 北京: 科学出版社.

史学军, 潘剑君, 陈锦盈, 等. 2009. 不同类型凋落物对土壤有机碳矿化的影响[J]. 环境科学, 30(6): 1832-1837.

斯贵才, 王建, 夏燕青, 等. 2014. 念青唐古拉山沼泽土壤微生物群落和酶活性随海拔变化特征[J]. 湿地科学, 12(3): 340-348.

苏海龙. 2011. 青海玛可河林区森林资源管护分析[J]. 中国林业(17): 54-63.

孙福林, 马明呈, 屈克兵. 2008. 大通东峡林区白桦林结构特征与更新的初步研究[J]. 青海农林科技(3): 1-5.

孙海新, 刘训理. 2004. 茶树根际微生物研究[J]. 生态学报, 24(7): 1353-1357.

孙世群, 王书航, 陈月庆, 等. 2008. 安徽省乔木林固碳能力研究[J]. 环境科学与管理, 33(7): 144-147.

孙雪娇, 常顺利, 宋成程, 等. 2018. 雪岭云杉不同器官 N、P、K 化学计量特征随生长阶段的变化[J]. 生态学杂志, 37(5): 1291-1298.

所尔阿芝, 字洪标, 罗雪萍, 等. 2019. 青海省 4 种常见树木碳氮磷生态化学计量特征[J]. 应用与环境生物学报, 25(4): 783-790.

唐才富, 张莉, 罗艳, 等. 2017. 基于森林资源二类调查的青海乔木林碳储量分析[J]. 西部林业科学, 46(2): 1-7.

唐立涛, 字洪标, 胡雷, 等. 2019. 青海省森林细根生物量及其影响因子[J]. 生态学报, 39(10): 3677-3686.

唐朋辉, 党坤良, 王连贺, 等. 2016. 秦岭南坡红桦林土壤有机碳密度影响因素[J]. 生态学报, 36(4): 1030-1039.

唐仕姗, 杨万勤, 王海鹏, 等. 2015. 中国森林凋落叶氮、磷化学计量特征及控制因素[J]. 应用与环境生物学报, 21(2): 316-322.

田青, 李宗杰, 王建红, 等. 2016. 摩天岭北坡东南部不同海拔梯度草本植物群落特征[J]. 草业科学, 33(4): 755-763.

涂夏明, 曹军骥, 韩永明, 等. 2012. 黄土高原表土有机碳和无机碳的空间分布及碳储量[J]. 干旱区资源与环境, 26(2): 114-118.

万五星, 王效科, 李东义, 等. 2014. 暖温带森林生态系统林下灌木生物量相对生长模型[J]. 生态学报, 34(23): 6985-6992.

汪青春, 李林, 李栋梁, 等. 2005. 青海高原多年冻土对气候增暖的响应[J]. 高原气象, 24(5): 708-713.

汪青春, 秦宁生, 张占峰, 等. 2007. 青海高原近40a降水变化特征及其对生态环境的影响[J]. 中国沙漠, 27(1): 153-158.

汪涛, 杨元合, 马文红. 2008. 中国土壤磷库的大小、分布及其影响因素[J]. 北京大学学报(自然科学版), 44(6): 945-952.

王宝山, 尕玛加, 张玉. 2007. 青藏高原"黑土滩"退化高寒草甸草原的形成机制和治理方法的研究进展[J]. 草原与草坪(2): 72-77.

王波, 陈拓, 徐国保, 等. 2015. 祁连山中部祁连圆柏林线树木生长与积雪响应关系研究[J]. 冰川冻土, 37(2): 318-326.

王凤友, 王业蘧. 1987. 小兴安岭南坡原始森林植物群落植物生态种组的数量划分[J]. 东北林业大学学报, 15(6): 1-7.

王根绪, 李元首, 吴青柏, 等. 2006. 青藏高原冻土区冻土与植被的关系及其对高寒生态系统的影响[J]. 中国科学 D 辑, 36(8): 743-754.

王洪波. 2004. 森林分类经营的资源管理对策探讨[J]. 林业资源管理(5): 29-32.

王洪岩, 王文杰, 邱岭, 等. 2012. 兴安落叶松林生物量、地表枯落物量及土壤有机碳储量随林分生长的变化差异[J]. 生态学报, 32(3): 833-843.

王建, 王根绪, 王长庭, 等. 2016. 青藏高原高寒区阔叶林植被固碳现状、速率和潜力[J]. 植物生态学报, 40(4): 374-384.

王健健, 王永吉, 来利明, 等. 2013. 我国中东部不同气候带成熟林凋落物生产和分解及其与环境因子的关系[J]. 生态学报, 33(15): 4818-4825.

王晶苑, 王绍强, 李纫兰, 等. 2011. 中国四种森林类型主要优势植物的 C:N:P 化学计量学特征[J]. 植物生态学报, 35(6): 587-595.

王坤凯. 2009. 青海江西林区森林资源动态变化分析[J]. 青海农林科技(3): 71-73.

王莉雯, 卫亚星. 2011. 青海省植被净初级生产力的模拟研究[J]. 第四纪研究, 31(1): 180-188.

王淼, 曲来叶, 马克明, 等. 2013. 罕山不同林型下土壤微生物群落特性[J]. 中国科学: 生命科学, 43(6): 499-508.

王敏, 苏永中, 杨荣, 等. 2013. 黑河中游荒漠草地地上和地下生物量的分配格局[J]. 植物生态学报, 37(3): 209-219.

王清涛. 2017. 青海云杉林更新及其幼苗幼树生长态势模拟研究[D]. 兰州: 兰州大学.

王庆锁, 刘涛, 冯宗炜, 等. 2000. 森林-草原交错带白桦林和山杨林植物多样性研究[J]. 林业科学, 36(zk): 110-115.

王荣新, 车宗玺. 2012. 祁连山青海云杉林土壤理化指标空间变异性分析[J]. 甘肃林业科技, 37(1): 6-12.

王绍令, 边纯玉, 王健. 1994. 青藏高原多年冻土区水文地质特征[J]. 青海地质(1): 40-47.

王绍强, 于贵瑞. 2008. 生态系统碳氮磷元素的生态化学计量学特征[J]. 生态学报, 28(8): 3937-3947.

王世雷. 2014. 青海大通森林冠层动态变化及其对林下植物的影响[D]. 北京: 北京林业大学.

王淑彬, 徐慧芳, 宋同清, 等. 2014. 广西森林土壤主要养分的空间异质性[J]. 生态学报, 34(18): 5292-5299.

王淑平, 周广胜, 吕育财, 等. 2002. 中国东北样带(NECT)土壤碳、氮、磷的梯度分布及其与气候因子的关系[J]. 植物生态学报, 26(5): 513-517.

王双晶, 曹龙, 李娜. 2014. 一个地球系统模式模拟的气候变化对海洋碳循环的影响[J]. 气候变化研究进展, 10(6): 408-416.

王韦韦, 黄锦学, 陈锋, 等. 2014. 树种多样性对亚热带米槠林细根生物量和形态特征的影响[J]. 应用生态学报, 25(2): 318-324.

王晓洁, 肖迪, 张凯, 等. 2015. 凉水天然阔叶红松林植物叶片与细根的 N∶P 化学计量特征[J]. 生态学杂志, 34(12): 3283-3288.

王晓莉, 常禹, 陈宏伟, 等. 2014. 黑龙江省大兴安岭森林生物量空间格局及其影响因素[J]. 应用生态学报, 25(4): 974-982.

王效科, 冯宗炜, 欧阳志云. 2001. 中国森林生态系统的植物碳储量和碳密度研究[J]. 应用生态学报, 12(1): 13-16.

王效科, 白艳莹, 欧阳志云, 等. 2002. 全球碳循环中的失汇及其形成原因[J]. 生态学报, 22(1): 94-103.

王鑫, 罗雪萍, 字洪标, 等. 2019. 青海森林凋落物生态化学计量特征及其影响因子[J]. 草业学报, 28(8): 1-14.

王秀云, 孙玉军. 2008. 森林生态系统碳储量估测方法及其研究进展[J]. 世界林业研究, 21(5): 24-29.

王艳丽, 字洪标, 程瑞希, 等. 2019. 青海省森林土壤有机碳氮储量及其垂直分布特征[J]. 生态学报, 39(11): 4096-4105.

王占林. 2014. 青海高原高山灌木林植被特点及主要类型[J]. 防护林科技(12): 34-37.

魏明建, 王成善, 万晓樵, 等. 1998. 第三纪青藏高原面高程与古植被变迁[J]. 现代地质(3): 318-326.

魏振铎. 1992. 关于选择青海省重点保护植物的刍议[J]. 青海环境, 2(3): 133-138.

魏振铎. 1996. 青海省植物特有属种的初步研究[J]. 青海环境, 6(1): 1-4.

吴春生, 刘苑秋, 魏晓华, 等. 2016. 亚热带典型森林凋落物及细根的生物量和碳储量研究[J]. 西南林业大学学报, 36(5): 45-51.

吴鹏, 丁访军, 陈骏. 2012. 中国西南地区森林生物量及生产力研究综述[J]. 湖北农业科学, 51(8): 1513-1518, 1527.

吴庆标, 王效科, 段晓男, 等. 2008. 中国森林生态系统植被固碳现状和潜力[J]. 生态学报, 28(2): 517-524.

吴水荣. 2003. 水源涵养林环境效益经济补偿研究[D]. 北京: 中国农业大学.

吴统贵, 陈步峰, 肖以华, 等. 2010. 珠江三角洲3种典型森林类型乔木叶片生态化学计量学[J]. 植物生态学报, 34(1): 58-63.

吴则焰, 林文雄, 陈志芳, 等. 2013. 武夷山国家自然保护区不同植被类型土壤微生物群落特征[J]. 应用生态学报, 24(8): 2301-2309.

向泽宇, 张莉, 张全发, 等. 2014. 青海不同林分类型土壤养分与微生物功能多样性[J]. 林业科学, 50(4): 22-31.

项文化, 田大伦, 闫文德. 2003. 森林生物量与生产力研究综述[J]. 中南林业调查规划, 22(3): 57-60, 64.

解宪丽, 孙波, 周慧珍, 等. 2004. 中国土壤有机碳密度和储量的估算与空间分布分析[J]. 土壤学报, 41(1): 35-43.

邢雪荣, 韩兴国, 陈灵芝. 2000. 植物养分利用效率研究综述[J]. 应用生态学报, 11(5): 785-790.

徐化成, 孙肇凤, 郭广荣, 等. 1981. 油松天然林的地理分布和种源区的划分[J]. 林业科学, 17(3): 258-270.

徐亮, 李生辰, 郭英香, 等. 2006. 青藏高原及周边地区极端天气事件的选取与分析[J]. 青海科技, 13(3): 49-52.

徐满厚, 刘敏, 翟大彤, 等. 2016. 模拟增温对青藏高原高寒草甸根系生物量的影响[J]. 生态学报, 36(21): 6812-6822.

徐文煦, 王继华, 张雪萍. 2009. 我国森林土壤微生物生态学研究现状及展望[J]. 哈尔滨师范大学自然科学学报, 25(3): 96-100.

许宇星, 王志超, 竹万宽, 等. 2019. 雷州半岛桉树人工林凋落物量和养分循环研究[J]. 热带亚热带植物学报, 27(4): 359-366.

胥宝苑, 蒋志成, 冯金元, 等. 2019. 祁连山保护区西端气象因子与祁连圆柏林火险等级相关性分析[J]. 林业科技通讯(9): 46-49.

薛峰, 赵鸣飞, 康慕谊, 等. 2017. 林型和地形因子对太岳山森林地表凋落物矿质元素含量的影响[J]. 北京师范大学学报(自然科学版), 53(4): 493-498.

阎恩荣, 王希华, 郭明, 等. 2010. 浙江天童常绿阔叶林、常绿针叶林与落叶阔叶林的 C∶N∶P 化学计量特征[J]. 植物生态学报, 34(1): 48-57.

闫文德, 田大伦, 焦秀梅. 2003. 会同第二代杉木人工林林下植被生物量分布及动态[J]. 林业科学研究, 16(3): 323-327.

严海元, 辜夕容, 申鸿. 2010. 森林凋落物的微生物分解[J]. 生态学杂志, 29(9): 1827-1835.

杨洪晓, 吴波, 张金屯, 等. 2005. 森林生态系统的固碳功能和碳储量研究进展[J]. 北京师范大学学报(自然科学版), 41(2): 172-177.

杨佳佳, 张向茹, 马露莎, 等. 2014. 黄土高原刺槐林不同组分生态化学计量关系研究[J]. 土壤学报, 51(1): 133-142.

杨昆, 管东生. 2006. 林下植被的生物量分布特征及其作用[J]. 生态学杂志, 25(10): 1252-1256.

杨阔, 黄建辉, 董丹, 等. 2010. 青藏高原草地植物群落冠层叶片氮磷化学计量学分析[J]. 植物生态学报, 34(1): 17-22.

杨丽韫, 罗天祥, 吴松涛. 2007. 长白山原始阔叶红松(*Pinus koraiensis*)林及其次生林细根生物量与垂直分布特征[J]. 生态学报, 27(9): 3609-3617.

杨思琪, 赵旭剑, 森道, 等. 2017. 天山中段植物叶片碳氮磷化学计量及其海拔变化特征[J]. 干旱区研究, 34(6): 1371-1379.

杨文高, 字洪标, 陈科宇, 等. 2019. 青海森林生态系统中灌木层和土壤生态化学计量特征[J]. 植物生态学报, 43(4): 352-364.

杨文娟. 2018. 祁连山青海云杉林空间分布和结构特征及蒸散研究[D]. 北京: 中国林业科学研究院.

杨琇瑛. 2007. 青藏高原东缘川西云杉林皆伐后灌木生长、繁殖与更新的研究[D]. 成都: 中国科学院成都生物研究所.

杨远盛, 张晓霞, 于海艳, 等. 2015. 中国森林生物量的空间分布及其影响因素[J]. 西南林业大学学报, 35(6): 45-52.

杨昭明, 李万志, 冯晓莉, 等. 2019. 气候变暖背景下青海汛期暴雨洪涝及次生灾害风险评估[J].中国农学通报, 35(3): 131-138.

于爱灵. 2019. 祁连山东部油松树木生长及林分结构研究[D]. 兰州: 兰州大学.

于树, 汪景宽, 李双异. 2008. 应用 PLFA 方法分析长期不同施肥处理对玉米地土壤微生物群落结构的影响[J]. 生态学报, 28(9): 4221-4227.

余敏, 周志勇, 康峰峰, 等. 2013. 山西灵空山小蛇沟林下草本层植物群落梯度分析及环境解释[J]. 植物生态学报, 37(5): 373-383.

余新晓, 岳永杰, 王小平, 等. 2010. 森林生态系统结构及空间格局[M]. 北京: 科学出版社.

袁春光. 2006. 青海土壤资源评析[J]. 四川草原(6): 24-26.

袁道阳, 张培震, 刘小龙, 等. 2004. 青海鄂拉山断裂带晚第四纪构造活动及其所反映的青藏高原东北缘的变形机制[J]. 地学前缘, 11(4): 393-402.

曾德慧, 陈广生. 2005. 生态化学计量学: 复杂生命系统奥秘的探索[J]. 植物生态学报, 29(6): 1007-1019.

曾冬萍, 蒋利玲, 曾从盛, 等. 2013. 生态化学计量学特征及其应用研究进展[J]. 生态学报, 33(18): 5484-5492.

曾凡鹏, 迟光宇, 陈欣, 等. 2016. 辽东山区不同林龄落叶松人工林土壤-根系 C∶N∶P 生态化学计量特征[J]. 生态学杂志, 35(7): 1819-1825.

曾昭霞, 王克林, 刘孝利, 等. 2015. 桂西北喀斯特森林植物-凋落物-土壤生态化学计量特征[J]. 植物生态学报, 39(7): 682-693.

张春娜, 延晓冬, 杨剑虹. 2004. 中国森林土壤氮储量估算[J]. 西南农业大学学报(自然科学版), 26(5): 572-575, 579.

张广帅, 邓浩俊, 杜锟, 等. 2016. 泥石流频发区山地不同海拔土壤化学计量特征——以云南省小江流域为例[J]. 生态学报, 36(3): 675-687.

张贺全. 2014. 青海省森林资源保护对策建议[J]. 林业经济, 36(6): 119-120.

张健强, 尹振海, 李学营, 等. 2013. 华北落叶松人工林林分密度与生长因子的关系研究[J]. 河北林果研究, 28(2): 109-112.

张珂, 何明珠, 李新荣, 等. 2014. 阿拉善荒漠典型植物叶片 碳、氮、磷化学计量特征[J]. 生态学报, 34(22): 6538-6547.

张霖. 2015. 青海云杉不同器官水提物对油松种子萌发和幼苗生长的化感作用[J]. 西北林学院学报, 30(6): 22-27, 38.

张鹏, 王刚, 张涛, 等. 2010. 祁连山两种优势乔木叶片 δ¹³C 的海拔响应及其机理[J]. 植物生态学报, 34(2): 125-133.

张仁懿, 徐当会, 陈凌云, 等. 2014. 基于 N∶P 化学计量特征的高寒草甸植物养分状况研究[J]. 环境科学, 35(3): 1131-1137.

张泰东, 王传宽, 张全智. 2017. 帽儿山 5 种林型土壤碳氮磷化学计量关系的垂直变化[J]. 应用生态学报, 28(10): 3135-3143.

张玮辛, 周永东, 黄倩琳, 等. 2012. 我国森林生态系统植被碳储量估算研究进展[J]. 广东林业科技, 28(4): 50-55.

张小全, 吴可红. 2001. 森林细根生产和周转研究[J]. 林业科学, 37(3): 126-138.

张耀生, 赵新全. 2001. 青海省生态环境治理面临的问题与草业科学的发展[J]. 中国草地, 23(5): 69-75.

张引娥. 2003. 青海省森林资源可持续发展探讨[J]. 林业调查规划, 28(3): 16-18.

张永利, 杨峰伟, 鲁绍伟. 2007. 青海省森林生态系统服务功能价值评估[J]. 东北林业大学学报, 35(11): 74-76, 88.

张远东, 刘彦春, 顾峰雪, 等. 2019. 川西亚高山五种主要森林类型凋落物组成及动态[J]. 生态学报, 39(2): 502-508.

张增信, 闵俊杰, 闫少锋, 等. 2011. 苏南丘陵森林枯落物含水量及其影响因素分析[J]. 水土保持通报, 31(1): 6-10.

张珍. 2008. 青海原生态地质地貌旅游景点[J]. 地球(4): 25.

赵畅, 龙健, 李娟, 等. 2018. 茂兰喀斯特原生林不同坡向及分解层的凋落物现存量和养分特征[J]. 生态学杂志, 37(2): 295-303.

赵丰钰, 张胜邦. 1997. 青海省生物多样性减少及防治对策研究[J]. 林业科技通讯(1): 2-4.

赵红花. 2019. 青海森林资源资产化管理若干问题的思考[J]. 中国林业经济(3): 80 81.

赵敏, 周广胜. 2004. 基于森林资源清查资料的生物量估算模式及其发展趋势[J]. 应用生态学报, 15(8): 1468-1472.

赵顺邦, 刘雅林, 马清. 2006. 油松在青海的生态地位及造林探讨[J]. 青海农林科技(2): 34-36.

郑度, 杨勤业. 1985. 青藏高原东南部山地垂直自然带的几个问题[J]. 地理学报, 40(1): 60-69.

郑绍伟, 唐敏, 邹俊辉, 等. 2007. 灌木群落及生物量研究综述[J]. 成都大学学报(自然科学版), 26(3): 189-192.

郑祥霖. 2012. 祁连山中部青海云杉林碳循环研究[D]. 兰州: 兰州大学.

郑永宏, 朱海峰, 张永香, 等. 2009. 柴达木盆地东缘山地祁连圆柏林上限树木径向生长与气候要素的关系[J]. 应用生态学报,
　　20(3): 507-512.

郑远昌, 高生淮, 钟祥浩. 1988. 四姑娘山区土壤及其垂直分布[J]. 山地研究, 6(4): 227-234.

钟海民, 杨福囤, 陆国泉, 等. 1992. 高寒矮嵩草草甸地上生物量与气象因子的关系[J]. 生态学杂志, 11(5): 16-19.

仲启铖, 傅煜, 张桂莲. 2019. 上海市乔木林生物量估算及动态分析[J]. 浙江农林大学学报, 36(3): 524-532.

周陈超, 贾绍凤, 燕华云, 等. 2005. 近50a以来青海省水资源变化趋势分析[J]. 冰川冻土, 27(3): 432-437.

周国新, 王光军, 李栎, 等. 2015. 杉木根、枝和叶的C、N、P生态化学计量特征[J]. 湖南林业科技, 42(1): 15-18.

周玉荣, 于振良, 赵士洞. 2000. 我国主要森林生态系统碳贮量和碳平衡[J]. 植物生态学报, 24(5): 518-522.

周华坤, 肖锋, 周秉荣, 等. 2021. 青海省湿地资源现状、问题和保护策略[J].青海科技, 28(2): 21-26.

朱胜英, 周彪, 毛子军, 等. 2006. 帽儿山林区6种林分细根生物量的时空动态[J]. 林业科学, 42(6): 13-19.

卓嘎, 陈涛, 格桑. 2017. 青藏高原及其典型区域土壤湿度的分布和变化特征[J]. 南京信息工程大学学报(自然科学版), 9(4):
　　445-454.

字洪标, 向泽宇, 王根绪, 等. 2017. 青海不同林分土壤微生物群落结构(PLFA) [J]. 林业科学, 53(3): 21-32.

邹碧, 李志安, 丁永祯, 等. 2006. 南亚热带4种人工林凋落物动态特征[J]. 生态学报, 26(3): 715-721.

邹扬, 贺康宁, 赵畅, 等. 2013. 高寒区青海云杉人工林密度与林下植物多样性的关系[J]. 西北植物学报, 33(12): 2543-2549.

左巍, 贺康宁, 田赟, 等. 2016. 青海高寒区不同林分类型凋落物养分状况及化学计量特征[J]. 生态学杂志, 35(9): 2271-2278.

Aerts R. 1997. Climate, leaf litter chemistry and leaf litter decomposition in terrestrial ecosystems: a triangular relationship[J]. Oikos,
　　79(3): 439-449.

Aerts R, Chapin Ⅲ F S. 2000. The mineral nutrition of wild plants revisited: a re-evaluation of processes and patterns[J]. Advances
　　in Ecological Research, 30: 1-67.

Akselsson C, Berg B, Meentemeyer V, et al. 2005. Carbon sequestration rates in organic layers of boreal and temperate forest
　　soils—Sweden as a case study[J]. Global Ecology and Biogeography, 14(1): 77-84.

Ashagrie Y, Zech W, Guggenberger G. 2005. Transformation of a *Podocarpus falcatus* dominated natural forest into a monoculture
　　Eucalyptus globulus plantation at Munesa, Ethiopia: soil organic C, N and S dynamics in primary particle and aggregate-size
　　fractions[J]. Agriculture, Ecosystems & Environment, 106(1): 89-98.

Barbier S, Gosselin F, Balandier P. 2008. Influence of tree species on understory vegetation diversity and mechanisms involved: A
　　critical review for temperate and boreal forests[J]. Forest Ecology and Management, 254(1): 1-15.

Bardgett R D, Bowman W D, Kaufmann R, et al. 2005. A temporal approach to linking aboveground and belowground ecology[J].
　　Trends in Ecology & Evolution, 20(11): 634-641.

Batjes N H. 1996. Total carbon and nitrogen in the soils of the world[J]. European Journal of Soil Science, 47(2): 151-163.

Bligh E G, Dyer W J. 1959. A rapid method of total lipid extraction and purification[J]. Canadian Journal of Biochemistry and
　　Physiology, 37(8): 911-917.

Chapin F S, Matson P A, Vitousek P M. 2011. Principles of Terrestrial Ecosystem Ecology[M]. New York: Springer.

Ciais P, Tans P P, Trolier M, et al. 1995. A large northern hemisphere terrestrial CO_2 sink indicated by the $^{13}C/^{12}C$ ratio of atmospheric CO_2[J]. Science, 269(5227): 1098-1102.

Cleveland C C, Liptzin D. 2007. C: N: P stoichiometry in soil: Is there a "Redfield ratio" for the microbial biomass? [J]. Biogeochemistry, 85(3): 235-252.

Cormier N, Twilley R R, Ewel K C, et al. 2015. Fine root productivity varies along nitrogen and phosphorus gradients in high-rainfall mangrove forests of Micronesia[J]. Hydrobiologia, 750(1): 69-87.

Connolly-McCarthy B J, Grigal D F. 1985. Biomass of shrub-dominated wetlands in Minnesota[J]. Forest Science, 31(4): 1011-1017.

Coûteaux M M, Aloui A, kurz-Besson C. 2002. *Pinus halepensis* litter decomposition in laboratory microcosms as influenced by temperature and a millipede, *Glomeris marginata*[J]. Applied Soil Ecology, 20(2): 85-96.

Crick J C, Grime J P. 1987. Morphological plasticity and mineral nutrient capture in two herbaceous species of contrasted ecology[J]. New Phytologist, 107(2): 403-414.

De Deyn G B, Cornelissen J H C, Bardgett R D. 2008. Plant functional traits and soil carbon sequestration in contrasting biomes[J]. Ecology Letters, 11(5): 516-531.

Dixon R K, Solomon A M, Brown S, et al. 1994. Carbon pools and flux of global forest ecosystems[J]. Science, 263(5144): 185-190.

Ebermayer E. 1876. Die gesamte Lehre der Waldstreu mit Rüchsicht auf die chemische Statik des Waldbaues[M]. Belin: Springer.

Elser J J, Fagan W F, Denno R F, et al. 2000. Nutritional constraints in terrestrial and freshwater food webs[J]. Nature, 408(6812): 578-580.

Elser J J, Bracken M E S, Cleland E E, et al. 2007. Global analysis of nitrogen and phosphorus limitation of primary producers in freshwater, marine and terrestrial ecosystems[J]. Ecology Letters, 10(12): 1135-1142.

Faith D P. 2013. Biodiversity and evolutionary history: Useful extensions of the PD phylogenetic diversity assessment framework[J]. Annals of the New York Academy of Sciences, 1289(1): 69-89.

Fajardo A, Piper F I, Pfund L, et al. 2012. Variation of mobile carbon reserves in trees at the alpine treeline ecotone is under environmental control[J]. New Phytologist, 195(4): 794-802.

Fang J Y, Chen A P, Peng C H, et al. 2001. Changes in forest biomass carbon storage in China between 1949 and 1998[J]. Science, 292(5525): 2320-2322.

Fife D N, Nambiar E K S, Saur E. 2008. Retranslocation of foliar nutrients in evergreen tree species planted in a Mediterranean environment[J]. Tree Physiology, 28(2): 187-196.

Frostegård A, Tunlid A, Bååth E. 1993. Phospholipid fatty acid composition, biomass, and activity of microbial communities from two soil types experimentally exposed to different heavy metals[J]. Applied and Environmental Microbiology, 59(11): 3605-3617.

Gill R A, Jackson R B. 2000. Global patterns of root turnover for terrestrial ecosystems[J]. New Phytologist, 147(1): 13-31.

Gilliam F S. 2007. The ecological significance of the herbaceous layer in temperate forest ecosystems[J]. BioScience, 57(10): 845-858.

Gordon D R. 1998. Effects of invasive, non-indigenous plant species on ecosystem processes: Lessons from Florida[J]. Ecological Applications, 8(4): 975-989.

Grayston S J, Griffith G S, Mawdsley J L, et al. 2001. Accounting for variability in soil microbial communities of temperate upland grassland ecosystems[J]. Soil Biology and Biochemistry, 33(4-5): 533-551.

Grigal D F, Ohmann L F. 1977. Biomass estimation for some shrubs from Northeastern Minnesota[J]. Aspen Research, 1(1): 1-3.

Guo H, Mazer S J, Du G Z. 2010. Geographic variation in primary sex allocation per flower within and among 12 species of *Pedicularis* (Orobanchaceae): proportional male investment increases with elevation[J]. American Journal of Botany, 97(8): 1334-1341.

Güsewell S. 2004. N: P ratios in terrestrial plants: variation and functional significance[J]. New Phytologist, 164(2): 243-266.

Han W X, Fang J Y, Guo D L, et al. 2005. Leaf nitrogen and phosphorus stoichiometry across 753 terrestrial plant species in China[J]. New Phytologist, 168(2): 377-385.

Hansson K, Helmisaari H S, Sah S P, et al. 2013. Fine root production and turnover of tree and understorey vegetation in Scots pine, silver birch and Norway spruce stands in SW Sweden[J]. Forest Ecology and Management, 309: 58-65.

Hornsby D C, Lockaby B G, Chappelka A H. 1995. Influence of microclimate on decomposition in loblolly pine stands: A field microcosm approach[J]. Canadian Journal of Forest Research, 25(10): 1570-1577.

Houghton R A. 2005. Aboveground forest biomass and the global carbon balance[J]. Global Change Biology, 11(6): 945-958.

Houghton R A, Lawrence K T, Hackler J L, et al. 2001. The spatial distribution of forest biomass in the Brazilian Amazon: a comparison of estimates[J]. Global Change Biology, 7(7): 731-746.

Hu L, Ade L, Wu X W, et al. 2019. Changes in soil C: N: P stoichiometry and microbial structure along soil depth in two forest soils[J]. Forests, 10(2): 113.

Iversen C M, McCormack M L, Powell A S, et al. 2017. A global fine-root ecology database to address below- ground challenges in plant ecology[J]. New Phytologist, 215(1): 15-26.

Joergensen R G, Potthoff M. 2005. Microbial reaction in activity, biomass and community structure after long-term continuous mixing of a grassland soil[J]. Soil Biology and Biochemistry, 37(7): 1249-1258.

Kang H Z, Xin Z J, Berg B, et al. 2010. Global pattern of leaf litter nitrogen and phosphorus in woody plants[J]. Annals of Forest Science, 67(8): 811.

Kauppi P E, Mielikäinen K, Kuusela K. 1992. Biomass and carbon budget of European forests, 1971 to 1990[J]. Science, 256(5053): 70-74.

Kerkhoff A J, Enquist B J, Elser J J, et al. 2005. Plant allometry, stoichiometry and the temperature-dependence of primary productivity[J]. Global Ecology and Biogeography, 14(6): 585-598.

Kimura M, Asakawa S. 2006. Comparison of community structures of microbiota at main habitats in rice field ecosystems based on phospholipid fatty acid analysis[J]. Biology and Fertility of Soils, 43(1): 20-29.

Kittredge J. 1944. Estimation of the amount of foliage of trees and stands[J]. Journal of Forestry, 42(12): 905-912.

Klopatek J M. 2002. Belowground carbon pools and processes in different age stands of Douglas-fir[J]. Tree Physiology, 22(2-3): 197-204.

Koerselman W, Meuleman A F M. 1996. The vegetation N: P ratio: A new tool to detect the nature of nutrient limitation[J]. Journal of Applied Ecology, 33: 1441-1450.

Korner C. 2003. Alpine Plant Life: Functional Plant Ecology of High Mountain Ecosystems; with 218 Figures, 4 color Plates and 47 Tables[M]. Berlin: Springer.

Kummerow J, Castillanos J, Maas M, et al. 1990. Production of fine roots and the seasonality of their growth in a Mexican deciduous dry forest[J]. Vegetatio, 90(1): 73-80.

Kurz-Besson C, Coûteaux M M, Thiéry J M, et al. 2005. A comparison of litterbag and direct observation methods of Scots pine needle decomposition measurement[J]. Soil Biology and Biochemistry, 37(12): 2315-2318.

Lin Y M, Lin P, Yang Z W. 1998. A study on fine root turnover[J]. Journal of Xiamen University: Natural Science, 37(3): 429-435.

Liu C, Xiang W H, Lei P F, et al. 2014. Standing fine root mass and production in four Chinese subtropical forests along a succession and species diversity gradient[J]. Plant and Soil, 376(1-2): 445-459.

Liu Y C, Yu G R, Wang Q F, et al. 2012. Huge carbon sequestration potential in global forests[J]. Journal of Resources and Ecology, 3(3): 193-201.

Luan J W, Liu S R, Zhu X L, et al. 2011. Soil carbon stocks and fluxes in a warm-temperate oak chronosequence in China[J]. Plant and Soil, 347(1): 243-253.

Marklein A R, Houlton B Z. 2012. Nitrogen inputs accelerate phosphorus cycling rates across a wide variety of terrestrial ecosystems[J]. New Phytologist, 193(3): 696-704

McCormack M L, Guo D L. 2014. Impacts of environmental factors on fine root lifespan[J]. Frontiers in Plant Science, 5: 205.

McGroddy M E, Daufresne T, Hedin L O. 2004. Scaling of C : N : P stoichiometry in forests worldwide: implications of terrestrial redfield-type ratios[J]. Ecology, 85 (9): 2390-2401.

Meyer W M, Ostertag R, Cowie R H. 2011. Macro-invertebrates accelerate litter decomposition and nutrient release in a Hawaiian rainforest[J]. Soil Biology and Biochemistry, 43(1): 206-211.

Minden V, Kleyer M. 2014. Internal and external regulation of plant organ stoichiometry[J]. Plant Biology, 16(5): 897-907.

Moore T R, Bubier J L, Frolking S E, et al. 2002. Plant biomass and production and CO_2 exchange in an ombrotrophic bog[J]. Journal of Ecology, 90(1): 25-36.

Moreira A, Moraes L A C, Zaninetti R A, et al. 2013. Phosphorus dynamics in the conversion of a secondary forest into a rubber tree plantation in the Amazon rainforest[J]. Soil Science, 178(11): 618-625.

Nogués-Bravo D, Araújo M B, Romdal T, et al. 2008. Scale effects and human impact on the elevational species richness gradients[J]. Nature, 453: 216-219.

Özgül M, Günes A, Esringü A, et al. 2012. The effects of freeze and thaw cycles on phosphorus availability in highland soils in Turkey[J]. Journal of Plant Nutrition and Soil Science, 175(6): 827-839.

Pan Y D, Birdsey R A, Fang J Y, et al. 2011. A large and persistent carbon sink in the world's forests[J]. Science, 333(6045): 988-993.

Post W M, Kwon K C. 2000. Soil carbon sequestration and land-use change: Processes and potential[J]. Global Change Biology, 6(3): 317-327.

Prescott C E, Grayston S J. 2013. Tree species influence on microbial communities in litter and soil: Current knowledge and research needs[J]. Forest Ecology and Management, 309(4): 19-27.

Reich P B, Oleksyn J. 2004. Global patterns of plant leaf N and P in relation to temperature and latitude[J]. Proceedings of the National Academy of Sciences of the United States of America, 101(30): 11001-11006.

Richter D D, Markewitz D, Trumbore S E, et al. 1999. Rapid accumulation and turnover of soil carbon in a re-establishing forest[J]. Nature, 400(6739): 56-58.

Scherer-Lorenzen M, Bonilla J L, Potvin C. 2007. Tree species richness affects litter production and decomposition rates in a tropical biodiversity experiment[J]. Oikos, 116(12): 2108-2124.

Shoshany M. 2012. The rational model of shrubland biomass, pattern and precipitation relationships along semi-arid climatic gradients[J]. Journal of Arid Environments, 78: 179-182.

Sterner R W, Elser J J. 2002. Ecological Stoichiometry: The Biology of Elements from Molecules to the Biosphere[M]. Princeton:

Princeton University Press.

Tang X L, Zhao X, Bai Y F, et al. 2018. Carbon pools in China's terrestrial ecosystems: New estimates based on an intensive field survey[J]. Proceedings of the National Academy of Sciences of the United States of America, 115(16): 4021-4026.

Tans P P, Thoning K W, Elliott W P, et al. 1990. Error estimates of background atmospheric CO_2 patterns from weekly flask samples[J]. Journal of Geophysical Research: Atmospheres, 95(D9): 14063-14070.

Tashi S, Singh B, Keitel C, et al. 2016. Soil carbon and nitrogen stocks in forests along an altitudinal gradient in the eastern Himalayas and a meta-analysis of global data[J]. Global Change Biology, 22(6): 2255-2268.

Tessier J T, Raynal D J. 2003. Use of nitrogen to phosphorus ratios in plant tissue as an indicator of nutrient limitation and nitrogen saturation[J]. Journal of Applied Ecology, 40(3): 523-534.

Tian H Q, Chen G S, Zhang C, et al. 2010. Pattern and variation of C: N: P ratios in China's soils: A synthesis of observational data[J]. Biogeochemistry, 98: 139-151.

Vestal J R, White D C. 1989. Lipid analysis in microbial ecology: quantitative approaches to the study of microbial communities[J]. BioScience, 39(8): 535-541.

Vitousek P M, Porder S, Houlton B Z, et al. 2010. Terrestrial phosphorus limitation: Mechanisms, implications, and nitrogen-phosphorus interactions[J]. Ecological Applications, 20(1): 5-15.

Vogt K A, Vogt D J, Palmiotto P A, et al. 1995. Review of root dynamics in forest ecosystems grouped by climate, climatic forest type and species[J]. Plant and Soil, 187(2): 159-219.

Wang C T, Long R J, Wang Q J, et al. 2007. Effects of altitude on plant-species diversity and productivity in an alpine meadow, Qinghai-Tibetan Plateau[J]. Australian Journal of Botany, 55(2): 110-117.

Wang X P, Fang J Y, Tang Z Y, et al. 2006. Climatic control of primary forest structure and DBH–height allometry in Northeast China[J]. Forest Ecology and Management, 234(1-3): 264-274.

Wardle D A, Walker L R, Bardgett R D. 2004. Ecosystem properties and forest decline in contrasting long-term chronosequences[J]. Science, 305(5683): 509-513.

White D C, Davis W M, Nickels J S, et al. 1979. Determination of the sedimentary microbial biomass by extractible lipid phosphate[J]. Oecologia, 40(1): 51-62.

White P S. 1979. Pattern, process and natural disturbance in vegetation[J]. The Botanical Review, 45(3): 229-299.

Wilson J B, Agnew A D Q. 1992. Positive-feedback switches in plant communities[J]. Advances in Ecological Research, 23: 263-336.

Wright I J, Reich P B, Westoby M, et al. 2004. The worldwide leaf economics spectrum[J]. Nature, 428(6985): 821-827

Xia Y, Moore D I, Collins S L, et al. 2010. Aboveground production and species richness of annuals in Chihuahuan Desert grassland and shrubland plant communities[J]. Journal of Arid Environments, 74(3): 378-385.

Zak D R, Holmes W E, White D C, et al. 2003. Plant diversity, soil microbial communities, and ecosystem function: are there any links? [J]. Ecology, 84(8): 2042-2050.

Zelles L, Bai Q Y. 1993. Fractionation of fatty acids derived from soil lipids by solid phase extraction and their quantitative analysis by GC-MS[J]. Soil Biology and Biochemistry, 25(4): 495-507.